DAXUE JISUANJI JICHU

大学计算机基础

主　编　李浩峰　刘　艳　胡　雷　王卫华
副主编　粟萧萱　张　原　夏彦婷

重庆大学出版社

内容提要

本书根据全国计算机等级考试大纲的基本内容组织编写，编写时充分考虑了知识结构和学习特点，书中内容注重计算机基础知识的介绍和学生动手能力的培养。

全书共分 8 章：第 1 章介绍计算机基础知识，第 2 章介绍操作系统基本知识，第 3 章介绍文字处理软件 Word 2010 的功能和使用技巧，第 4 章介绍电子表格软件 Excel 2010 的功能和使用技巧，第 5 章介绍 PowerPoint 2010 的功能和使用技巧，第 6 章介绍多媒体技术的概念与应用，第 7 章介绍计算机病毒的概念、特征、分类与防治，第 8 章介绍计算机网络的基础知识和应用。本书内容通俗易懂，循序渐进，每章后的练习题结合计算机一级等级考试，难度适中，同时配有实训教材便于学生“学中练”和“练中学”，掌握相关知识及操作技能。

本书既可作为高等院校各专业“计算机应用基础”课程的教学用书，也可作为相关人士自学的参考用书，同时也可供计算机等级考试人员参考。

图书在版编目(CIP)数据

大学计算机基础/李浩峰等主编.--重庆：重庆大学出版社，2019.8(2022.8 重印)

ISBN 978-7-5689-1629-5

Ⅰ.①大… Ⅱ.①李… Ⅲ.①电子计算机—高等学校—教材 Ⅳ.①TP3

中国版本图书馆 CIP 数据核字(2019)第 121849 号

大学计算机基础

主 编 李浩峰 刘 艳 胡 雷 王卫华

副主编 粟萧萱 张 原 夏彦婷

策划编辑：鲁 黎

责任编辑：陈 力 涂 昀　版式设计：鲁 黎

责任校对：刘志刚　责任印制：张 策

*

重庆大学出版社出版发行

出版人：饶帮华

社址：重庆市沙坪坝区大学城西路 21 号

邮编：401331

电话：(023) 88617190 88617185(中小学)

传真：(023) 88617186 88617166

网址：http://www.cqup.com.cn

邮箱：fxk@cqup.com.cn (营销中心)

全国新华书店经销

重庆俊蒲印务有限公司印刷

*

开本：787mm×1092mm 1/16 印张：14.5 字数：336千

2019 年 8 月第 1 版 2022 年 8 月第 4 次印刷

印数：6 001—7 000

ISBN 978-7-5689-1629-5 定价：43.80 元

FOREWORD

前 言

计算机基础教程课程已成为高校学生的必修课。它为学生了解信息技术的发展趋势、熟悉计算机操作环境及工作平台、具备使用常用工具软件处理日常事务和必要的信息素养等奠定了良好的基础。

计算机信息技术的日新月异要求计算机基础教育课程也要不断改革和发展。特别是对高职教育来说,教育理论、教育体系以及教育思想正在不断探索之中。为促进计算机教学的开展,适应教学实际的需要和提高学生的应用能力,本书从内容及组织模式上对计算机文化基础教材进行了不同程度的调整,使之更加符合当前高职教育教学的需要。

本书以目前最为普及的操作系统 Windows 7 和 Office 2010 软件为基础进行编写,强调基础性与实用性,以“能力导向,学生主体”为原则,实行项目化课程设计,把计算机基础知识划分为六大应用部分,包括计算机基础知识、Windows 7 操作系统基础、文字处理软件、电子表格软件应用、演示文稿软件、因特网基础知识及应用,每部分内容通过任务逐步展开,符合高职项目化教学要求,适应学生的学习特点。同时,每个教学项目配有与之对应的实训练习,以强化学生解决问题的能力。

编者融合了“计算机一级等级考试”大纲内容,力求语言精练、内容实用,操作步骤及方法详细,并配有大量图片,以方便教学和学生学习。

本书由多名长期从事计算机基础教育教学和研究的人员编写,全书共分为 8 章,内容设置注重计算机的实际应用和操作,具体包括计算机基础知识,操作系统基本知识,Word 2010、Excel 2010、PowerPoint 2010 的功能和使用技巧,多媒体技术的概念与应用,计算机病毒的概念、特征、分类与防治,计算机网络的初步知识和应用等。

本书可作为高等院校计算机公共基础课程教材,也可作为参加计算机基础知识和应用能力等级考试人员的培训教材。要特别说明的是,每章均设置了不同数量的练习题,以便读者能更有准备地参加计算机等级考试。

本书由天府新区通用航空职业学院李浩峰、重庆旅游职业学院刘艳、成都机电工程学校胡雷、重庆商务学院王卫华担任主编，天府新区通用航空职业学院粟萧萱、张原、夏彦婷担任副主编。其中，第1章、第2章由刘艳编写，第3章由王卫华编写，第4章由李浩峰编写，第5章由粟萧萱编写，第6章、第7章由张原、夏彦婷编写，第8章由胡雷编写。全书由李浩峰、刘艳负责统筹安排和协调。本书在编写过程中得到了各方面的大力支持，在此一并表示衷心的感谢。

教材建设是一项系统工程，需要在实践中不断加以完善及改进。由于作者水平的局限，书中难免存在疏漏和不足之处，恳请同行专家和读者给予批评、指正。

编者

2019年2月

CONTENTS

目 录

第 1 章　计算机基础知识

计算机是人类历史上伟大的发明之一。尽管迄今仅走过了几十年的历程，但它发展迅速，并对人类的生活、学习和工作产生了巨大的影响。计算机是一门科学，也是一种自动、高速、精确地对信息进行存储、传送与加工处理的工具。掌握以计算机为核心的信息技术的基础知识和应用能力，是人们所必备的基本素质。

教学目标：

通过本章的学习，对计算机的发展、特点以及发展趋势、计算机的组成及工作原理、计算机病毒、多媒体技术有一定的了解和掌握，了解计算机在日常生活、学习和工作中的重要作用。

知识点：

- 计算机的发展史、分类、特点、应用及其发展趋势。
- 计算机的组成及其工作原理。
- 计算机数据存储以及信息处理。

教学重点：

- 了解计算机发展史，掌握计算机的分类、特点、应用及其发展趋势。
- 掌握计算机的组成以及了解个人计算机的配置要求。
- 了解计算机内部的信息处理和数据存储（专业学生需要掌握）。
- 掌握计算机病毒的概念、特征及其防范措施。
- 了解多媒体技术的相关概念、特点以及媒体的数字化。

教学难点：

- 掌握计算机的发展史以及计算机的组成。
- 掌握计算机内部的信息处理和数据存储（专业学生需要掌握）。

1.1　计算机的发展、类型及其应用领域

1.1.1　计算机的概述

随着人类社会的发展，计算器材也经历了从简单到复杂、从低级到高级的发展过程，如最早的绳结→算筹→算盘→计算尺→手摇机械计算机→电子计算机等。它们在不同的历史时期发挥着各自的作用，并成为电子计算机发展的雏形。计算机俗称电脑，英文名为 Computer，是一种能高速运算、具有内部存储能力、由程序控制其操作过程及自动进行信息处理的电子设备。目前，计算机已成为学习、工作和生活中使用最广泛的工具之一。

计算机的发展史如下所述。

第二次世界大战的爆发带来了强大的计算需求。美国宾夕法尼亚大学电子工程系的教授约翰·莫克利和他的研究生埃克特计划采用真空管建造一台通用电子计算机，帮助军方计算弹道轨迹。1943 年，这个计划被军方采纳，莫克利和埃克特开始研制 ENIAC（Electronic Numerical Integrator and Calculator，电子数字积分计算机），并于 1946 年 2 月研制成功。ENIAC 的问世标志着计算机时代的到来，它的出现具有划时代的伟大意义。它被广泛认为是世界上第一台现代意义上的计算机，如图 1.1 所示。

图 1.1　第一台电子计算机 ENIAC

ENIAC 证明了电子真空管技术可以大大提高计算速度，但 ENIAC 本身存在两大缺点：一是没有存储器；二是用布线板进行控制，电路连线烦琐耗时，在很大程度上抵消了 ENIAC 的计算速度。为此，莫克利和埃克特开始研制新的机型 EDVAC（Electronic Discrete Variable Automatic Computer，电子离散变量自动计算机）。与此同时，ENIAC 项目组的研究员冯·诺依曼开始研制 EDVAC，即 IAS（IAS 是当时运算速度最快的计算机，它取自“高等研究院”——Institute of Andvanced Study 的 3 个英文首字母）计算机。这位美籍匈牙利数学家归纳了 EDVAC 的原理要点：

①计算机的程序和程序运行所需要的数据采用二进制形式存放在计算机存储器中。

②计算机能自动、连续地执行程序，并得到预期的结果。

根据冯·诺依曼的设想，计算机由 5 个部分组成：输入设备、存储器、运算器、控制器和输出设备。

IAS 计算机对 ENIAC 进行了重大改进，成为现代计算机的雏形。至今仍采用该体系结构，所以冯·诺依曼被人们誉为“现代电子计算机之父”。

在计算机发展历程中，根据计算机本身采用的物理元器件的不同，将其发展分为 4 个不同的阶段，见表 1.1。

表 1.1　计算机的发展阶段

计算机的发展阶段	主要电子器件	起止年代	运算速度/(次·s^{-1})	数据处理方式	应用领域	内存	外存
第一代	电子管	1946—1958 年	几千条	机器语言、汇编语言	军事、科学计算	水银延迟线	卡片、纸带
第二代	晶体管	1959—1964 年	几万至几十万条	高级程序、设计语言	工程设计、数据处理	磁性材料制成的磁芯	磁盘、磁带

续表

计算机的发展阶段	主要电子器件	起止年代	运算速度/(次·s^{-1})	数据处理方式	应用领域	内存	外存
第三代	中小规模集成电路	1965—1970年	几十万至几百万条	结构化、模块化程序设计、实时处理	工业控制、数据处理	半导体存储器	磁盘、磁带
第四代	大规模/超大规模集成电路	1971年至今	上千万至万亿条	分时、实时数据处理、计算机网络	工业、生活等各个方面	半导体存储器	光盘、U盘等

我国从1956年开始研制计算机,1958年第一台电子管计算机研制成功,从而填补了我国在计算机技术领域的空白,为我国计算机技术的发展打下了基础。1964年,我国成功地研制出了晶体管计算机。1971年,我国研制了以集成电路为主要元件的DSJ系列计算机,在微型计算机方面取得了迅速发展。2001年,我国研制成功第一款通用CPU芯片——“龙芯”。

1.1.2 计算机的特点、用途和分类

计算机能够按照程序确定的步骤,对输入的数据进行加工处理、存储或传送,从而提高工作效率,改善人们的生活质量。计算机之所以具有如此强大的功能,能够应用于各个领域,是由它的特点所决定的。

1)计算机的主要特点

①高速、精确的运算能力。

②准确的逻辑判断能力:计算机能够进行逻辑处理,它能模拟人类的大脑,对问题进行思考、判断。

③强大的存储能力:计算机能存储大量的数字、文字、图像、视频、声音等信息,并且可以“长久”保存。

④自动化程度高:计算机可以将预先编好的一组指令(称为程序)先“记”下来,然后自动逐条取出这些指令并执行,工作过程完全自动化,且可以反复进行。

⑤强大的网络通信功能:在因特网(Internet)上的所有计算机用户可共享网上资料、交流信息、互相学习,整个世界都可以互通信息。

2)计算机的应用领域

计算机问世之初,主要用于数值计算,“计算机”因此而得名。计算机的应用主要分为数值计算和非数值计算两大类。信息处理、计算机辅助计算、计算机辅助教学、过程控制等均属于非数值计算,其应用领域远远大于数值计算。据统计,目前计算机有5 000多种用途,并且以每年300~500种的速度增加。计算机的主要应用领域如下:

①科学计算:也称数值计算,是计算机最早的应用领域,在科学研究和科学实践中,以前无法用人工解决的大量复杂的数值计算问题,现在用计算机可快速、准确地解决。计算机计算能力的提高推进了许多科学研究的发展,如著名的人类基因序列分析、人造卫星的轨道测算、通过计算大量历史气象数据而进行的天气预测等。

②信息处理:也称为非数值计算或数据处理,是指对大量数据进行加工处理,如收集、存储、传送、分类、检测、排序、统计和输出,再筛选出有用的信息。这些数据不但可以被存储、输出,还可以进行编辑、复制等操作。

③过程控制:又称实时控制,是指用计算机实时采集控制对象的数据,分析处理后,按系统要求对控制对象进行自动调节或自动控制。

过程控制广泛应用于各种工业环境中,第一,能够替代人在危险、有害的环境中作业;第二,能在保证同样质量的前提下连续作业,不受疾病、情感等因素的影响;第三,能够完成人所不能完成的有高精度、高速度、时间性、空间性等要求的操作。

④计算机辅助:是计算机应用的一个非常广泛的领域。几乎所有由人进行的具有设计性质的过程都可以让计算机帮助实现部分或全部工作。计算机辅助也称计算机辅助工程,主要有计算机辅助设计(CAD)、计算机辅助制造(CAM)、计算机辅助教学(CAI)、计算机辅助测试(CAT)等。

⑤网络通信:是将计算机技术和数字通信技术结合产生的,能够实现资源共享和信息交流。

⑥人工智能:是指通过设计具有智能的计算机系统,让计算机具有只有人类才具有的智能特性,如识别图形与声音、具有学习与推理能力、能够适应环境等。机器人是计算机在人工智能领域的典型应用。

⑦多媒体应用:包括文本、图形、图像、音频、视频、动画等多种信息类型的综合体。多媒体技术是指人和计算机交互进行上述多种媒介信息的捕捉、传输、转换、编辑、存储、管理。

⑧嵌入式系统:并不是所有计算机都通用。有许多特殊的计算机用于不同的设备中,大量的消费电子产品和工业制造系统都是把处理器芯片嵌入其中,完成特定的处理任务,如数码相机、手机、汽车以及高档电动玩具等都用了不同功能的处理器。这些系统称为嵌入式系统。

⑨家庭生活:越来越多的人认识到计算机是一个能干的助手,计算机通过各种各样的软件可以从不同的方面为家庭生活提供服务,如家庭理财、家庭教育、家庭娱乐、家庭信息管理等。

3)计算机的分类

依照不同的标准,计算机有多种分类方法,常见的分类有以下几种。

(1)按处理数据的类型分类

按处理数据的类型不同,可将计算机分为数字计算机、模拟计算机和混合计算机。

①数字计算机:所处理的数据都是以0和1表示的二进制数字,是不连续的数字量。处理结果以数字形式输出。数字计算机的优点是精度高、存储量大、通用性强。目前,常

用的计算机大多数是数字计算机。

②模拟计算机:所处理的数据是连续的,称为模拟量。模拟量以电信号的幅值来模拟数值或某物理量的大小,如电压、电流、温度等都是模拟量。所接收的模拟数据,经过处理后,仍以连续的数据输出,这种计算机称为模拟计算机。一般来说,模拟计算机计算速度快,但不如数字计算机精确,且通用性差。

③混合计算机:集数字计算机和模拟计算机的优点于一身。

(2)按使用范围分类

按使用范围的大小,计算机可分为专用计算机和通用计算机。

①专用计算机:是专门为某种需求而研制的,不能用作其他用途。专用计算机的特点是效率高、精度高、速度快。

②通用计算机:广泛适用于一般科学运算、工程设计和数据处理等,具有功能多、配置全、用途广、通用性强的特点。市场上销售的计算机多属于通用计算机。

(3)按性能分类

依据计算机的主要性能(如字长、存储容量、运算速度、外部设备、允许同时使用一台计算机的用户数量和价格高低)进行分类,可分为超级计算机、大型计算机、小型计算机、微型计算机、工作站和服务器6类。这也是常用的分类方法。

①超级计算机:又称巨型机,是目前功能最强、运算速度最快、价格最贵的计算机。一般用于航天、能源、医药、军事等领域的复杂计算,它们安装在国家高级研究机构中,可供几百个用户同时使用。这种机器价格昂贵,号称"国家级资源"。世界上只有少数几个国家能生产这种机器,如美国克雷公司生产的Cray-1、Cray-2和Cray-3都是著名的巨型机。我国自主生产的银河-Ⅲ型机、曙光-2000型机都属于巨型机。巨型机的研制开发是一个国家综合国力和国防实力的体现。

②大型计算机:通常使用多处理器结构,具有较高的运算速度,每秒钟计算数亿次,具有较大的存储容量,较好的通用性,功能较完备,但不足之处是价格也比较昂贵。此类计算机通常用作银行、证券等大型应用系统中的计算机主机。大型机支持大量用户同时使用计算机数据和程序。

③小型计算机:价格低廉,适合中小型单位使用,如DEC公司的VAX系列、IBM公司的AS/4000系列。

④微型计算机:其特点轻便、价格便宜。不过通常一次只能供一个用户使用,所以微型计算机也称为个人计算机(Personal Computer)。后来又出现了体积更小的微机,如笔记本电脑。

⑤工作站:介于个人计算机和小型计算机之间的高档微型计算机,应用于图像处理、计算机辅助设计以及计算机网络领域。

⑥服务器:作为网络的节点,存储、处理网络上80%的数据信息,因此也称为网络的"灵魂"。

近年来,随着Internet的普及,各种档次的计算机在网络中发挥着各自不同的作用,而服务器在网络中扮演着最主要的角色。服务器可以是大型机、小型机、工作站或高档微机。服务器可以提供信息浏览、电子邮件、文件传送、数据库等多种业务服务。

服务器主要具有以下特点:

- 只有在客户机的请求下才为其提供服务。
- 服务器对客户透明。一个与服务器通信的用户面对的是具体的服务,而可以不用知道服务器采用的是什么机型及运行的是什么操作系统。
- 一台作为服务器使用的计算机通过安装不同的服务器软件,可以同时扮演几种服务器的角色。

1.1.3 未来计算机技术发展趋势与应用

计算机技术是世界上发展最快的科学技术之一,其产品不断升级换代。当前计算机正朝着巨型化、微型化、智能化、网络化等方向发展,计算机本身的性能越来越优越,应用范围也越来越广泛,成为工作、学习和生活中必不可少的工具。

1)未来新一代的计算机

(1)量子计算机

量子计算机是一类遵循量子力学规律进行高速数字和逻辑运算、存储及处理的量子物理设备,当某个设备由两个子元件组装,处理和计算的是量子信息,运行的是量子算法时,它就是量子计算机。简单来说,量子计算机是采用基于量子力学原理和深层次计算模式的计算机,而不像传统的二进制计算机那样将信息分为0和1来处理。

(2)神经网络计算机

人类大脑的总体运行速度相当于每秒1 000万亿次的计算机功能。从大脑工作的模型中抽取计算机设计模型,用许多处理机模仿人脑的神经元机构,将信息存储在神经元之间的联络中,并采用大量的并行分布式网络就构成了神经网络计算机。

(3)化学、生物计算机

在运行机理上,化学计算机以化学制品中的微观碳分子作信息载体,来实现信息的传输与存储。DNA分子在酶的作用下可以从某基因代码通过生物化学反应转变为另一种基因代码,转变前的基因代码可以作为输入数据,转变后的基因代码可以作为运算结果,利用这一过程可以制成新型的生物计算机。生物计算机最大的优点是生物芯片的蛋白质具有生物活性,能够跟人体的组织结合在一起,特别是可以和人的大脑和神经系统有机地连接,使人机接口自然吻合,免除了烦琐的人机对话。这样,生物计算机就可以听人指挥,成为人脑的外延或扩充部分,还能够从人体的细胞中吸收营养来补充能量,不要任何外界的能源。由于生物计算机的蛋白质分子具有自我组合的能力,从而使生物计算机具有自调节能力、自修复能力和自再生能力,更易于模拟人类大脑的功能。现今科学家已研制出了许多生物计算机的主要部件——生物芯片。

(4)光计算机

光计算机是用光子代替半导体芯片中的电子,以光互联来代替导线制成数字计算机。与电的特性相比,光具有无法比拟的各种优点:光在光介质中以许多个波长不同或波长相同而振动方向不同的光波传输,不存在寄生电阻、电容、电感和电子相互作用问题。光器件无电位差,因此光计算机的信息在传输中畸变或失真小,可在同一条狭窄的通道中传输数量庞大的数据。

2)计算机最新应用领域

(1)计算思维

计算思维是当前国际计算机界广为关注的一个重要概念,其最根本的内容是抽象化和自动化。计算思维汲取了解决问题所采用的一般数学思维方法,现实世界中巨大、复杂系统的设计与评估的一般工程思维方法,以及对人类心理、行为的理解等的一般科学思维方法。

2006年3月,美国卡内基·梅隆大学计算机科学系主任周以真(Jeannette M. Wing)教授在美国计算机权威期刊 *Communications of the ACM* 上给出了计算思维(Computational Thinking)的定义。周教授认为:计算思维是运用计算机科学的基础概念进行问题求解、系统设计以及人类行为理解等涵盖计算机科学之广度的一系列思维活动,计算思维的特点有:

- 优点:计算思维建立在计算过程的能力和限制之上,由机器执行。计算方法和模型使人们敢于去处理那些原本无法由个人独立完成的问题求解和系统设计。
- 内容:计算思维中的抽象完全超越物理的时空观,并完全用符号来表示,其中,数字抽象只是一类特例。
- 特性:概念化,不是程序化;根本的,不是刻板的技能;是人的,不是计算机的思维方式;数学和工程思维的互补与融合;是思想,不是人造物。

(2)网格计算

网格计算(Grid Computing)是专门针对复杂科学计算的新型计算模式。这种计算模式是利用互联网把分散在不同地理位置的计算机组织成一个虚拟的超级计算机,其中每一台参与计算的计算机就是一个"节点",而整个计算是由成千上万个"节点"组成的"一张网格",所以这种计算方式称为网格计算。这种虚拟的超级计算机有两个优势:一是数据处理能力超强;二是能充分利用网上的闲置处理能力。

网格计算包括任务管理、任务调度和资源管理,它们是网格计算的三要素。用户通过任务管理提交任务,为任务制定所需的资源,删除任务并监测任务的运行;任务调度对用户提交的任务根据任务的类型、所需的资源、可用资源等情况安排运行日程和策略;资源管理则负责检测网络中资源的状况。

网格计算技术的特点:

- 能够提供资源共享,实现应用程序的互联互通。网格与计算机网络不同,计算机网络实现的是一种硬件的连通,而网格能实现应用层面的连通。
- 协同工作。很多网格节点可以共同处理一个项目。
- 基于国际的开放技术标准。
- 网格可以提供动态的服务,能够适应变化。

3)云计算

云计算(Cloud Computing)是基于互联网的相关服务的增加、使用和交付模式,通常涉及通过互联网来提供动态易扩展且经常是虚拟化的资源。云是网络、互联网的一种比喻说法。过去在图中往往用云来表示电信网,后来也用来表示互联网和底层基础设施的抽象。因此,云计算甚至可以让你体验每秒10万亿次的运算能力,拥有这么强大的计算能力可以模拟核爆炸、预测气候变化和市场发展趋势。用户通过电脑、笔记本、手机等方式接入数据中心,按自己的需求进行运算。美国国际技术与标准局给出的定义:云计算是对基于网络的、可配置的共享计算资源池能够方便地随需访问的一种模式。这些共享计算资源池包括网络、服务器、存储、应用和服务等资源,这些资源以最小化的管理和交互可以快速提供和释放。也就是说,云计算的资源相对集中,主要以数据为中心的形式提供底层资源的使用。通俗地说,云计算就是一种基于互联网的计算方式,化繁为简,更加节约资源。

云计算的特点:超大规模、分布式、虚拟化、高可靠性、通用性、高可扩展性、按需服务、价廉。

利用云计算时,数据在云端,不怕丢失、不必备份、可以进行任意点的恢复;软件在云端,不必下载就可以自动升级;在任何时间、任意地点、任何设备登录就可以进行计算服务,具有"无限"空间和速度。

1.1.4 电子商务

伴随着计算机网络技术发展起来的电子商务是一种崭新的商务手段,它从根本上改变了传统经济活动中的交易方式和流通方式。

电子商务通常是应用现代信息技术在因特网上进行的商务活动。从本质上来说,电子商务是一组电子工具在商务过程中的应用。在因特网开放的网络环境下,基于浏览器/服务器应用方式,买卖双方不会面地进行各种商务活动,实现消费者的网上购物、商务之间的网上交易和在线电子支付,以及各种商务活动、交易活动、金融活动和相关的综合服务活动。

1)狭义的电子商务

狭义的电子商务(E-Commerce)是指利用互联网进行交易的一种方式,主要指信息服务、交易和支付,主要内容包括电子商情广告、电子选购和交易、电子交易凭证的交换、电子支付与结算等。

2)广义的电子商务

广义的电子商务(E-Business)是利用Internet进行全部的贸易活动。从计算机与商业结合的角度看,电子商务就是通过电子信息技术、网络互联技术和现代通信技术使得交易涉及的各方当事人借助电子方式联系,而无须依靠纸面文件完成单据的传输,实现整个交易过程的电子化。简单来说,电子商务就是在网上将信息流、资金流和部分物流完整地实现。

3)电子商务的类型

按照不同的标准,电子商务可划分为不同的类型。目前比较流行的标准是按照参加主体将电子商务进行分类,例如:

①企业间的电子商务(Business-to-Business,B2B)。

②企业与消费者之间的电子商务(Business-to-Consumer,B2C)。

③消费者与消费者之间的电子商务(Consumer-to-Consumer,C2C)。

④代理商、商家和消费者三者之间的电子商务(Agents-to-Business-to-Consumer, ABC)。

⑤线上与线下结合的电子商务(Online-to-Offline,O2O)。

1.2 计算机的组成

根据存储程序控制的概念,可以知道电子计算机系统(图 1.2)由计算机硬件系统和软件系统两大部分组成。硬件系统是计算机的“躯干”,是物质基础;而软件系统则是建立在这个“躯干”上的“灵魂”。至今,计算机的发展仍遵循这个原理。

- 硬件:指各种功能部件电路、外部设备和机箱等外部设备,它们是指计算机系统中电子线路和各种机电物理装置组成的实体,即看得见摸得着的装置。
- 软件:指为了运行、管理和维护计算机而编制的各种程序。

1.2.1 计算机硬件组成

如图 1.2 所示,计算机硬件系统由 5 个部分组成:运算器、控制器、存储器、输入设备和输出设备。

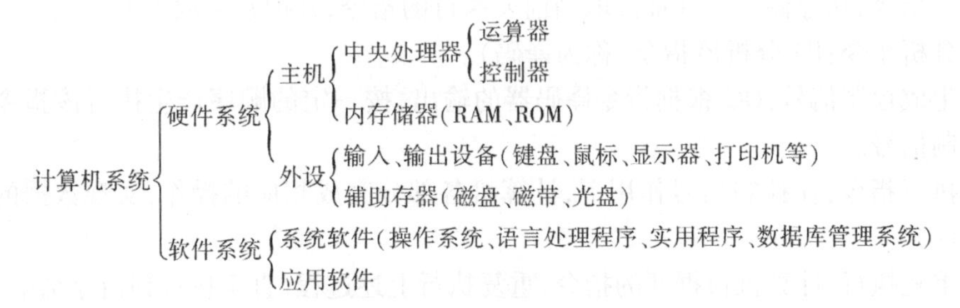

图 1.2 计算机系统的组成

1)运算器

运算器(Arithmetic and Logic Unit,ALU)是计算机处理数据形成信息的加工厂,它的主要功能是对二进制数码进行算术运算和逻辑运算,并将运算的中间结果暂存在运算器内的寄存器中。

运算器的性能指标是衡量整个计算机性能的重要因素之一,与运算器相关的性能指标包括计算机的字长和运算速度。

①字长:指计算机的运算部件一次能同时处理的二进制数据的位数。作为存储数据,字长越长,则计算机的运算精度越高;作为存储指令,字长越长,则计算机的处理能力越强。

②运算速度:指每秒钟所能执行的指令数目,通常用百万次/s(Million Instructions Per Second,MIPS)来表示。

2)控制器

控制器(Control Unit,CU)是计算机的“心脏”,由它指挥全机各个部件自动、协调地工作。控制器的基本功能是根据指令计数器中指定的地址从内存取出一条指令，对其操作码进行译码，再由操作控制部件有序地控制各部件完成操作码规定的功能。

控制器由指令寄存器(Instruction Register,IR)、指令译码器(Instruction Decoder, ID)、程序计数器(Program Counter,PC)和操作控制器(Operation Controler,OC)4 个部件组成。IR 用以保存当前执行或即将执行的指令代码;ID 用来解析和识别 IR 中所存放指令的性质和操作方法;PC 总是保存下一条要执行的指令地址，从而使程序可以自动、持续地运行;OC 则根据 ID 的译码结果，产生该指令执行过程中所需的全部控制信号和时序信号。

(1)机器指令

机器指令是一个按照格式构成的二进制代码串，用于描述一个计算机可以理解并执行的基本操作。机器指令通常由操作码和操作数(地址码)两部分组成。

①操作码:指明指令所要完成操作的性质和功能。

②操作数:指明操作码执行时的操作对象。操作数的形式可以是数据本身，也可以是存放数据的内存单元地址或寄存器名称。

(2)指令的执行过程

计算机的工作过程就是按照控制器的控制信号自动、有序地执行指令的过程。人们将为解决某项任务而编写的指令的有序集合称为程序。一条机器指令的执行过程大致如下:

①取指令:从存储单元地址读取当前要执行的指令，并把它存放到 IR 中。

②分析指令:ID 分析该指令(称为译码)。

③生成控制信号:OC 根据指令译码器的输出，按一定的顺序产生执行该指令所需的所有控制信号。

④执行指令:在控制信号作用下，计算机各部分完成相应的操作，实现数据的处理和结果的保存。

⑤重复执行:计算机根据新的指令，重复执行上述过程，直至执行到指令结束。

经过上述过程就可以使得计算机连续地、有条不紊地工作。

运算器和控制器是 CPU 的重要组成部分，所以 CPU 的主要功能是执行程序。它能直接访问内存中的数据，所以外存中的数据必须先放入内存，然后再由 CPU 对数据进行处理。简单来说，微型计算机的更新主要是基于 CPU 的改进。

3)存储器

存储器(Memory)是存储程序和数据的部件。它可以自动完成程序或数据的存取，是计算机系统中的记忆设备。存储器可以分为内存储器(主存储器或主存或内存)和外存储器(辅助存储器或外存)两大类。

(1)内存

内存是主板上的存储部件，用来存储当前正在执行的数据、程序和结果。内存储器按功能不同可分为随机存取存储器(Random Access Memory,RAM)和只读存储器(Read Only Memory,ROM)。RAM 容量小，存取速度快，但断电后 RAM 中的信息全部丢失;而 ROM 中的信息不会丢失，所以 ROM 中一般存放计算机系统管理程序，如监控程序、基本输入/输出系统模块 BIOS 等。除此两种存储器外还有高速缓冲存储器(Cache)，它主要是为了解决 CPU 和主存速度不匹配问题而设计的。

(2)外存

随着信息技术的发展,信息处理的数据量越来越大,而内存容量毕竟有限,这就需要配置另一类存储器——外存。外存是磁性介质或光盘等部件,用来存放各种数据文件和程序文件等需要长期保存的信息。外存容量大,存取速度慢,但断电后所保存的内容不会丢失。常见的外存储器有硬盘、U 盘和光盘等。

4)输入设备

输入设备的主要功能是接受用户输入的原始数据和程序,将人们熟悉的信息形式转换为计算机能够识别的信息形式并存放到内存中。目前常用的输入设备有键盘、鼠标、扫描仪、数码摄像机、触摸屏、数字化仪、麦克风等。各种输入设备和主机之间通过相应的接口适配器连接。

5)输出设备

输出设备的主要功能是把计算机处理后存放在内存中的运算结果或工作过程进行转变,然后以人们能够接受的信息形式显示出来。目前常用的输出设备有显示器、打印机(常见的打印机有针式打印机、喷墨打印机、激光打印机,如图 1.3、图 1.4、图 1.5 所示)、绘图仪和音响等。

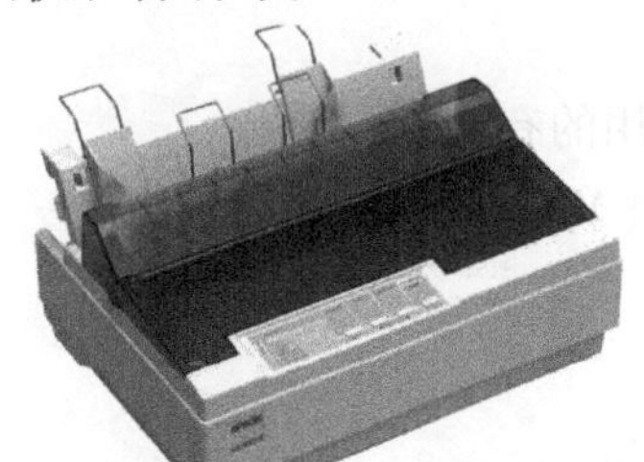

图 1.3 针式打印机

图 1.4 喷墨打印机

图 1.5 激光打印机

1.2.2 计算机软件系统

软件系统是为运行、管理和维护计算机而编制的各种程序、数据和文档的总称。软件系统主要分为两大类:系统软件和应用软件。

1)系统软件

系统软件是指控制和协调计算机及外部设备,支持应用软件开发和运行的软件。系统软件的主要功能是调度、监控和维护计算机系统,负责管理计算机系统中各独立硬件,使各硬件协调工作。

系统软件是软件系统的基础,所有应用软件都要在系统软件上运行。系统软件主要包括操作系统、语言处理系统、数据库管理程序和系统辅助程序等,其中最主要的是操作系统,它提供了一个软件运行的环境。

(1)操作系统

系统软件中最重要且最基本的是操作系统。它是最底层的软件,能控制所有计算机上运行的程序并管理整个计算机的软硬件资源，是计算机逻辑和应用程序及用户之间的桥梁。常用的操作系统有 Windows、Linux、DOS、Unix 等。

(2)语言处理系统

语言处理系统是系统软件的另一大类型。早期的计算机所使用的编程语言一般是由计算机硬件厂家随机器配置的。随着编程语言发展到高级语言，语言系统开始成为用户可选择的一种产品化的软件。

(3)数据库管理程序

数据库(Database)管理程序是应用最广泛的软件。加载、使用和维护数据库，把各种不同性质的数据进行组织，以便能够有效地查询、检索并管理这些数据是运用数据库的主要目的。

(4)系统辅助处理程序

系统辅助处理程序主要是指一些为计算机系统提供服务的工具软件和支撑软件，这些程序主要是为了维护计算机系统的正常运行，方便用户在软件开发和实施过程中的应用。

2)应用软件

应用软件是用户可以使用的各种程序设计语言，以及各种程序设计语言编写的应用程序的集合，分为通用软件和专用软件。

(1)通用软件

为了解决某一类问题所涉及的软件称为通用软件。常用的有：

①用于文字处理、表格处理、文稿演示等的办公软件，如 Microsoft Office、WPS 等。

②用于财务会计业务的财务软件，如用友软件等。

③用于机械设计制图的绘图软件，如 AutoCAD 等。

④用于图像处理的软件，如 Photoshop、Adobe Illustrator 等。

(2)专用软件

专门适应特殊需求的软件称为专用软件。例如，用户自己组织人力开发的自动控制车床，以及将各种专业性工作集合到一起完成的软件等。

3)计算机中的程序设计语言

编写计算机程序所用的语言即计算机程序设计语言，通常分为机器语言、汇编语言和高级语言 3 类。

(1)机器语言

机器语言是计算机硬件系统所能识别的、不需翻译、直接供机器使用的程序语言。机器语言用二进制代码 0 和 1 的形式表示，是唯一能被计算机直接识别的程序，执行速度最快，但编写难度大，调试修改烦琐。用机器语言编写的程序不便于记忆、阅读和书写，因此通常不用机器语言直接编写程序。

(2)汇编语言

汇编语言是一种用助记符(英文或英文缩写)表示的面向机器的程序设计语言。汇编语言的每条指令对应一条机器语言代码，不同类型的计算机系统一般有不同的汇编语言。用汇编语言编写的程序称为汇编语言程序，机器不能直接识别和执行，必须由汇编程序（或汇编系统）翻译成机器语言程序才能运行。

机器语言与汇编语言都和计算机有着十分密切的关系，因此称为低级语言。

（3）高级语言

高级语言是一种比较接近自然语言和数学表达式的计算机程序设计语言。用高级语言编写的程序一般称为源程序，计算机不能识别和执行。因此，要把用高级语言编写的源程序翻译成机器指令，计算机才能执行，通常有编译和解释两种方式。

①编译方式：是将源程序整个翻译成用机器指令表示的目标程序，然后让计算机来执行，如 C 语言。

②解释方式：是将源程序逐句翻译，翻译一句执行一句，也就是边解释边执行，不产生目标程序，如 BASIC 语言。

高级语言直观、易读、易懂、易调试，便于移植。常用的高级语言有 C、BASIC、FORTRAN、Pascal、C++、Java 等。

1.2.3 计算机系统的主要性能指标

计算机系统性能的评价是一个非常复杂的问题。任何型号的计算机都有其特点，因此对计算机系统性能的评价应该是全面、综合的评价，不能仅依赖于某几项指标。在实际应用中，CPU 的主要性能指标和常用的计算机系统性能评价指标如下所述。

1）CPU 的主要性能指标

（1）主频

主频是 CPU 的时钟频率，或者说是 CPU 运算时的工作频率。一般主频越高，一个时钟周期里面执行的指令数越多，CPU 的速度也越快。外频是系统总线的工作频率，倍频则是 CPU 外频与主频相差的倍数。因此，主频=外频×倍频。

（2）内存总线速度

内存总线速度是指 CPU 与二级高速缓存和闪存之间的通信速度。由于在外存上的信息必须读入内存才能由 CPU 处理，所以 CPU 与内存之间的总线速度对整个系统性能非常重要。但是，访问内存的速度与 CPU 的运行速度会有差异，故引入二级缓存来协调内存和 CPU 之间速度不匹配的问题。

（3）扩展总线速度

扩展总线速度是指 CPU 与扩展设备之间的数据传输速度。扩展总线是 CPU 与外部设备通信的桥梁。在计算机系统中的扩展总线有 VESA 或 PCI 总线，当打开计算机机箱时看见的一些插槽就是扩展总线连接的扩展槽。

（4）总线宽度

总线宽度分为地址总线宽度和数据总线宽度，其中地址总线宽度决定了 CPU 可以访问的物理地址空间，即 CPU 能够使用多大容量的内存。数据总线负责整个系统中数据流量的大小，数据总线宽度决定了 CPU 与二级高速缓存、内存以及输入/输出设备之间一次数据传输的信息量。

2)常用的计算机系统性能评价指标

常用的计算系统性能评价指标主要包括计算机系统的效率、可靠性和可维护性、性能价格比。

(1)计算机系统的效率

计算机系统的效率是指为完成其各项功能所需要的计算机资源。不同的系统,其效率指标的具体形式各不相同。常用的计算机系统的效率指标有如下 3 种:

①响应时间:是指从用户输入完整的操作命令到系统开始线式应答信息为止的这段时间。

②吞吐量:是指单位时间内系统所完成的工作量,通常用单位时间内所完成的作业数量加以衡量。

③周转时间:对批处理作业来说,周转时间是指从用户提交作业到该作业执行后返回给用户所需的时间。

(2)计算机系统的可靠性

计算机系统的可靠性是指“在某一使用状态下,在用户希望的时间里满意地完成了它的性能”,这个希望的时间和性能必须与使用者支付的费用相平衡。衡量系统可靠性的指标是平均无故障时间(Mean Time Between Failures,MTBF)和故障率。

(3)计算机系统的可维护性

计算机系统的可维护性是指该系统失效后在规定时间内可修复到规定功能的能力,衡量系统可维护性高低的指标是平均修复故障时间(Mean Time To Repair,MTTR)。显然,系统的可用性取决于平均无故障时间及平均修复故障时间。平均无故障时间的值越大,平均修复故障时间的值越小,整个系统的可用性就越高。

(4)计算机系统的性能价格比

计算机系统的性能价格比也是一种用来衡量计算机优劣的概括性指标。性能价格比越高越好。总之,衡量一台计算机的性能要从多方面考虑,除了上述指标外,还要考虑如可扩充性、可移植性以及系统的安全性等各种指标。

1.2.4 计算机的日常维护

1)计算机正常使用的一般要求

①电源要求:国内规定民用 220 V 电压的偏离区间是 187~242 V,计算机电源设备适用的电压区间为 180~250 V,也就是说,正常情况下的电压不低于 187 V,计算机电源就能工作。

②温度要求:计算机工作环境的温度以 19~22 ℃为宜。如果环境温度过高,计算机又长时间工作,热量难以散发,计算机将会出现运行错误、死机等现象,甚至烧毁芯片,同时也会直接影响计算机的使用寿命。据统计,温度每升高 10 ℃,计算机的可靠性就下降 10%。

③湿度要求：计算机工作环境的相对湿度以30%~80%为宜。如果湿度过高，会影响CPU、显卡等配件的性能发挥，同时会使电子元件表面吸附一层水膜，引起机器内元件、触点及引线锈蚀，造成断路或短路。

④开关机要求：开机时，先开显示器，再开主机；关机时，先关主机，再关显示器。

⑤搬运要求：轻拿轻放。

⑥检修要求：由简入手，进行检修；根据观察法，先想后做；先检查软件后检查硬件。

2）计算机日常使用的注意事项

在日常使用计算机的过程中应该注意以下问题：

①安装正版的防病毒软件并及时升级到最新版本，定期检测系统有无病毒。

②不要轻易打开不明的邮件和邮件附件，如“.exe”文件、“.chm ”文件等。

③不要随便下载和安装因特网上的软件。

④关掉不必要的服务，如文件共享、Message 服务等。

⑤不要访问包含不良信息的网站。

⑥上网时，当屏幕出现提示信息，要仔细阅读其内容，然后决定是单击“是”还是“否”，如果不能确定时请单击“否”。

⑦采用正确的方式关闭计算机，不用时，请关闭计算机（提倡节约）。

1.3　计算机中数据的表示、存储与处理

1.3.1　信息与数据

1）信息的含义及表示形式

信息（Information）可以定义为适合用通信、存储或处理的形式来表示的知识或消息，即信息是客观世界中各种事物的特征和变化的知识，是数据加工的结果，是有用的数据。在信息论中，信息是指消息中有意义的内容。可以认为，信息是指以声音、语言、文字、图像、动画、气味等方式所表示的实际内容，是事物表象及其属性标识的集合，是人们关心的事情的消息或知识，是由有意义的符号组成的。信息一般有4种形态：数据、文本、声音、图像。随着信息化的快速普及，信息同能源、材料并列为世界三大资源。

2）数据与信息

数据是对客观事物的符号表示，是信息的具体表现形式，而信息是数据的本质含义。信息处理包括信息收集、加工、存储、检索、传输等环节，每个环节都需要面对各种类型的数据。因此，数据和信息是“形影不离”的，常常把信息处理也称为数据处理。

3）信息的特征及分类

（1）信息的特征

信息以物质介质为载体，传递和反映世界各种事物存在方式和运动状态的表征。通

常，信息的发生者称为信源；信息的接收者称为信宿；信息的传播媒介称为载体。信源、信宿和载体构成了信息运动的3个要素。信息的主要特征如下：

①可识别性：信息是可以识别的，不同的信息源有不同的识别方法。识别分为直接识别和间接识别。直接识别是指通过感官的识别，间接识别是指通过各种测试手段的识别。

②可存储性：信息是可以通过各种方法存储的。

③可度量性：信息采用某种度量单位进行度量，并进行信息编码。

④可共享性：是指接收者在获得全部信息的同时不会减少信息量，是信息不同于物质和能量的一个本质特征。

⑤可压缩性：人们对信息进行加工、整理、概括、归纳就可以使之精练，从而浓缩。人们可以用不同的信息量来描述同一事物，用尽可能少的信息量描述一件事物的主要特征。

⑥可传递性：信息的可传递性是信息的本质特征。信息的传递是与物质和能量的传递同时进行的。

⑦可转换性：信息可由一种形态转换为另一种形态，即信息经过处理后，可以其他形式再生。

⑧时效性：信息在特定的范围内是有效的，否则是无效的。信息有许多特性，这是信息区别于物质和能量的特性。例如，交通信号灯控制行人、车辆通行时是有时效性的。

⑨可扩充性：信息随着时间的变化，将不断扩充。

(2)信息的分类

信息广泛存在于自然界、生物界和人类社会。信息是多种多样、多方面、多层次的，信息的类型也可根据不同的角度来划分。

①按照产生信息的客体的性质分类，可分为自然信息、生物信息和社会信息。

②按照信息所依附的载体特征分类，可分为文献信息、声音信息、电子信息、生物信息等。

计算机科学中的信息通常被认为是能够用计算机处理的有意义的内容或消息，它们以数据的形式出现。

1.3.2 计算机中的数据及数据的单位

1)计算机中的数据

根据冯·诺依曼提出的计算机中采用二进制表示方法。二进制只有“0”和“1”两个数字，相对十进制而言，采用二进制表示不但运算简单、易于物理实现、通用性强，更重要的优点是所占用的空间和所消耗的能量小，可靠性高。

2)计算机中数据的单位

(1)位

位(Bit)是计算机存储数据的最小单位。一个二进制位只能表示$2^1=2$种状态，要想表示更多的信息，就得把多个位组合起来作为一个整体，每增加一位，所能表示的信息量就增加一倍。例如，ASCII码用7位二进制组合编码，能表示$2^7=128$个信息。

(2)字节

字节(Byte)是数据处理的基本单位,即以字节为单位存储和解释信息,简记为 B。规定一个字节等于 8 位二进制数,即 1 B=8 bit。通常,1 个字节可存放一个 ASCII 码,2 个字节可存放一个汉字国标码,整数用 2 个字节组织存储,单精度实数用 4 个字节组织成浮点形式,而双精度实数利用 8 个字节组织成浮点形式,等等。存储器容量大小是以字节数来度量,KB(千字节)、MB(兆字节)、GB(吉字节)、TB(太字节)、PB(帕字节)、EB(艾字节)、ZB(泽字节)、YB(尧字节)。

1 KB=1 024 B

1 MB=1 024 KB

1 GB=1 024 MB

1 TB=1 024 GB

1 PB=1 024 TB

1 EB=1 024 PB

1 ZB=1 024 EB

1 YB=1 024 ZB

(3)字长

人们将计算机能够一次运行处理的二进制数称为该机器的字长,也称为计算机的一个"字"。在计算机诞生初期,计算机一次能够同时处理 8 个二进制数。随着电子技术的发展,计算机的并行能力越来越强。计算机的字长通常是字节的整倍数,如 8 位、16 位、32 位、64 位、128 位等。

1.3.3　数制与编码

数制也称计数制,是用一组固定的符号和统一的规则来表示数值的方法。人们通常采用的数制有十进制、二进制、八进制和十六进制。编码是信息从一种形式或格式转换为另一种形式或格式的过程。编码在计算、控制和通信等方面广泛使用。

1)数制的基本概念

虽然计算机能极快地进行运算,但其内部运算并不是使用人们在实际生活中所用的十进制,而是使用只包含 0 和 1 两个数值的二进制。

按进位的原则进行计数,称为进位计数制,简称数制。不论是哪一种数制,其计数和运算都有共同的规律和特点。

(1)逢 N 进一

N 是指数制中所需要的数字字符的总个数,称为基数。例如用 0、1、2、3、4、5、6、7、8、9 这 10 个不同的符号来表示数值,这个"10"就是数字字符的总个数,也是十进制的基数,表示逢十进一。

(2)基数

基数是指一个数制所包括的数字符号的个数,这里的数字符号称为数码。

(3)位权表示法

位权是指一个数字在某个固定位置上所代表的值。处在不同位置上的数字所代表的值不同,每个数字的位置决定了它的值或者位权。位权与基数的关系:各进位制中位权的值是基数的若干次幂。

位权表示法的方法:每一位数要乘以基数的幂次,幂次以小数点为界,整数自右向左为 0 次方、1 次方、2 次方……,小数自左向右为-1 次方、-2 次方、-3 次方……。

例如,十进制数 803.77 可以表示为:

$$(803.77)_{10}=8\times(10)^{2}+0\times(10)^{1}+3\times(10)^{0}+7\times(10)^{-1}+7\times(10)^{-2}$$

2)常用的数制

常用的数制有多种,在计算机中采用二进制。为了表示方便,人们还经常使用八进制数或十六进制数。

(1)二进制数(B)

二进制数(Binary Number)用 0、1 两个数字表示,遵循"逢二进一"的原则,二进制的基数是 2。

(2)八进制数(O)

八进制数(Octal Number)用 0、1、2、…、7 这 8 个数字表示,遵循"逢八进一"的原则,八进制的基数是 8。

(3)十进制数(D)

十进制数(Decimal Number)用 0、1、2、…、9 这 10 个数字表示,遵循"逢十进一"的原则,十进制的基数是 10。

(4)十六进制数(H)

十六进制数(Hexadecimal Number)用 0、1、2、…、9、A、B、C、D、E、F 这 16 个数码表示,遵循"逢十六进一"的原则,十六进制的基数是 16。

3)各进制的书写格式

写法一:$(1011.101)_{2}$,$(331)_{8}$,$(35.61)_{10}$,$(FA5)_{16}$

写法二:1011.101B,331O,35.61D,FA5H

B——二进制;O——八进制;D——十进制;H——十六进制。

4)各进制相互转换规则

十进制、二进制、十六进制数之间的关系见表 1.2。二、八、十及十六进制相互换规则有:

①二进制、八进制和十六进制转换为十进制:按权展开法。

②十进制转换为二进制、八进制和十六进制:

- 整数部分:除权取余法,倒读。
- 小数部分:乘权取整法,正读。

③二进制转换为十六进制:四位转换为一位。

④十六进制转换为二进制:一位转换为四位。

表 1.2　十进制、二进制、十六进制数之间的关系表

十进制	二进制	十六进制	十进制	二进制	十六进制
0	0000	0	8	1000	8
1	0001	1	9	1001	9
2	0010	2	10	1010	A
3	0011	3	11	1011	B
4	0100	4	12	1100	C
5	0101	5	13	1101	D
6	0110	6	14	1110	E
7	0111	7	15	1111	F

⑤二进制转换为八进制：三位转换为一位。

⑥八进制转换为二进制：一位转换为三位。

⑦八进制数转换成十六进制：可以先把八进制转换为二进制，再转换成十六进制。

⑧十六进制数转换成八进制：可以先把十六进制转换为二进制，再转换成八进制。

对于任何一个二进制数、八进制数、十六进制数都可以将它按权展开成多项式，再计算该多项式的值即可。

【例 1.1】　$(10001.1101)_2 = 1\times2^4 + 1\times2^0 + 1\times2^{-1} + 1\times2^{-2} + 1\times2^{-4} = (17.8125)_{10}$

【例 1.2】　$(34.6)_8 = 3\times8^1 + 4\times8^0 + 6\times8^{-1} = (28.75)_{10}$

思考：$(FA9)_{16} = (\quad)_{10}$

【例 1.3】　$(158.5803)_{10} = (10011110.10010)_2$（有效位数为 5 位）

```
2 | 158                          0.5803
  2 | 79 ..........0           ×      2
    2 | 39 ..........1         ----------
      2 | 19 .........1          1.1606   ..........1
        2 | 9 .........1         0.1606
          2 | 4 ........1      ×      2
            2 | 2 ......0      ----------
              2 | 1 .....0       0.3212   ..........0
                  0 .....1     ×      2
                               ----------
                                 0.6424   ..........0
                               ×      2
                               ----------
                                 1.2848   ..........1
                                 0.2848
                               ×      2
                               ----------
                                 0.5696   ..........0
```

思考：$(158.5803)_{10} = (\quad)_8$

$(158.5803)_{10}=(\quad)_{16}$

【例 1.4】 $(11010110011101.11101)_2=(359D.E8)_{16}$

0011	0101	1001	1101	.	1110	1000
↓	↓	↓	↓		↓	↓
3	5	9	D	.	E	8

思考：$(1001110111001.00111)_2=(\quad)_{16}$

【例 1.5】 $(5A9.B28)_{16}=(10110101001.101100101)_2$

5	A	9	.	B	2	8
↓	↓	↓		↓	↓	↓
0101	1010	1001	.	1011	0010	1000

注意：最左边和最右边的 0 予以省略。

思考：$(3D2.F4)_{16}=(\quad)_2$

【例 1.6】 $(11010110011101.11101)_2=(32635.72)_8$

011	010	110	011	101	.	111	010
↓	↓	↓	↓	↓		↓	↓
3	2	6	3	5	.	7	2

思考：$(1001110111001.00111)_2=(\quad)_8$

【例 1.7】 $(453.127)_8=(100101011.001010111)_2$

4	5	3	.	1	2	7
↓	↓	↓		↓	↓	↓
100	101	011	.	001	010	111

思考：$(327.16)_8=(\quad)_2$

【例 1.8】 $(34.21)_8=(011100.010001)_2=(00011100.01000100)_2=(1C.44)_{16}$

【例 1.9】 $(3A.52)_{16}=(00111010.01010010)_2=(000111010.010100100)_2=(72.244)_8$

1.3.4 计算机中的字符编码

字符包括西文字符（字母、数字、各种符号）和中文字符，即所有不可做算术运算的数据。

字符编码的方法很简单，首先确定需要编码的字符总数，然后将每一个字符按顺序确定序号。序号的大小无意义，仅作为识别与使用这些字符的依据。字符形式的多少涉及编码的位数，对于西文与中文字符，由于形式不同，使用的编码也不同。表 1.3 为十进制、十六进制的数与字符之间的关系。

由于计算机是以二进制的形式存储和处理数据的，因此字符也必须按特定的规则进行二进制编码才能输入计算机。

表 1.3　十进制、十六进制的数与字符之间的关系表

十进制	十六进制	字符	十进制	十六进制	字符	十进制	十六进制	字符	十进制	十六进制	字符
0	00	NUT	32	20	SP	64	40	@	96	60	‘
1	01	SOH	33	21	!	65	41	A	97	61	a
2	02	STX	34	22	"	66	42	B	98	62	b
3	03	ETX	35	23	#	67	43	C	99	63	c
4	04	EOT	36	24	$	68	44	D	100	64	d
5	05	ENQ	37	25	%	69	45	E	101	65	e
6	06	ACK	38	26	&	70	46	F	102	66	f
7	07	BEL	39	27	,	71	47	G	103	67	g
8	08	BS	40	28	(	72	48	H	104	68	h
9	09	HT	41	29	)	73	49	I	105	69	i
10	0A	LF	42	2A	*	74	4A	J	106	6A	j
11	0B	VT	43	2B	+	75	4B	K	107	6B	k
12	0C	FF	44	2C	,	76	4C	L	108	6C	l
13	0D	CR	45	2D	–	77	4D	M	109	6D	m
14	0E	SO	46	2E	°	78	4E	N	110	6E	n
15	0F	SI	47	2F	/	79	4F	O	111	6F	o
16	10	DLE	48	30	0	80	50	P	112	70	p
17	11	DC1	49	31	1	81	51	Q	113	71	q
18	12	DC2	50	32	2	82	52	R	114	72	r
19	13	DC3	51	33	3	83	53	S	115	73	s
20	14	DC4	52	34	4	84	54	T	116	74	t
21	15	NAK	53	35	5	85	55	U	117	75	u
22	16	SYN	54	36	6	86	56	V	118	76	v
23	17	ETB	55	37	7	87	57	W	119	77	w
24	18	CAN	56	38	8	88	58	X	120	78	x
25	19	EM	57	39	9	89	59	Y	121	79	y
26	1A	SUB	58	3A		90	5A	Z	122	7A	z
27	1B	ESC	59	3B		91	5B	[	123	7B	{
28	1C	FS	60	3C		92	5C	\	124	7C	|
29	1D	GS	61	3D		93	5D	]	125	7D	}
30	1E	RS	62	3E		94	5E		126	7E	~
31	1F	US	63	3F		95	5F	—	127	7F	DEL

1)西文字符的编码

计算机中常用字符(西文字符)的编码有两种:EBCDIC(Extended Binary Coded Decimal Interchange Code,广义二进制编码的十进制交换码)码和ASCII码。微型计算机采用ASCII码。

ASCII是美国信息交换标准代码(American Standard Code for Information Interchange)的缩写,被国际标准化组织指定为国际标准。ASCII码包括7位码和8位码两种版本,见表1.4。

表1.4　7位码和8位码的特点

版　本	特　点
7位码	国际通用码; 占用一个字节,最高位置0; 编码范围为0000000B~1111111B; 表示$2^7=128$个不同的字符
8位码	占用一个字节,最高位置1,是扩展了的ASCII码,通常各个国家都将该扩展的部分作为自己国家语言文字的代码; 编码范围为00000000B~11111111B; 表示$2^8=256$个不同的字符

7位码是2的7次方,一共128个(0~127);而8位码是2的8次方,共256个(0~255)。ASCII码可以表示的最大字符数是256个。国际的7位ASCII码是用7位二进制数表示一个字符的编码,其编码范围从0000000B~1111111B,共有$2^7=128$个不同的编码值,相应可以表示128个不同的编码。

7位ASCII码中包括通用控制字符34个,阿拉伯数字10个,大、小写英文字母52个,各种标点符号和运算符号共32个。

比较字符的大小其实就是比较字符ASCII码值的大小。一般来说,ASCII码值的大小规律为:可见控制符号<数字<大写字母<小写字母。

2)汉字的编码

我国于1980年发布了国家汉字编码标准GB 2312—1980,即《信息交换用汉字编码字符集》(简称GB码或国标码),表1.5是国标码的相关知识点。

使用汉字的国家有中国、日本和韩国,在中国台湾省和香港特别行政区使用的汉字是繁体字,即BIG5码。

从汉字编码的角度看,计算机对汉字信息的处理过程实际上是各种汉字编码间的转换过程,这些编码主要包括汉字输入码、汉字内码、汉字地址码、汉字字形码等,如图1.6所示。

表 1.5 国标码相关知识点

国标码的字符集	共收录了 7 445 个图形符号和两级常用汉字等； 有 682 个非汉字图形符和 6 763 个汉字的代码； 汉字代码中有一级常用汉字 3 755 个，二级常用汉字 3 008 个
国标码的存储	国标码可以说是扩展了的 ASCII 码； 两个字节存储一个国标码； 国标码的编码范围为 212H~7E7E
区位码	也称为国标区位码，是国标码的一种变形。它把全部一级、二级汉字和图形符号排列在一个 94 行×94 列的矩阵中，构成一个二维表格，类似于 ASCII 码表； 区：矩阵中的每一行，用区号表示，区号范围是 1~94； 位：矩阵中的每一列，用位号表示，位号范围是 1~94； 区位码：汉字的区号与位号的组合（高两位是区号，低两位是位号）； 实际上，区位码也是一种汉字输入码，其最大优点是一字一码，即无重码； 最大缺点是难以记忆
区位码与国标码之间的关系	国标码=区位码+$(2020)_{16}$

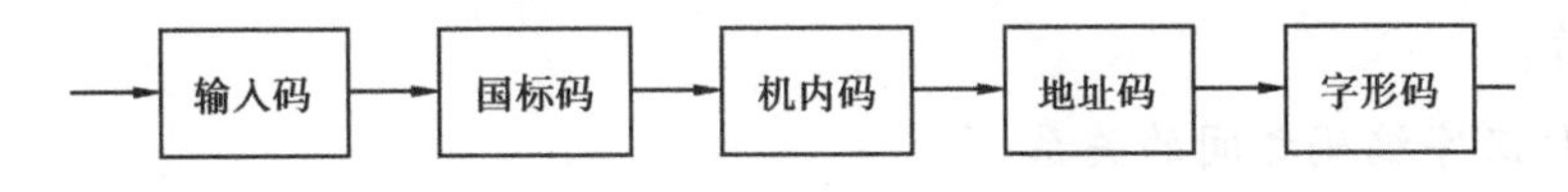

图 1.6 计算机对汉字信息的处理过程

（1）汉字输入码

汉字输入码是为使用户能够使用西文键盘输入汉字而编制的编码，也称外码。汉字输入码是利用计算机标准键盘上按键的不同排列组合来对汉字输入进行编码。一个好的输入编码的特点：编码短，可以减少击键的次数；重码少，可以实现盲打；好学好记，便于学习和掌握。但目前还没有一种符合上述全部要求的汉字输入编码方法。

汉字输入码有许多种不同的编码方案，大致分为以下 4 类：

①音码：以汉语拼音字母和数字为汉字编码，如全拼输入法和双拼输入法。

②音形码：以拼音为主，辅以字形字义进行编码，如五笔字型输入法。

③形码：根据汉字的字形结构对汉字进行编码，如自然码输入法。

④数字码：直接用固定位数的数字给汉字编码，如区位输入法。

（2）汉字内码

汉字内码是为在计算机内部对汉字进行处理、存储和传输而编制的汉字编码，应能满足存储、处理和传输的要求。不论用何种输入码，输入的汉字在机器内部都要转换成统一的汉字机内码，然后才能在机器内传输、处理。

在计算机内部为了能够区分是汉字还是 ASCII 码，将国标码每个字节的最高位由 0 变为 1，变换后的国标码称为汉字内码。

汉字的国标码与其内码之间的关系:内码=汉字的国标码+$(8080)_{16}$。

(3)汉字地址码

汉字地址码是指汉字库(这里主要指汉字字形的点阵式字模库)中存储汉字字形信息的逻辑地址码。在汉字库中,字形信息都是按一定顺序(大多数按照标准汉字国标码中汉字的排列顺序)连续存放在存储介质中的,所以汉字地址码也大多是连续有序的,而且与汉字机内码间有着简单的对应关系,从而简化了汉字内码到汉字地址码的转换。

(4)汉字字形码

汉字字形码是存放汉字字形信息的编码,它与汉字内码一一对应。每个汉字的字形码是预先存放在计算机内的,常称为汉字库。当输出汉字时,计算机根据内码在字库中查到其字形码,得知字形信息后就可以显示或打印输出了。

描述汉字字形的方法主要有点阵字形法和矢量表示法。

①点阵字形法:用一个排列成方阵的黑白点来描述汉字。这种方法简单,点阵规模越大,字形越清晰美观,所占存储空间越大。点阵字形法表示方式的缺点是字形放大后的显示效果差。

②矢量表示法:描述汉字字形的轮廓特征,采用数学方法描述汉字的轮廓曲线。如 Windows 下采用的 TrueType 技术就是汉字的矢量表示方式,它解决了汉字点阵字形放大后出现锯齿现象的问题。矢量表示方式的特点是字形精度高,但输出前要经过复杂的数学运算处理。当要输出汉字时,通过计算机的计算,由汉字字形描述生成所需大小和形状的汉字点阵。

3)各种汉字编码之间的关系

汉字的输入、输出和处理的过程,实际上是汉字的各种代码之间的转换过程。汉字通过汉字输入码输入计算机内,然后通过输入字典转换为内码,以内码的形式进行存储和处理。在汉字通信过程中,处理机将汉字内码转换为适合于通信用的交换码,以实现通信处理。

在汉字的显示和打印输出过程中,处理机根据汉字机内码计算出地址码,按地址码从字库中取出汉字输出码,实现汉字的显示或打印输出,图 1.7 表示了这些代码在汉字信息处理系统中的地位及它们之间的关系。

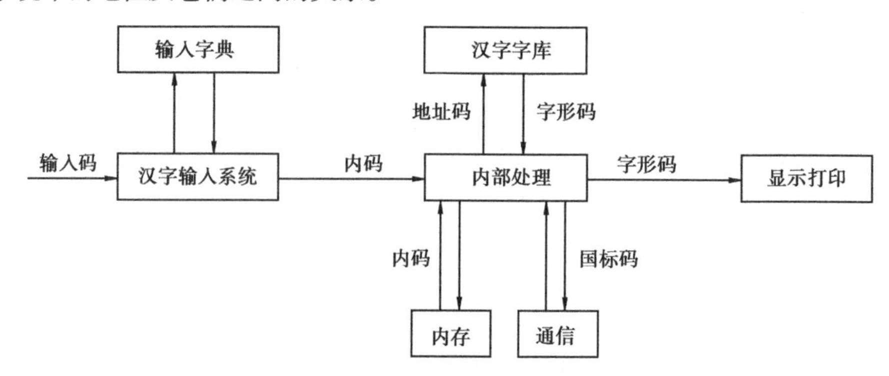

图 1.7　各种汉字编码之间的关系

第2章　操作系统基本知识

计算机发展到今天,从微型机到高性能计算机,无一例外都配置了一种或多种操作系统,操作系统已经成为现代计算机系统不可分割的重要组成部分。本章主要内容包括操作系统的基本概念和主要功能;中文 Windows 7 操作系统的基本操作、文件管理、系统管理等。

教学目标:

通过本章的学习,了解操作系统的概念,掌握 Windows 7 操作系统控制面板的基本设置,掌握资源管理器的基本操作;理解驱动器、文件与文件夹的概念,了解文件和文件夹的属性,掌握"计算机"的基本使用,能熟练地对文件、文件夹、磁盘、路径进行各种常用操作。

知识点:

- 操作系统的概念。
- Windows 7 操作系统的基本操作。
- 文件、文件夹的操作。
- Windows 7 控制面板的常用操作。

教学重点:

- 掌握 Windows 7 的基本知识和基本操作:启动、退出、鼠标操作、桌面操作、窗口操作、对话框操作、菜单操作、工具栏操作、剪贴板的使用。
- 掌握通过 Windows 7 资源管理器对文件和文件夹进行创建、移动、复制、删除、重命名等操作。
- 掌握 Windows 7 控制面板的操作。

教学难点:

- 掌握资源管理器的操作。
- 掌握文件和文件夹的操作。
- 掌握 Windows 7 控制面板的操作。

2.1　操作系统的概述

计算机系统由硬件和软件两部分组成,操作系统(Operating System,OS)是配置在计算机硬件上的第一层软件,是对硬件系统的首次扩充。它在计算机系统中占据了特别重要的地位,而其他的诸如汇编程序、编译程序、数据库管理程序等系统软件,以及大量的应用软件,都将依赖于操作系统的支持,需取得它的服务。操作系统已成为现代计算机系统(大、中、小及微型机)中都必须配置的软件。

2.1.1 操作系统的基本概念

操作系统是一组控制和管理计算机软硬件资源，为用户提供便捷使用计算机的程序的集合。操作系统在计算机中具有极其重要的地位，它不仅是硬件与其他软件的接口，也是用户和计算机之间进行"交流"的界面。

没有安装操作系统的计算机称为"裸机"，而"裸机"无法进行任何工作，不能从键盘、鼠标输入信息和操作命令，也不能在显示器屏幕上显示信息，更不能运行可以实现各种功能的应用程序。图2.1给出了操作系统与计算机软件、硬件的层次关系。

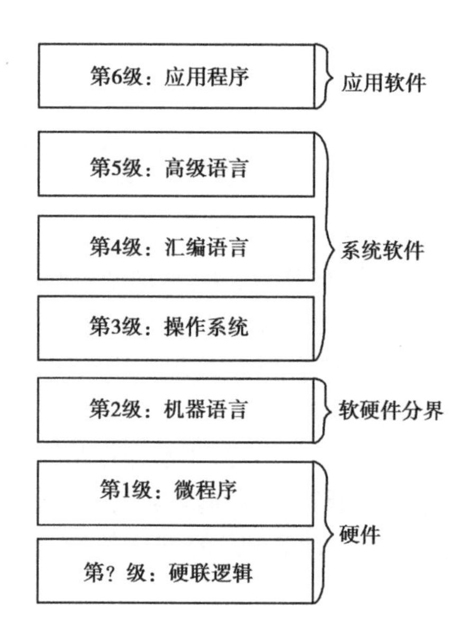

图2.1 操作系统与计算机软件和硬件的层次关系

2.1.2 操作系统的功能

操作系统通过内部极其复杂的综合处理，为用户提供友好、便捷的操作界面，以便用户无须了解计算机硬件或系统软件的有关细节就能方便地使用计算机。

操作系统具有以下五大功能：处理器管理、存储器管理、文件系统管理、设备管理和接口管理。

1）处理器管理

在多道程序系统中，由于存在多个程序共享系统资源，必然会引发对处理器（CPU）的争夺。如何有效地利用处理器资源，如何在多个请求处理器的进程中进行取舍，都是进程调度要解决的问题。处理器是计算机中宝贵的资源，能否提高处理器的利用率、改善系统性能，在很大程度上取决于调度算法的好坏。因此，进程调度成为操作系统的核心。在操作系统中负责进程调度的程序称为进程调度程序。

2）存储器管理

存储器（内存）管理的主要工作：为每个用户程序分配内存，以保证系统及各用户程序的存储区互不冲突；内存中有多个系统或用户程序在运行，但要保证这些程序的运行不会有意或无意地破坏别的程序的运行；当某个用户程序的运行导致系统提供的内存不足时，如何把内存与外存结合起来使用和管理，给用户提供一个比实际内存大得多的虚拟内存，而使程序能顺利地执行，这便是内存扩充要完成的任务。为此，存储器管理应包括内存分配、地址映射、内存保护和扩充。

3）文件系统管理

在操作系统中，负责管理和存取文件信息的部分称为文件系统或信息管理系统。在文

件系统的管理下,用户可以按照文件名访问文件,而不必考虑各种外存储器的差异,不必了解文件在外存储器上的具体物理位置以及如何存放。文件系统为用户提供了一个简单、统一的访问文件的方法,因此它也被称为用户与外存储器的接口。

4)设备管理

每台计算机都配置了很多外部设备,它们的性能和操作方式都不一样,操作系统的设备管理就是负责对设备进行有效的管理。设备管理的主要任务是方便用户使用外部设备,提高 CPU 和设备的利用率。

5)作业管理

一个作业是指在一次应用业务处理过程中,从输入开始到输出结束,用户要求计算机所做的有关该次业务处理的全部工作。作业管理包括任务、界面管理、人机交互、图形界面、语音控制和虚拟现实等。

2.2　操作系统的组成及分类

2.2.1　操作系统的分类

对操作系统进行严格的分类是困难的。早期的操作系统按用户使用的操作环境和功能特征的不同,可分为 3 种基本类型:批处理系统、分时系统和实时系统。随着计算机体系结构的发展,又出现了嵌入式操作系统、网络操作系统和分布式操作系统。

1)批处理系统

批处理系统的突出特征是“批量”处理,它把提高系统处理能力作为主要设计目标。它的主要特点是用户脱机使用计算机,操作方便;成批处理,提高了 CPU 利用率。它的缺点是无交互性,即用户一旦将程序提交给系统后就失去了对它的控制能力,使用户感到不方便。例如,VAX/VMS 是一种多用户、实时、分时和批处理的多道程序操作系统。目前,这种早期的操作系统已经被淘汰。

2)分时系统

分时系统是指多用户通过终端共享一台主机 CPU 的工作方式。为使一个 CPU 为多道程序服务,将 CPU 划分为很小的时间片,采用循环轮转方式将这些 CPU 时间片分配给队列中等待处理的每个程序。由于时间片划分得很短,循环执行得很快,每个程序都能得到 CPU 的响应,好像在独享 CPU。分时操作系统的主要特点是允许多个用户同时运行多个程序;每个程序都是独立操作、独立运行、互不干涉的。现代通用操作系统(如 Windows、Linux、MacOSX 等)中都采用了分时处理技术,如图 2.2 所示。

3)实时系统

实时系统是指当外界事件或数据产生时,能够快速接收并以足够快的速度予以处理,处理结果能在规定时间之内完成,并且控制所有实时设备和实时任务协调一致地运行的操作系统。实时系统通常是具有特殊用途的专用系统。实时控制系统实质上是过程控制系统,

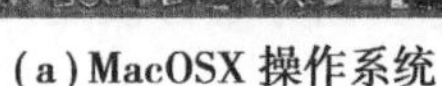
(a) MacOSX 操作系统　　(b) Linux 操作系统

图 2.2　苹果计算机 MacOSX 操作系统和 Linux 操作系统桌面

例如，通过计算机对飞行器、导弹发射过程进行自动控制，计算机应及时对测量系统测得的数据进行加工，并输出结果，对目标进行跟踪或向操作人员显示运行情况。

在工业控制领域，早期常用的实时操作系统主要有 VxWorks、QNX 等，目前的操作系统（如 Linux、Windows 等）经过一定改变后（定制），都可以改造成实时操作系统。

4）嵌入式操作系统

近年来，各种掌上数码产品（如数码相机、智能手机、平板电脑等）都带有嵌入式操作系统。除以上电子产品外，还有更多的嵌入式操作系统“隐身”在不为人知的角落，从家庭使用的电子钟表、电子体温计、电子翻译词典、电冰箱、电视机等，到办公使用的复印机、打印机、门禁系统等，甚至是公路上的红绿灯控制器、飞机的飞行控制系统、汽车的燃油控制系统、医院的医疗器材、工厂的自动化机械等都带有嵌入式操作系统，嵌入式操作系统已成为我们日常生活中不可缺少的一部分。

绝大部分智能电子产品都必须安装嵌入式操作系统。嵌入式操作系统运行在嵌入式环境中，它对电子设备的各种软硬件资源进行统一协调、调度和控制。嵌入式操作系统从应用角度可分为通用型和专用型。如图 2.3 所示，常见的通用型嵌入式操作系统有 Linux、VxWorks、WindowsCE、QNX、NucleusPLUS 等；常用的专用型嵌入式操作系统有 Android（安卓）、IOS 等。

(a) Android操作系统　　(b) Symbian操作系统　　(c) VxWorks操作系统

图 2.3　常见嵌入式操作系统工作界面

嵌入式操作系统具有以下特点：

①系统内核小：嵌入式操作系统一般应用于小型电子设备，系统资源相对有限，所以系统

内核比其他操作系统要小得多。例如,Enea 公司的 OSE 嵌入式操作系统的内核只有 5 KB。

②专用性强:嵌入式操作系统与硬件的结合非常紧密,一般要针对硬件进行系统移植,即使在同一品牌、同一系列的产品中,也需要根据硬件的变化对系统进行修改。

③系统精简:嵌入式系统一般没有系统软件和应用软件的明显区分,要求功能设计及实现上不要过于复杂,这样一方面利于控制成本,同时也利于实现系统安全。

④高实时性:嵌入式系统的软件一般采用固态存储(集成电路芯片),以提高运行速度。

5)网络操作系统

网络操作系统是基于计算机网络的操作系统,它的功能包括网络管理、通信、安全保障、资源共享和各种网络应用。网络操作系统的目标是用户可以突破地理条件的限制,方便使用远程计算机资源,实现网络环境下计算机之间的通信和资源共享。例如,Windows Server、Linux、FreeBSD 等都是一种网络操作系统。

6)分布式操作系统

分布式操作系统是指通过网络将大量计算机连接在一起,以获取极高的运算能力、广泛的数据共享以及实现分散资源管理等功能为目的的一种操作系统。

目前,还没有一个成功的商业化分布式操作系统,学术研究的分布式操作系统有 Amoeba、Mach、Chorus 和 DCE 等。Amoeba 是一个高性能的微内核分布式操作系统,可在因特网上免费下载,它可以用于教学和研究。

分布式操作系统与个人计算机操作系统的区别如下:

①数据共享:允许多个用户访问一个公共数据库。

②设备共享:允许多个用户共享昂贵的计算机设备。

③通信条件:计算机之间通信更加容易。

④灵活性:用最有效的方式将工作分配到可用的机器中。

分布式操作系统的缺点:目前为分布式操作系统开发的软件还极少;分布式操作系统的大量数据需要通过网络进行传输,这可能会导致网络因为饱和而引起拥塞;分布式操作系统对数据的保密能力不强。

2.2.2　进程管理

在早期的计算机系统中,一旦某个程序开始运行,它就占用了整个系统的所有资源,直到该程序运行结束,这就是所谓的单道程序系统。在单道程序系统中,任一时刻只允许一个程序在系统中执行,正在执行的程序控制了整个系统资源,一个程序执行结束后才能执行下一个程序。因此,系统的资源利用率不高,大量的资源在许多时间内处于闲置状态。例如,图 2.4 是单道程序系统中 CPU 依次运行 3 个程序的情况:首先程序 A 被加载到系统内执行,执行结束后再加载程序 B 执行,最后加载程序 C 执行,这 3 个程序不能交替运行。

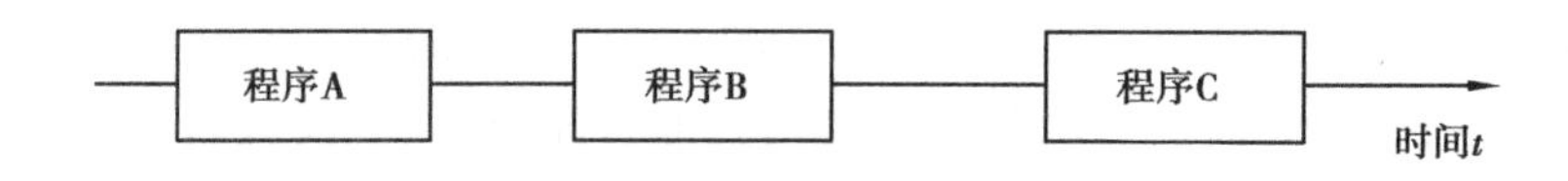

图 2.4 单道程序系统中程序的执行

1）多道程序系统的执行

为了提高系统资源的利用率，现在的操作系统都允许同时有多个程序被加载到内存中执行，这样的操作系统称为多道程序系统。从宏观上看，系统中多个程序同时在执行，但从微观上来看，任一时刻（时间片段）仅能执行一个程序的片段，系统中各个程序片段交替执行。由于系统中同时有多道程序在运行，它们共享系统资源（如 CPU、内存等），提高了系统资源的利用率。但是操作系统必须承担资源管理的任务，操作系统必须对处理机（CPU）、内存等系统资源进行管理。如图 2.5 所示，3 个程序分为不同的程序片段在 CPU 中交替运行：程序 A 的程序片段执行结束后，就放弃 CPU 资源，让其他程序片段执行程 C 的程序片段结束后，将 CPU 资源让给程序 A 的片段。这样，3 个程序就可以交替运行。

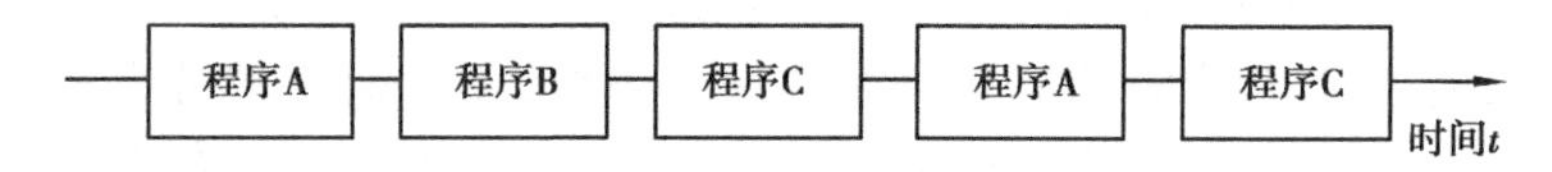

图 2.5 多道程序系统中程序片段的执行

2）进程的特征

进程是一个具有独立功能的程序对数据集的一次执行。简单地说，进程就是程序的运行状态。进程具有以下特征：

①动态性：进程是一个动态活动，这种活动的属性随时间而变化。进程由操作系统创建、调度和执行，进程可以等待、执行、撤销和结束，进程与计算机运行有关，计算机关机后，所有进程都会结束；而程序一旦编制成功，不会因为关机而消失。

②并发性：在操作系统中，同时有多个进程在活动。进程的并发性提高了计算机系统资源的利用率。例如，一个程序能同时与多个进程有关联。用 IE 浏览器程序打开多个网页时，只有一个 IE 浏览器程序，但是每个打开的网页都拥有自己的进程，每个网页的数据对应于各自的进程，这样就不会出现网页数据显示混乱的情况了。

③独立性：进程是一个能够独立运行的基本单位，也是系统资源分配和调度的基本单位。进程获得资源后才能执行，失去资源后暂停执行。

④异步性：多个进程之间按各自独立的、不可预知的速度生存。也就是说，进程是按异步方式运行的。一个进程什么时候被分配到 CPU 上执行，进程在什么时间结束等，都是不可预知的，操作系统负责各个进程之间的协调运行。例如，用户突然关闭正在播放的视频，而导致视频播放进程突然结束，其他进程的执行顺序也会做相应的改变。

3）进程的状态和转换

如图 2.6 所示，进程有 3 种基本状态：就绪、执行和阻塞。

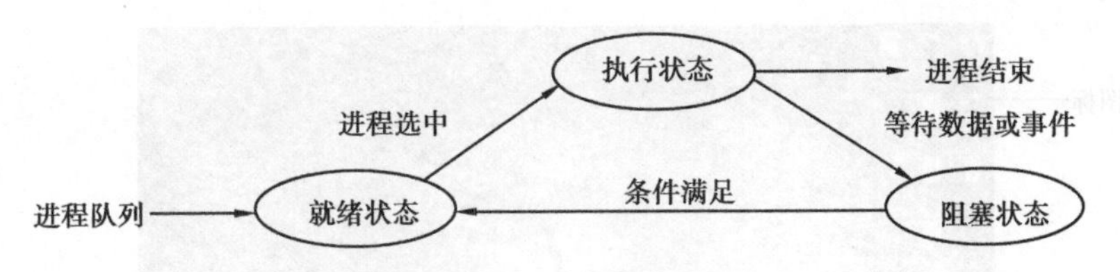

图 2.6　进程的状态和转换

①就绪状态：进程获得了除 CPU 之外的所有资源，做好了执行准备时，就可以进入就绪状态排队，一旦得到了 CPU 资源，进程便立即执行，即由就绪状态转换到执行状态。

②执行状态：进程进入执行状态后，在 CPU 中执行进程。每个进程在 CPU 中的执行时间很短，一般为几十纳秒，这个时间称为时间片，时间片由 CPU 分配和控制。在单 CPU 系统中，只能有一个进程处于执行状态；在多核 CPU 系统中，则可能有多个进程处于同时执行状态（在不同 CPU 内核中执行）。如果进程在 CPU 中执行结束，不需要再次执行时，则进程进入结束状态；如果进程还没有结束，则进入阻塞状态。

③阻塞状态：进程执行中，由于时间片已经用完，或进程因等待某个数据或事件而暂停执行时，进程进入阻塞状态（也称为等待状态），当进程等待的数据或事件已经准备好时，进程再进入就绪状态。

4）Windows 7 操作系统中进程的运行状态

Windows 7 环境下，将鼠标移动到“任务栏”右击，选择“启动任务管理器”命令，可以观察到程序和进程的运行情况。

2.3　Windows 7 操作系统的基本操作和应用

2.3.1　Windows 7 操作系统

Windows 7 是由 Microsoft 公司于 2009 年开发的一种具有图形用户界面的操作系统，是目前世界上最为成熟和流行的操作系统之一。Windows 7 零售盒装产品有家庭普通版、家庭高级版、专业版、旗舰版 4 种。本节将介绍 Windows 7 常用的基本功能和实用的简单操作。

2.3.2　Windows 7 基本操作

在计算机中安装 Windows 7 后就可以登录到 Windows 7 进行各种操作。

1）熟悉桌面及其桌面图标

桌面是打开计算机并登录到 Windows 7 之后看到的主屏幕区域，用于显示屏幕工作区域上的窗口、图标、菜单和对话框。Windows 7 的桌面主要由图标、任务栏和桌面背景等部分组成，如图 2.7 所示。

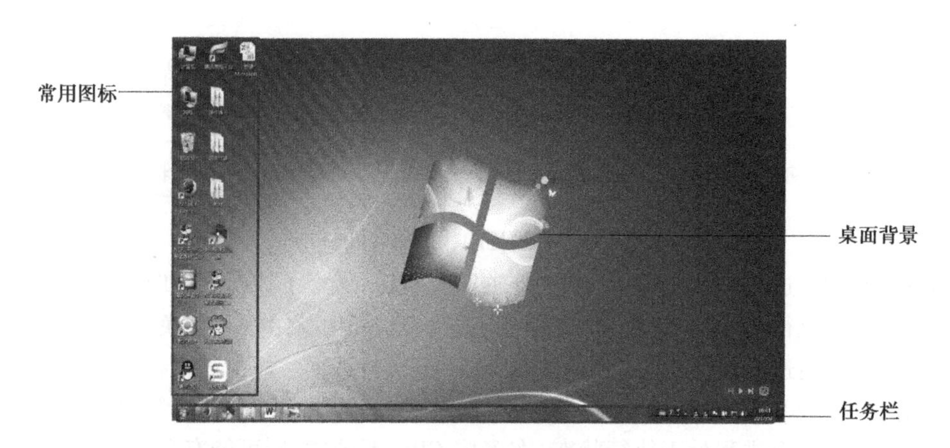

图 2.7　桌面及桌面元素

(1)桌面图标及使用

图标由图片和文字组成,是代表文件、文件夹、程序和其他项目的软件标识,文字用于描述图片所代表的对象。

首次启动 Windows 7 时,在桌面上至少有“计算机”“回收站”等图标。图 2.8 显示了一些桌面图标的示例。

图 2.8　桌面图标示例

图标有助于用户快速执行命令和打开程序文件。双击图标可以启动对应的应用程序,打开文档、文件夹;右键单击图标可以打开对象的属性操作菜单(快捷菜单)。

(2)管理桌面图标

将图标放在桌面上可以快速访问经常使用的程序、文件和文件夹,但过多的桌面图标也会使得桌面显得凌乱而影响工作效率。

2)添加或删除系统图标

用户可以选择要显示在桌面上的图标,也可以随时添加或删除桌面上的图标。

桌面系统图标包括“计算机”“个人文件夹”“回收站”和“网络”,将它们添加到桌面的步骤如下:

①右击桌面上的空白区域打开快捷菜单,然后选择“个性化”命令,打开“个性化”窗口,如图 2.9 所示。

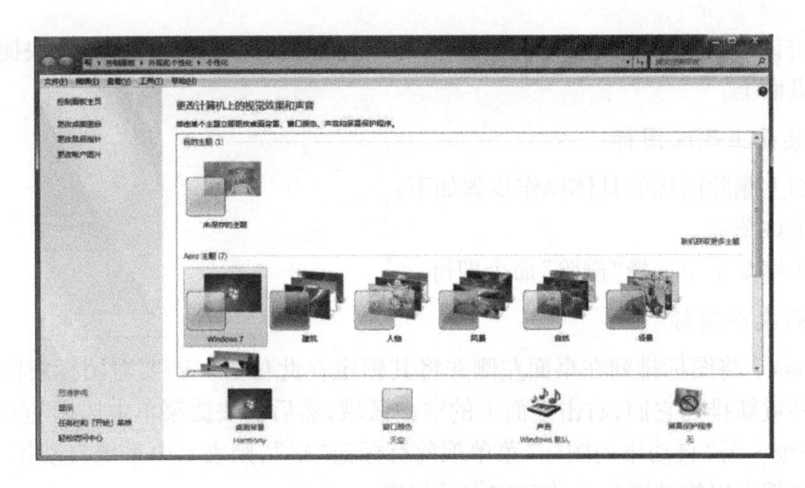

图 2.9　“个性化”窗口

②在“个性化”窗口的左窗格中,单击“更改桌面图标”,打开“桌面图标设置”对话框,如图 2.10 所示。

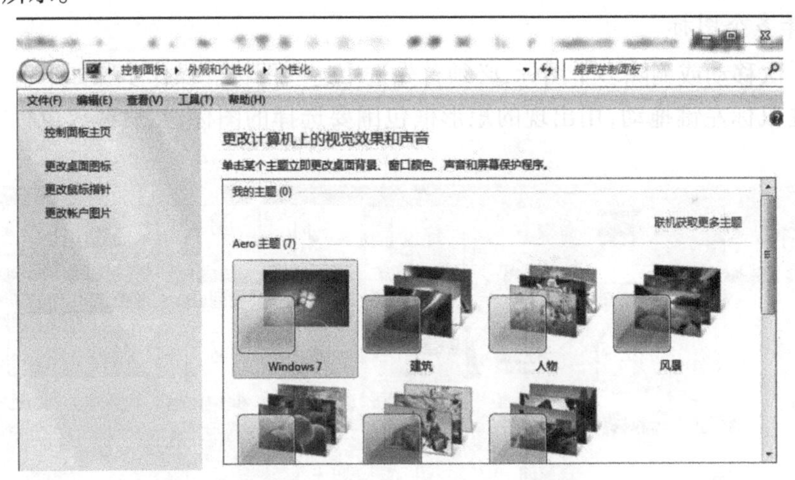

图 2.10　“桌面图标设置”对话框

③在“桌面图标”页面中,选中想要添加到桌面的图标的复选框,或想要从桌面上删除的图标的复选框,然后单击“确定”按钮即可。

3)添加其他快捷方式

快捷方式是一个表示与某个项目链接的图标,而不是项目本身。双击快捷方式便可以打开该项目。如果删除快捷方式,不会删除原始项目。可以通过图标上的箭头来识别快捷方式,如图 2.11 所示。

图 2.11　原始项目图标与快捷方式图标

将常用程序的快捷方式添加到桌面的具体步骤如下:

①找到要为其创建快捷方式的项目(程序或文件等)。

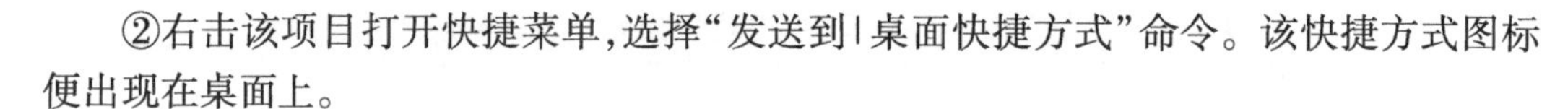

②右击该项目打开快捷菜单,选择“发送到|桌面快捷方式”命令。该快捷方式图标便出现在桌面上。

4)从桌面上删除图标

从桌面上删除图标的具体操作步骤如下:

①右击该图标。

②在快捷菜单中选择“删除”命令即可。

5)排列桌面图标

Windows 7 将图标排列在桌面左侧并将其锁定在此位置。若要对图标解除锁定以便可以移动并重新排列它们,右击桌面上的空白区域,然后在快捷菜单中选择“查看|自动排列图标”命令。若“自动排列图标”菜单项前有标记“√”,则表示由系统自动排列图标,取消标记用户就可以拖动图标并移动它们的位置。

右击桌面上的空白区域,然后在快捷菜单中选择“排序方式”命令,可选择图标的排列标准。

6)选择多个图标

若要一次移动或删除多个图标,必须首先选中这些图标。操作步骤如下:

①按住鼠标左键拖动,用出现的矩形框包围要选择的图标,然后释放鼠标按钮,如图 2.12所示。

图 2.12　框选多个图标

②可以将这些被框选的图标作为一组来拖动或删除它们。

7)隐藏桌面图标

如果想要临时隐藏所有桌面图标,而实际并不删除它们,可右击桌面上的空白部分,在弹出的快捷菜单中选择“查看|显示桌面图标”命令,并从打开的菜单列表中清除复选标记,此时桌面上不再显示任何图标。可以通过再次单击“显示桌面项”来显示图标。

2.3.3　任务栏及其基本操作

任务栏是位于屏幕底部的水平长条。与桌面不同的是,桌面可以被打开的窗口覆盖,

而任务栏始终可见。任务栏提供了整理所有窗口的方式,每个窗口都在任务栏上具有相应的按钮,任务栏有 4 个主要部分,如图 2.13 所示。

图 2.13　任务栏

①第 1 部分仅包含“开始”按钮,用于打开“开始”菜单。

②第 2 部分即中间部分,显示已打开的程序和文件的图标,单击这些图标可以快速切换当前窗口。

③第 3 部分是通知区域,包括时钟以及一些告知特定程序和计算机设置状态的图标。

④第 4 部分仅包含“显示桌面”按钮,单击该按钮可立即显示桌面。

1)跟踪窗口

用户可以利用任务栏的中间部分跟踪窗口。如果一次打开多个程序或文件,则这些打开的窗口将快速堆叠在桌面上。由于窗口经常相互覆盖或者占据整个屏幕,因此有时很难看到下面的其他内容,或者不记得已经打开的内容。

这种情况下使用任务栏会很方便。无论何时打开的程序、文件夹或文件,Windows 7 都会在任务栏上创建对应的按钮。按钮会显示为已打开程序的图标。如图 2.14 所示,打开了“Word”和“Excel”两个程序,每个程序在任务栏上都有自己的按钮。其中“Word”的任务栏按钮是高亮突出显示的,这表示“Word”是“活动”窗口,意味着它位于其他打开窗口的前面(即当前窗口),可以与用户进行交互。

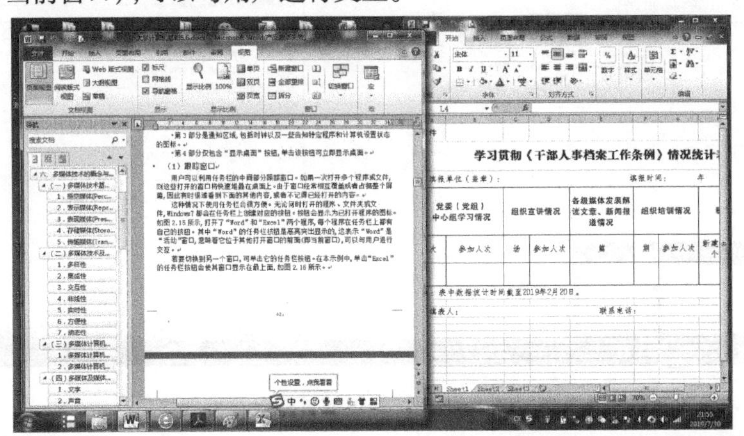

图 2.14　打开的程序及任务栏上的相应按钮

若要切换到另一个窗口,可单击它的任务栏按钮。在本示例中,单击“Excel”的任务栏按钮会使其窗口显示在最上面,如图 2.15 所示。

2)最小化窗口和还原窗口

当窗口处于活动状态(即窗口是当前窗口,且突出显示其任务栏按钮)时,单击其任务栏按钮会“最小化”该窗口,这意味着该窗口从桌面上消失。最小化窗口并不是将其关

图 2.15　单击任务栏按钮切换活动窗口

闭或删除其内容，只是暂时不让其在桌面上显示。

如图 2.16 所示，“Word”窗口被最小化，但是没有关闭。可以说它仍然在运行，因为它在任务栏上有一个按钮。若要还原已最小化的窗口（使其再次显示在桌面上），可单击其任务栏按钮。

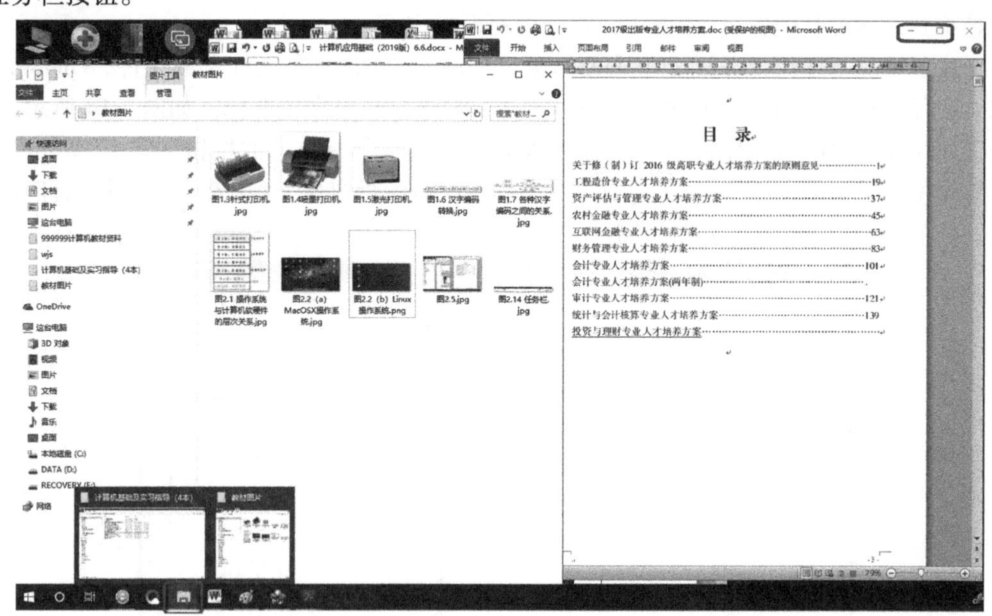

图 2.16　最小化“Word”仅使其任务栏按钮可见

图 2.17　窗口右上角的按钮

也可以通过单击位于窗口右上角的相应按钮来设置窗口的显示大小。图 2.17 为窗体右上角的 3 个按钮，依次为“最小化”“最大化/还原”和“关闭”按钮。

3）查看所打开窗口的预览

将鼠标指针移向任务栏按钮时，会出现一个小图片，上面显示缩小版的相应窗口，称为“预览”或“缩略图”。此预览非常有用。如果其中一个窗口正在播放视频或动画，则会

在预览中看到它正在播放(仅当 Aero 可在用户的计算机上运行且在运行 Windows 主题时,才可以查看缩略图)。如图 2.18 所示为任务栏“资源管理器”按钮的缩略图。

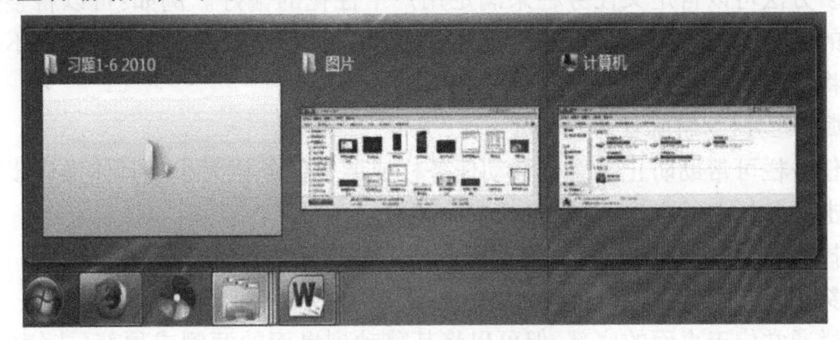

图 2.18　任务栏按钮的缩略图

4)通知区域

通知区域位于任务栏的右侧,包括一个时钟和一组图标。

这些图标表示计算机上某程序的状态,或提供访问特定设置的途径。通知区域所显示的图标集取决于已安装的程序或服务,以及计算机制造商设置计算机的方式。在图 2.19中,从左至右的图标依次为“输入法”“显示隐藏的图标”“QQ”“系统操作中心”“电池电量”“网络”“音量”和“日期/时间”,最右边还有一个“显示桌面”按钮。

将指针移向特定图标时,会看到该图标的名称或某个设置的状态。例如:指向音量图标将显示计算机的当前音量级别。指向网络图标将显示有关是否连接到网络、连接速度以及信号强度的信息。

单击通知区域中的图标通常会打开与其相关的程序或设置。例如:单击音量图标会打开音量控件,单击网络图标会打开“网络和共享中心”窗口。

有时,通知区域中的图标会显示小的弹出面板(称为通知),向用户通知某些信息。例如:向计算机添加新的硬件设备之后,可能会看到相应通知面板,单击消息面板右上角的“关闭”按钮可关闭该通知。如果没有执行任何操作,则几秒钟之后,通知会自行消失。

为了减少混乱,如果在一段时间内没有使用图标,Windows 会将其隐藏在通知区域中。如果图标变为隐藏,则单击“显示隐藏的图标”按钮可临时显示隐藏的图标,如图 2.19 所示。

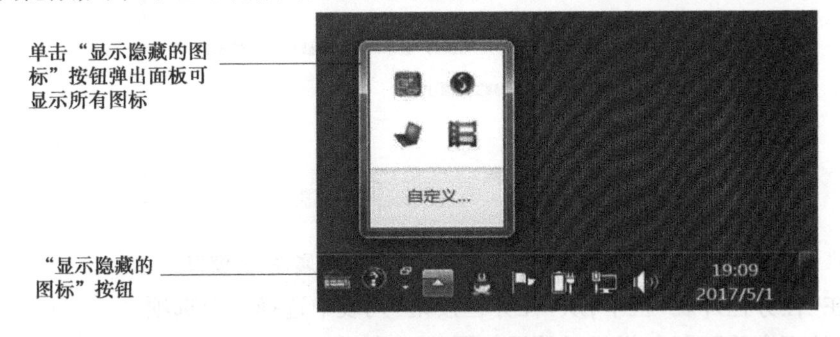

图 2.19　任务栏的通知区域

5)自定义任务栏

有很多方法可以自定义任务栏来满足用户个性化的偏好。例如:可以将整个任务栏移向屏幕的左边、右边或上边;可以使任务栏变大;可以让 Windows 7 在用户不使用任务栏时自动将其隐藏;也可以在任务栏添加工具栏。

(1)锁定任务栏/解除任务栏锁定

锁定任务栏可帮助防止无意中移动任务栏或调整任务栏大小。具体操作步骤如下:

①右击任务栏上的空白区域,打开快捷菜单。

②选择“锁定任务栏”命令,以便选择或取消复选标记。

(2)移动任务栏

任务栏通常位于桌面的底部,但可以将其移动到桌面的两侧或顶部(未锁定时)。具体操作步骤如下:

①解除任务栏锁定。

②在任务栏上的空白区域按住左键拖动到桌面的 4 个边缘之一。

③当任务栏出现在所需的位置时,释放鼠标按钮。

(3)更改图标在任务栏上的显示方式

可以自定义任务栏,包括图标的外观以及打开多个项目时这些项目组合在一起的方式。具体操作步骤如下:

①右击任务栏空白区域,打开快捷菜单。

②选择“属性”命令,打开“任务栏和「开始」菜单属性”对话框,如图 2.20 所示。

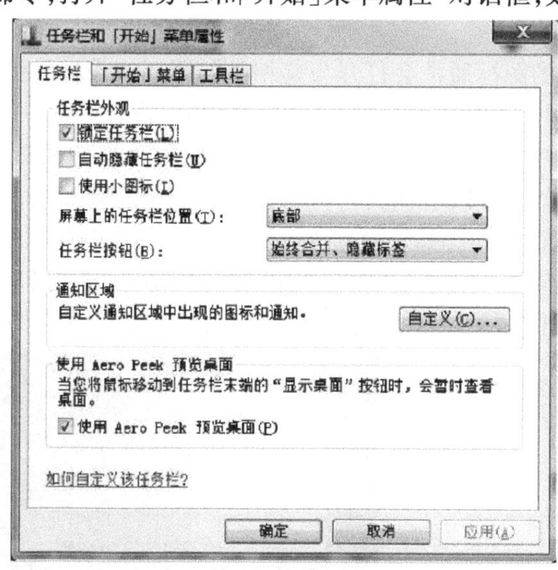

图 2.20 “任务栏和「开始」菜单属性”的窗口

③在“任务栏外观”栏下,从“任务栏按钮”列表中选择一个选项:

- “从不合并”:任务栏显示效果如图 2.21 所示。

图 2.21　“从不合并”设置将每个项目显示为一个有标签的图标

●“始终合并、隐藏标签”:任务栏显示效果如图 2.22 所示。这是默认设置。每个程序显示为一个无标签的图标,即使打开某个程序的多个项目时也是如此。

图 2.22　“始终合并、隐藏标签”设置将每个程序显示为一个无标签的图标

●“当任务栏被占满时合并”:该设置将每个项目显示为一个有标签的图标,但当任务栏变得非常拥挤时,具有多个打开项目的程序将折叠成一个程序图标。

④若要使用小图标,请选中图 2.20 中的“使用小图标”复选框;若要使用大图标,则清除该复选框。

⑤单击“确定”按钮完成设置。

2.3.4　使用“开始”菜单

“开始”菜单是 Windows 7 桌面的一个重要组成部分,用户对计算机所进行的各种操作,基本上都是通过“开始”菜单来进行的,如打开窗口、运行程序等。使用“开始”菜单可执行以下常见的活动:

- 启动程序。
- 打开常用的文件夹。
- 搜索文件、文件夹和程序。
- 调整计算机设置。
- 获取有关 Windows 7 操作系统的帮助信息。
- 关闭计算机。
- 注销 Windows 7 或切换到其他用户账户。

1)认识“开始”菜单

单击屏幕左下角的“开始”按钮,或者按键盘上的 Windows 7 徽标键,打开“开始”菜单。如图 2.23 所示,“开始”菜单分为 3 个基本部分。

(1)常用程序列表区

左边的大窗格是“开始”菜单常用程序列表,Windows 7 系统会根据用户使用软件的频率,自动把最常用的软件罗列在此处。单击菜单中的“所有程序”菜单项可显示程序的完整列表。

(2)搜索框

左边窗格的底部是搜索框,通过键入搜索项可在计算机上查找程序和文件。

(3)常用系统设置功能区

右边窗格是“开始”菜单的常用系统设置功能区,主要显示一些 Windows 7 经常用到

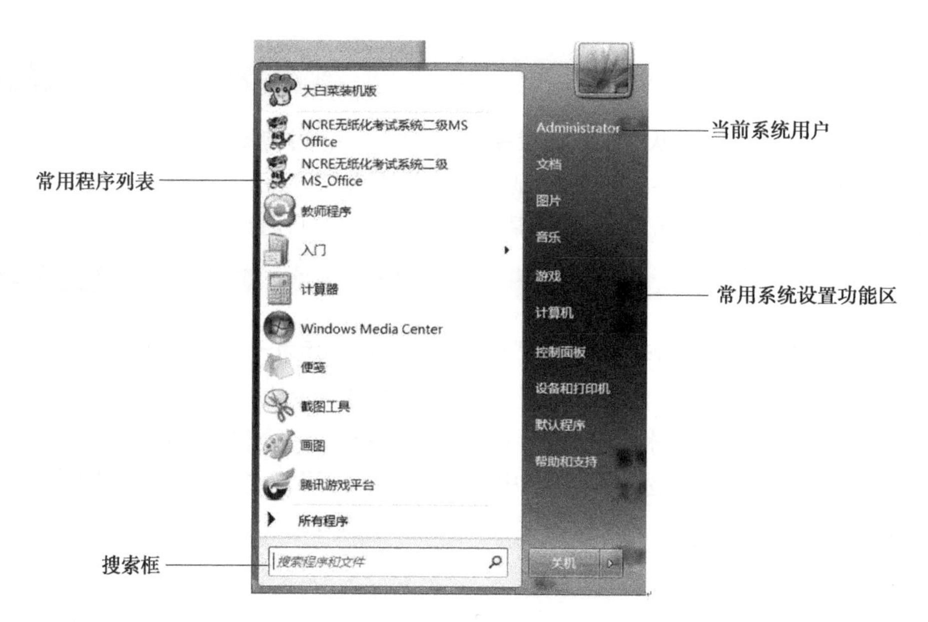

图 2.23 “开始”菜单

的系统功能。该区域顶部的图标是与当前所选择系统功能相对应的图标。在这个区域的最下边有一个“关机”按钮,用于注销或关闭计算机。

2)从“开始”菜单打开程序

“开始”菜单最常见的一个用途是打开计算机上安装的程序。

在“开始”菜单左边窗格中显示的是用户最常用的程序,要显示其他程序,可单击左边窗格底部的“所有程序”选项,左边窗格会立即按字母顺序显示程序的长列表,后跟一个文件夹列表,每个文件夹中包含有更多的程序。

单击某个程序的图标可启动该程序;单击某个文件夹会罗列出其中的程序或子文件夹,同时“开始”菜单随之关闭;单击菜单底部的“返回”按钮返回“开始”菜单的初始状态。

随着时间的推移,“开始”菜单中的程序列表也会发生变化。出现这种情况有两种原因:首先,安装新程序时,新程序会添加到“所有程序”列表中;其次,“开始”菜单会检测最常用的程序,并将其置于左边窗格中以便快速访问。

3)搜索框

搜索框是在计算机上查找项目的便捷方法之一。搜索框将遍历用户的程序,以及个人文件夹(包括“文档”“图片”“音乐”“桌面”,以及其他常见位置)中的所有文件夹,因此只需在“搜索框”中输入项目名称或部分名称,是否提供项目的确切位置并不重要。

打开“开始”菜单并开始键入搜索项,搜索结果将显示在搜索框的上方。

对于以下情况,程序、文件和文件夹将作为搜索结果显示:

- 标题中的任何文字与搜索项匹配或以搜索项开头。
- 该文件实际内容中的任何文本(如字处理文档中的文本)与搜索项匹配或以搜索项开头。
- 文件属性中的任何文字(如作者)与搜索项匹配或以搜索项开头。

单击任一搜索结果可将其打开。或者单击搜索框右边的“清除”按钮,清除搜索结果并返回到主程序列表,还可以单击“查看更多结果”按钮以搜索整个计算机。

除可搜索程序、文件和文件夹及通信之外,搜索框还可搜索 Internet 收藏夹和访问的网站的历史记录。如果这些网页中包含搜索项的内容,则该网页会出现在“收藏夹和历史记录”标题下。

4)常用系统设置功能区域

“开始”菜单的右边窗格是常用系统设置功能区域,其中包含用户很可能经常使用的部分 Windows 链接。从上到下依次为:

①个人文件夹:是根据当前登录到 Windows 的用户命名的,其中包含特定用户的文件:“我的文档”“我的音乐”“我的图片”和“我的视频”文件夹。

②文档:是以“文档”命名的文件夹,可以在其中存储和打开文本文件、电子表格、演示文稿,以及其他类型的文档。

③图片:是以“图片”命名的文件夹,可以在其中存储和查看数字图片及图形文件。

④音乐:是以“音乐”命名的文件夹,可以在其中存储和播放音乐及其他音频文件。

⑤游戏:是以“游戏”命名的文件夹,可以在其中访问计算机上的所有游戏。

⑥计算机:是以“计算机”命名的文件夹,单击将打开一个窗口,可以在其中访问磁盘驱动器、照相机、打印机、扫描仪及其他连接到计算机的硬件。

⑦控制面板:是以“控制面板”命名的文件夹,可以在其中自定义计算机的外观和功能、安装或卸载程序、设置网络连接和管理用户账户。控制面板是 Windows 系统中重要的设置工具之一,方便用户查看和设置系统状态。其中按类别划分主要有系统和安全、网络和 Internet、硬件和声音、程序、用户账户和家长控制、外观和个性化、时钟语言和区域、轻松访问等内容。用户也可以选择查看方式类别来访问,那样会将一些子选项单独列出方便设置。

⑧设备和打印机:是以“设备和打印机”命名的文件夹,单击将打开一个窗口,可以在其中查看有关打印机、鼠标和计算机上安装的其他设备的信息。

⑨默认程序:是以“默认程序”命名的文件夹,单击将打开一个窗口,可以在其中选择要让 Windows 运行用于诸如 Web 浏览活动的程序。

⑩帮助和支持:单击将打开“Windows 帮助和支持”窗口,可以在这里浏览和搜索有关使用 Windows 和计算机的帮助主题。

⑪关机:右窗格的底部是“关机”按钮。单击“关机”按钮关闭计算机;单击“关机”按钮右侧的三角形箭头将显示一个下拉菜单,可用来切换、注销用户和重新启动或关闭计算机。

5)设置“开始”菜单

用户可以控制要在“开始”菜单上显示的项目。例如:可以将需要的程序图标添加到“开始”菜单中以便于访问,也可从列表中移除程序,还可以选择在右边窗格中隐藏或显示某些项目。具体操作步骤如下:

①右击“开始”菜单，打开快捷菜单。

②选择“属性”命令，打开“任务栏和「开始」菜单属性”对话框，如图 2.24 所示。单击“自定义”按钮，打开“自定义「开始」菜单”对话框，如图 2.25 所示。

③通过对话框中的选项，可自定义设置“开始”菜单。

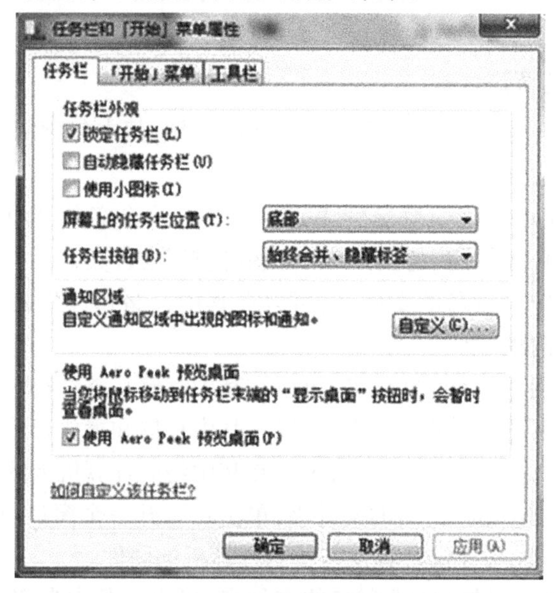

图 2.24 “任务栏和「开始」菜单属性”对话框

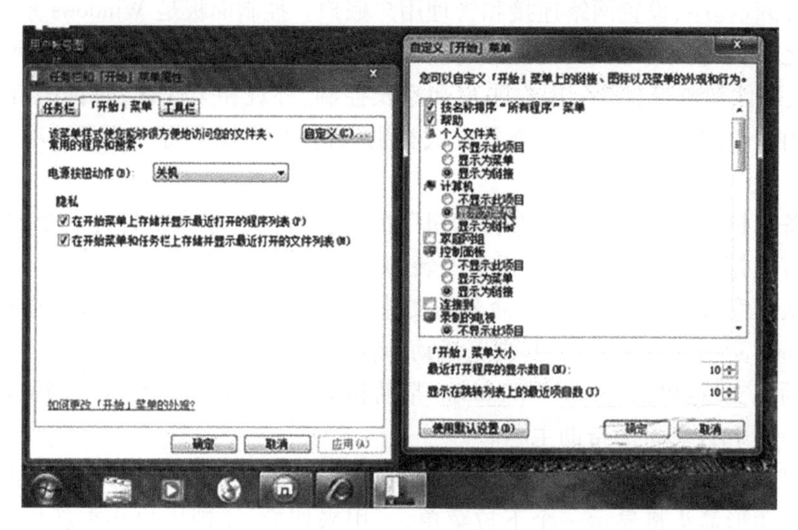

图 2.25 “自定义「开始」菜单”对话框

2.3.5 使用窗口

顾名思义，Windows 7 操作系统即由多个窗口所组成的操作系统。每当打开程序、文件或文件夹时，它都会在屏幕上称为窗口的框中显示，所以对窗口的操作也是 Windows 7

系统中最频繁的操作。

1)认识窗口的布局

虽然每个窗口的内容各不相同,但所有窗口都有一些共同点。一方面,窗口始终显示在桌面(屏幕的主要工作区域)上;另一方面,大多数窗口都具有相同的基本部分。如图2.26 所示,为 Windows 7 系统所提供的记事本工具(窗口)。

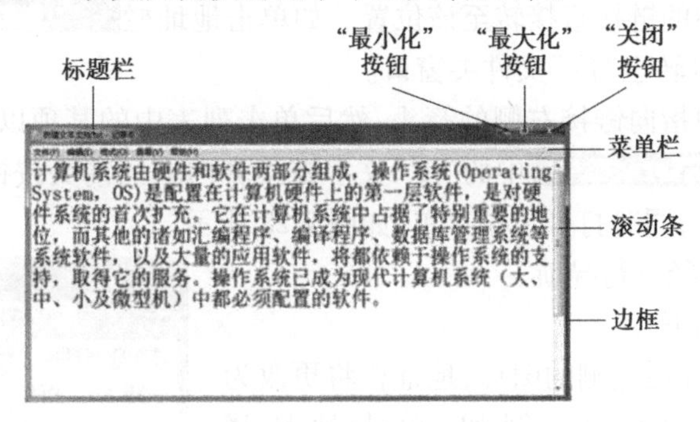

图 2.26 典型窗口示例

①标题栏:显示文档和程序的名称。

②"最小化""最大化"和"关闭"按钮:这些按钮分别可以隐藏窗口、放大窗口使其填充整个屏幕,以及关闭窗口。

③菜单栏:包含程序中可选择的操作命令。

④滚动条:包括水平滚动条和垂直滚动条,可以滚动窗口的内容以查看当前视图之外的信息。

⑤边框和角:可以用鼠标指针拖动这些边框和角以更改窗口的大小。

其他窗口可能还有其他的按钮、框或栏,下面通过打开的"文档"文件夹窗口介绍 Windows 7 窗口的结构与组成。

在"开始"菜单的右边窗格中单击"文档"选项打开"文档"文件夹窗口,如图 2.27 所示。

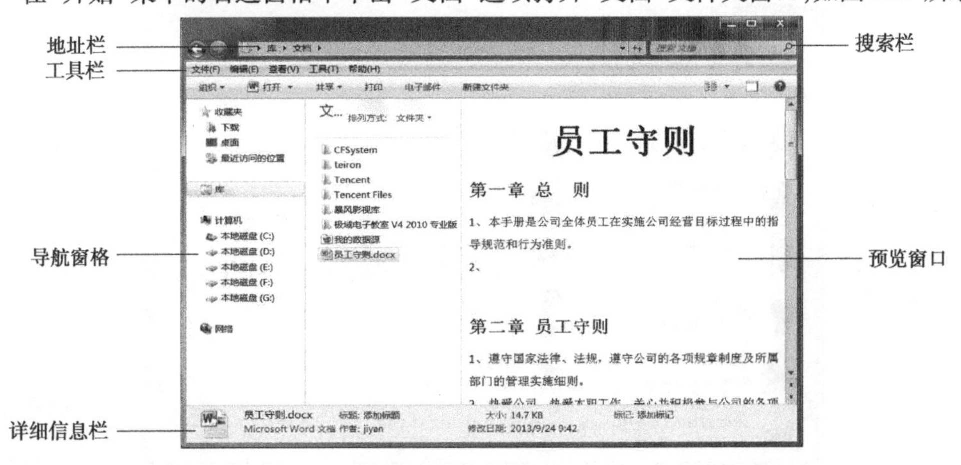

图 2.27 "文档"窗口

①地址栏：出现在每个文件夹窗口的顶部，将用户当前的位置显示为以箭头分隔的一系列链接。图2.27中地址栏的显示方式为 。可以通过单击某个链接或键入位置路径来导航到其他位置。

a.通过单击链接进行导航。

执行以下操作之一：

• 单击地址栏中的链接直接转至该位置。如单击地址栏 中的“库”文字链接将直接转至“库”文件夹窗口。

• 单击地址栏中指向链接右侧的箭头，然后单击列表中的某项以转至该位置。如单击地址栏 中的“库”文字链接旁向右的箭头按钮 ，该按钮就会变成向下的箭头按钮 ，同时打开下拉菜单，如图2.28所示。

b.通过键入新路径进行导航。

具体操作步骤如下：

第1步：单击地址栏左侧的图标，地址栏将更改为显示到当前位置的路径。例如：单击地址栏 左侧的文件图标，则地址栏将更改为 。

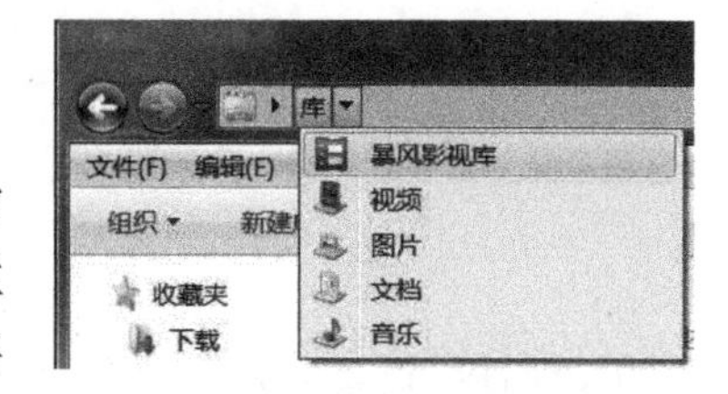

图2.28　显示一系列位置的地址栏

第2步：执行以下操作之一：

• 对于大多数位置，键入完整的文件夹名称或到新位置的路径（如C:\Users\Public），然后按Enter键。

• 对于常用位置，键入名称后按Enter键。如在地址栏键入“游戏”后按Enter键，则打开“游戏”文件夹窗口，如图2.29所示。

图2.29　“游戏”文件夹窗口

下面是可以直接键入地址栏的常用位置名称列表:“计算机”“联系人”“控制面板”“文档”“收藏夹”“游戏”“音乐”“图片”“回收站”“视频”。

在地址栏中还有两个导航按钮:“后退”按钮和“前进”按钮,单击它们导航至已经访问过的位置,就像浏览 Internet 一样。此外,也可以通过在地址栏中键入 URL(网址)来浏览 Internet。

②搜索框:在 Windows 的各种窗口中,到处都可以看到搜索框的影子,用户随时可以在搜索框中输入关键字,搜索结果与关键字相匹配的部分会以黄色高亮显示,能让用户更加容易地找到需要的结果。

③工具栏:Windows 操作系统的工具栏位于菜单栏下方,当打开不同类型的窗口或选中不同类型的文档时,工具栏中的按钮就会发生变化,但“组织”按钮、“视图”按钮,以及“显示预览窗格”按钮是始终不会改变的,如图 2.30 所示。

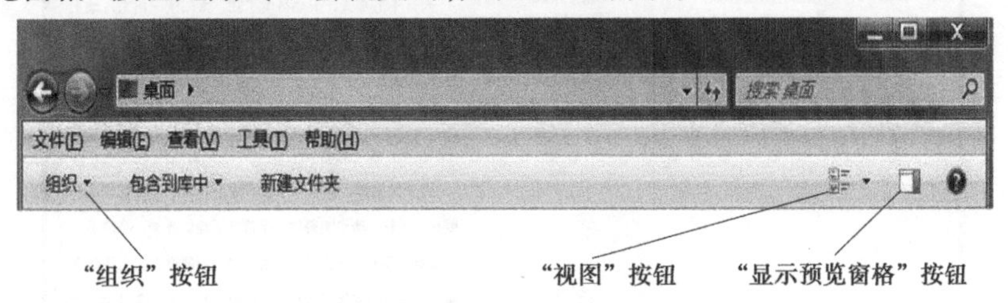

图 2.30　工具栏及典型按钮

通过如图 2.31 所示的“组织”下拉菜单中所提供的功能,可实现对文件的大部分操作,如“剪切”“复制”“文件夹和搜索选项”等;通过如图 2.32 所示的“视图”下拉菜单中所提供的功能,可以更改资源管理器中图标的大小。

④导航窗格:在 Windows 操作系统中,文件夹窗口左侧的导航窗格提供了“收藏夹”“库”“计算机”及“网络”选项,用户可以单击任意选项快速跳转到相应的文件夹。

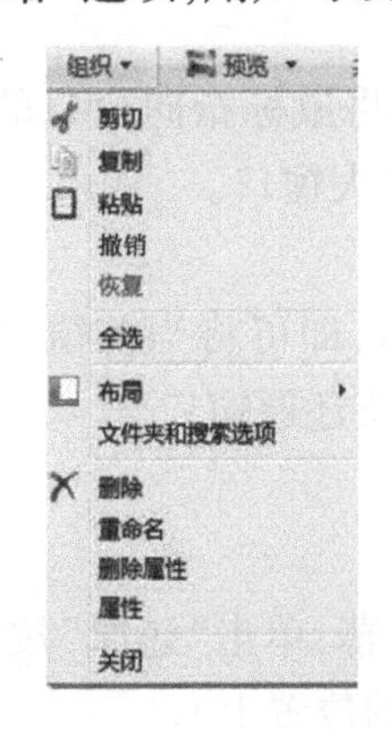

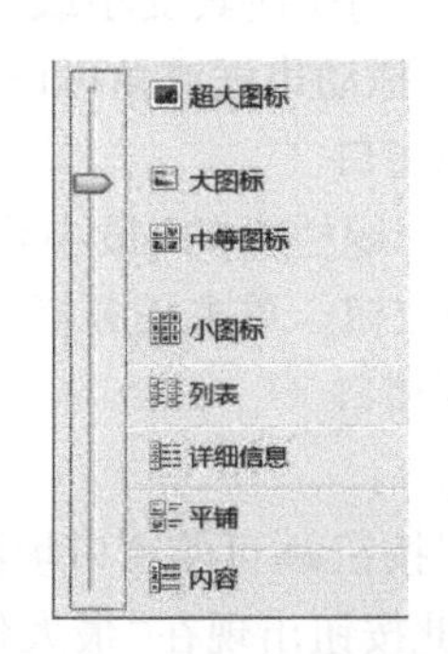

图 2.31　“组织”下拉菜单　　图 2.32　“视图”下拉菜单

如导航窗格中的“收藏夹”选项,允许用户添加常用的文件夹,从而实现快速访问,就相当于自己定制了一个文件夹的“跳转列表”。

“收藏夹”中预置了几个常用的文件夹选项,如“下载”“桌面”“最近访问的位置”以及"用户文件夹"等。如当用户需要添加自定义文件夹收藏时,只需将相应的文件夹拖入收藏夹图标下方的空白区域即可。

⑤详细信息栏:能为用户提供当前文件夹窗口中所选文件或文件夹的相关信息,如图2.33所示的详细信息栏显示的是所选文件"word15(练习四).doc"的属性信息。

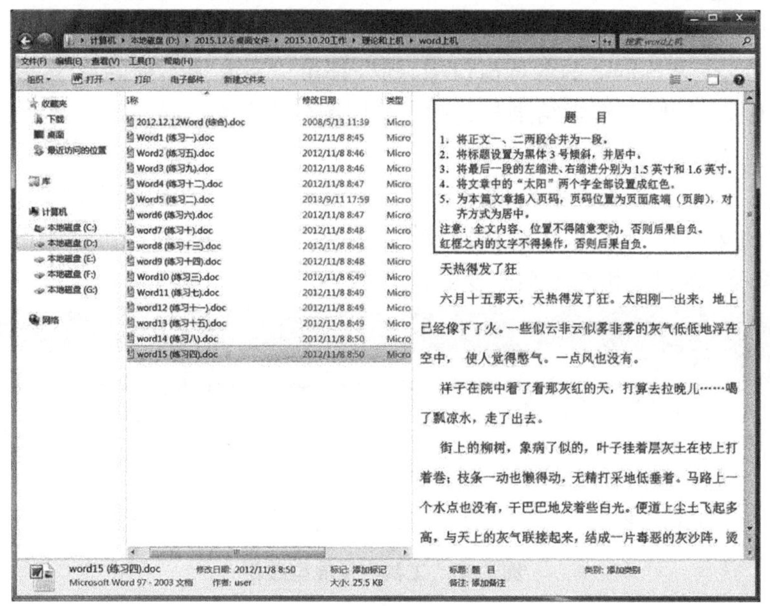

图2.33　预览窗格

⑥预览窗格:会调用与所选文件相关联的应用程序进行预览,如图2.34所示,预览窗格所显示的内容即所选文件"word15(练习四).doc"的预览。

2)更改窗口的大小

(1)用鼠标拖动

若要调整窗口的大小(使其变小或变大),可将鼠标指向窗口的任意边框或角,当鼠标指针变成双箭头时,拖动边框或角可以缩小或放大窗口。

(2)最小化/还原窗口

用鼠标单击窗口标题栏中的"最小化"按钮,即可将当前窗口最小化到任务栏中,只在任务栏上显示为按钮。单击任务栏上的按钮将还原窗口。

(3)最大化/还原窗口

执行下列操作之一:

• 单击"最大化"按钮可使窗口填满整个屏幕;单击"还原"按钮可将最大化的窗口还原到以前大小(此按钮出现在"最大化"按钮的位置上)。

• 双击窗口的标题栏可使窗口最大化或还原。

• 将窗口的标题栏拖动到屏幕的顶部,该窗口的边框即扩展为全屏显示,释放窗口使其最大化。将窗口的标题栏拖离屏幕的顶部时窗口还原为原始大小。

3)调整窗口排列

(1)移动窗口

图2.34将窗口拖动到桌面的一侧若要移动窗口,可用鼠标指针指向其标题栏,然后将窗口拖动到目标位置。"拖动"意味着指向项目,按住鼠标按钮,用指针移动项目,然后释放鼠标按钮。

图2.34　将窗口拖动到桌面的一侧

(2)自动排列窗口

可以在桌面上按层叠、纵向堆叠或并排模式自动排列窗口。

4)使用"对齐"命令排列窗口

"对齐"操作将在移动窗口的同时自动调整窗口的大小,或将这些窗口与屏幕的边缘"对齐"。可以使用"对齐"命令并排排列窗口、垂直展开窗口或最大化窗口。

(1)并排排列窗口的步骤

①将窗口的标题栏拖动到屏幕的左侧或右侧,如图2.34所示,直到鼠标指针接触到屏幕边缘,此时会出现已展开窗口的轮廓。

②释放鼠标即可展开窗口,如图2.35所示。

③对其他窗口重复步骤①和步骤②并排排列这些窗口。

(2)垂直展开窗口的步骤

①鼠标指向打开窗口的上边缘或下边缘,直到指针变为双向箭头。

②将窗口的边缘拖动到屏幕的顶部或底部,使窗口扩展至整个桌面的高度,窗口的宽度不变。

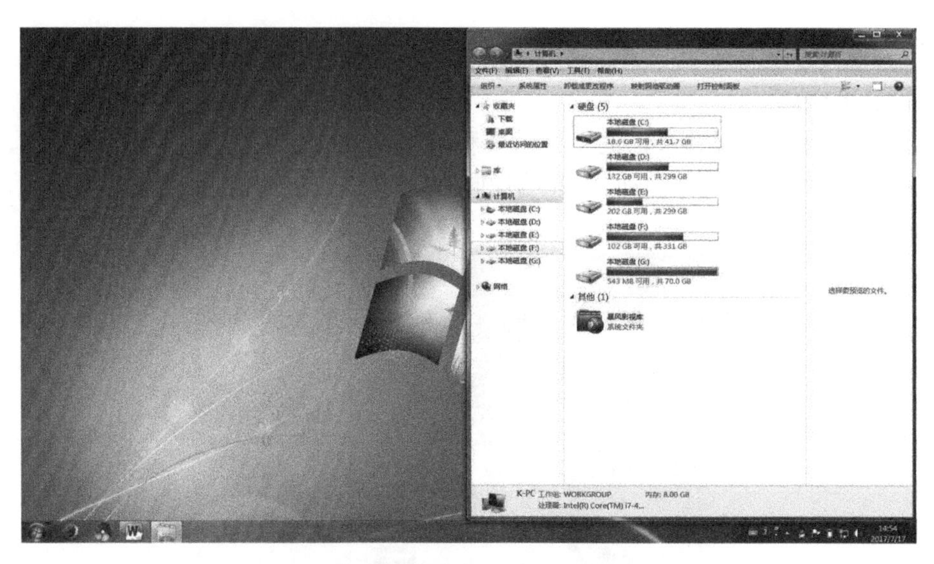

图 2.35 将窗口扩展为屏幕大小的一半

5)在窗口间切换

如果打开了多个程序或文档,桌面会快速布满杂乱的窗口。通常不容易确定打开了哪些窗口,因为一些窗口可能部分或完全覆盖了其他窗口。Windows 提供了以下几种方法帮助用户识别并切换窗口。

(1)使用任务栏

①切换窗口:单击任务栏上某按钮,其对应窗口将出现在其他所有窗口的前面,成为活动窗口。

②识别窗口:当鼠标指向任务栏某按钮时,将看到一个缩略图大小的窗口预览,无论该窗口的内容是文档、照片,还是正在运行的视频,如图 2.36 所示。如果无法通过其任务栏按钮标题(字太小)识别窗口,则该预览特别有用。

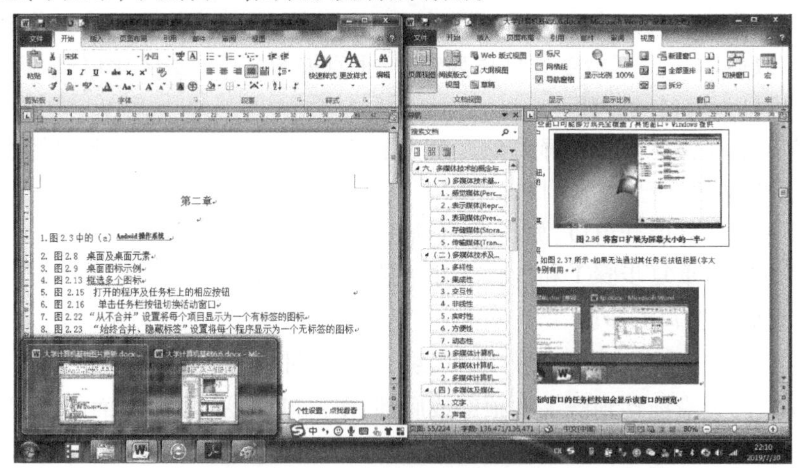

图 2.36 鼠标指向窗口的任务栏按钮会显示该窗口的预览

(2)使用快捷键 Alt+Tab

按快捷键 Alt+Tab 将弹出一个缩略图面板,按住 Alt 键不放,并重复按 Tab 键将循环切换所有打开的窗口和桌面;释放 Alt 键可以显示所选的窗口。

(3)使用 Aero 三维窗口切换

Aero 三维窗口切换以三维堆栈形式排列窗口,用户可以快速浏览这些窗口。具体方法如下:

①按住 Windows 徽标键的同时按 Tab 键可打开三维窗口切换。

②当按下 Windows 徽标键时,重复按 Tab 键或滚动鼠标滚轮可以循环切换打开的窗口。

③释放 Windows 徽标键可以显示堆栈中最前面的窗口,或者单击堆栈中某个窗口的任意部分来显示该窗口,如图 2.37 所示。

图 2.37　Aero 三维窗口切换

6)隐藏及关闭窗口

(1)隐藏窗口

隐藏窗口即“最小化”窗口。如果要使窗口临时消失而不将其关闭,则可以将其最小化。若要使最小化的窗口重新显示在桌面上,可单击其任务栏按钮,窗口会准确地按最小化前的样子显示。

(2)关闭窗口

关闭窗口会将其从桌面和任务栏中删除。单击窗口的“关闭”按钮可关闭窗口。

如果关闭文档,而未保存对其所做的任何更改,则会显示一条消息对话框,提示用户是否保存更改,如图 2.38 所示。

图 2.38　退出 Word 但未保存时弹出的对话框

7)对话框

对话框是特殊类型的窗口,可以提出问题,允许用户选择选项来执行任务,或者提供信息。当程序或 Windows 7 需要用户进行交互时,经常会看到对话框。

与常规窗口不同,多数对话框无法最大化、最小化或调整大小,但是它们可以被移动。对话框由选项卡、单选框、复选框、按钮组成,其中复选框是方的,每个都可以选或者不选;单选框是圆的,一组里面只能有一个选中(或者都不选)。

8)显示桌面

(1)临时预览或快速查看桌面

只需将鼠标指向(非单击)任务栏末端通知区域旁的"显示桌面"按钮,即可临时预览或快速查看桌面。原本打开的窗口并没有最小化,只是淡出视图以显示桌面。若要再次显示这些窗口,只需将鼠标移开"显示桌面"按钮。

(2)显示桌面

若要在不关闭打开窗口的情况下查看或使用桌面,单击任务栏末端通知区域旁的"显示桌面"按钮,可立刻最小化所有窗口。

2.3.6 Windows 7 文件管理

安装的操作系统、各种应用程序,以及输入的信息和数据等,都是以文件形式保存在计算机中的。文件与文件夹的管理是学习计算机时必须掌握的基础操作。

1)文件管理概述

文件是具有文件名的一组相关信息的集合。在计算机系统中,所有的程序和数据都是以文件的形式存放在计算机的外部存储器(如硬盘、U 盘等)上的。例如:一个 C 源程序、一个 Word 文档、一张图片、一段视频、各种可执行程序等都是文件。

在操作系统中,负责管理和存取文件的部分称为文件系统。在文件系统的管理下,用户可以按照文件名查找文件和访问文件(打开、执行、删除等),而不必考虑文件如何保存(在 Windows 7 系统中,大于 4 KB 的文件必须分块存储),硬盘中哪个物理位置有空间可以存放文件,文件目录如何建立,文件如何调入内存等。文件系统为用户提供了一个简单、统一的访问文件的方法。

(1)文件名

在计算机中,任何一个文件都有文件名,文件名是文件存取和执行的依据。在大部分情况下,文件名分为文件主名和扩展名两个部分。文件名由程序设计员或用户自己命名。文件一般用有意义的英文或中文词汇或数字命名,以便识别。例如:Windows 7 中的 Internet 浏览器的文件名为 InternetExplorer.exe。

不同操作系统对文件名命名的规则有所不同。例如:Windows 7 操作系统不区分文件名的大小写,所有文件名的字符在操作系统执行时,都会转换为大写字符,如 test.txt、TEST.TXT、Test.TxT,在 Windows 7 操作系统中都视为同一个文件;而有些操作系统是要区分文件名大小写的,如在 Linux 操作系统中,test.txt、TEST.TXT、Test.TxT 被认为是 3 个不同文件。

(2)文件类型

在绝大多数操作系统中,文件的扩展名表示文件的类型。不同类型的文件处理方法是不同的。用户不能随意更改文件扩展名,否则将导致文件不能被执行或打开。在不同操作系统中,表示文件类型的扩展名并不相同。在 Windows 7 系统中,虽然允许文件扩展名为多个英文字符,但是大部分文件扩展名习惯采用 3 个英文字符。

Windows 7 中常见的文件扩展名及表示的意义见表 2.1。

表 2.1　Windows 7 系统中文件扩展名的类型和意义

文件类型	扩展名	说　明
可执行程序	.EXE .COM	可执行程序文件
文本文件	.TXT	通用性极强,它往往作为各种文件格式转换的中间格式
源程序文件	.C .BAS .ASM	程序设计语言的源程序文件
Office 文件	.XLSX .DOCX .PPTX	Excel、Word、PowerPoint 创建的文档
图像文件	.JPG .GIF .BMP	不同的扩展名表示不同格式的图像文件
视频文件	.AVI .MP4 .RMVB	通过软件播放,视频文件格式极不统一
压缩文件	.RAR .ZIP	压缩文件的格式
音频文件	.WAV .MP3 .MID	不同的扩展名表示不同格式的音频文件
网页文件	.HTM .HTML .ASP	一般来说,前两种是静态网页,后一种是动态网页

(3)文件属性

文件除了文件名外,还有文件大小、占用存储空间、建立时间、存放位置等信息,具有存档、隐藏、系统、只读 4 种文件属性。如图 2.39 所示是 Windows 7 中文件的属性。

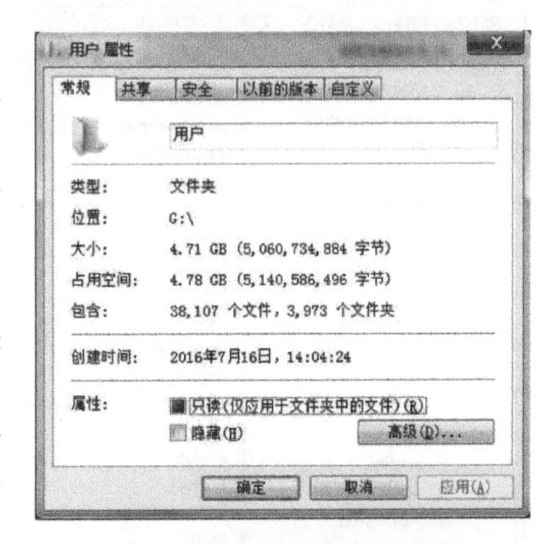

图 2.39　"用户属性"对话框

(4)文件操作

文件中存储的内容可能是数据,也可能是程序代码,不同格式的文件通常都会有不同的应用和操作。文件的常用操作有:建立文件(需要专门的应用软件,如建立一个电子表格文档需要 Excel 软件);打开文件(需要专用的应用软件,如打开图片文件需要 ACDSee 等看图软件);编辑文件(在文件中写入内容或修改内容称为文件"编辑",这需要专用的应用软件,如修改网页文件需要 Dreamweaver 等软件);删除文件(可在操作系统下实现);复制文件(可在操作系统下实现);更改文件名称(可在操作系统下实现)等。

(5)目录管理

计算机中的文件有成千上万个,如果把所有文件存放在一起会有许多不便。为了有效地管理和使用文件,大多数文件系统允许用户在根目录下建立子目录(即为文件夹),在子目录下再建立子目录(即在文件夹中再建文件夹)。如图 2.40 所示,可以将目录建成树状结构,然后用户将文件分门别类地存放在不同的目录中。这种目录结构像一棵倒置的树,树根为根目录,树中每一个分枝为子目录,树叶为文件。在树状结构中,用户可以将相同类型的文件放在同一个子目录中,同名文件可以存放在不同的目录中。

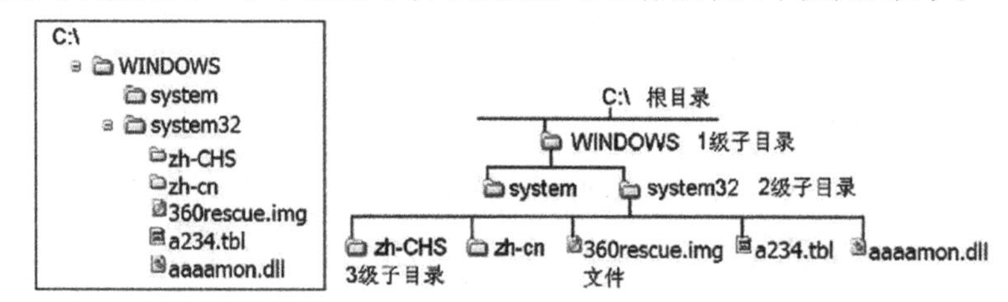

图 2.40 树状目录结构

用户可以自由建立不同的子目录,也可以对自行建立的目录进行移动、删除、修改目录名称等操作。操作系统和应用软件在安装时,也会建立一些子目录,如 Windows、Documents and Settings、Office 2010 等。这些目录不能进行移动、删除和修改目录名称等操作,否则将导致操作系统或应用软件不能正常使用。Windows 操作系统的树状结构如图 2.41 所示。

图 2.41 Windows 目录结构

(6)文件路径

文件路径是文件存取时,需要经过的子目录名称。目录结构建立后,所有文件分门别类地存放在所属目录中,计算机在访问这些文件时,依据要访问文件的不同路径,进行文件查找。

文件路径有绝对路径和相对路径。绝对路径指从根目录开始,依序到该文件之前的目录名称;相对路径是从当前目录开始,到某个文件之前的目录名称。

在图 2.40 所示目录中,a234.tbl 文件的绝对路径为 C:\Windows\System32\a234.tbl;如果用户当前在 C:\Windows\system 目录中,则 a234.tbl 文件的相对路径为..System32\a234.tbl("..”表示上一级目录)。

(7)文件查找

在 Windows 7 中查找文件或文件夹非常方便,可单击“任务栏”下的“Windows 资源管理器”图标,然后在“搜索”栏中输入需要查找文件的部分文件名即可,如图 2.42 所示。

图 2.42　“Windows 资源管理器”搜索窗口

2)查看文件与文件夹

对文件进行任何管理操作之前,必须打开相应的文件夹窗口。在 Windows 7 中,是通过资源管理器打开各个文件夹窗口,并在窗口中进行浏览、管理文件与文件夹的操作。

(1)查看计算机中的磁盘

计算机中的文件与文件夹都是保存在各个磁盘分区中的,单击“开始”→“计算机”选项打开“计算机”窗口后,窗口中即显示所有磁盘分区、分区容量及可用空间等信息,如图 2.43 所示。

打开“计算机”窗口后,双击某个磁盘图标,即可进入磁盘浏览其中的文件与文件夹,如图 2.44 所示。

图 2.43　查看计算机中的磁盘

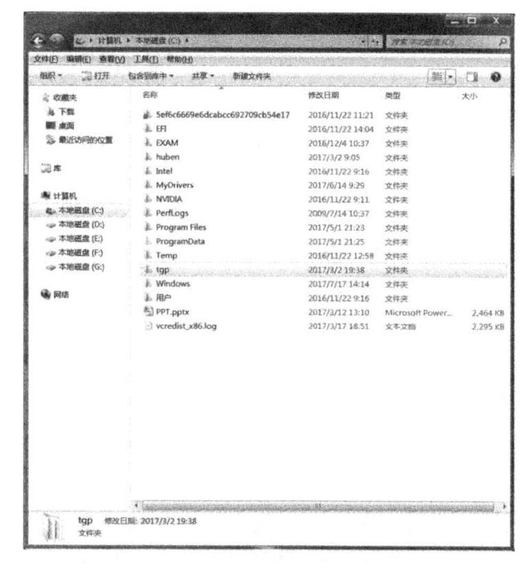

图 2.44　查看文件及文件夹

(2)调整查看方式

①设置视图模式:在浏览过程中,单击窗口工具栏的“视图”按钮,可以对查看方式、排列顺序等进行设置,方便用户管理。如图 2.32 所示是“视图”按钮的下拉菜单,其中列出了多种视图模式。图 2.43 是以“平铺”模式显示的文件夹窗口,而图 2.44 是以“详细信息”模式显示的文件夹窗口。

②排序文件与文件夹。当窗口中包含了太多的文件和文件夹时,可按照一定规律对窗口中的文件和文件夹进行排序以便于浏览。具体步骤如下:

a.设置窗口中文件与文件夹的显示模式为“详细信息”。

b.单击文件列表上方的相应标题按钮,或单击标题按钮旁的“向下”按钮打开下拉菜单,从中选择排序依据,此时文件列表将所选的排序方式显示,如图 2.45 所示。

3)管理文件与文件夹

管理文件与文件夹包括创建文件夹、移动与复制文件/文件夹、删除文件/文件夹等。

(1)选取文件与文件夹

在窗口中对文件或文件夹进行任何操作之前,都需要先进行选取操作。选取操作有以下几种:

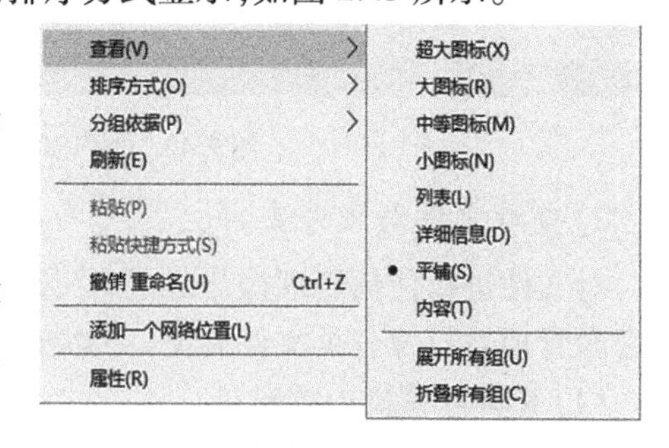

图 2.45　按照用户所选的排序方式显示文件与文件夹

①单选:在窗口中单击所需文件或文件夹。

②多选(连续):在窗口中按下鼠标左键拖动指针进行框选,或者按住 Shift 键依次单击头尾两个文件或文件夹。

③多选(不连续):在窗口中按住 Ctrl 键再逐个单击所需的各个文件或文件夹。

④全选:按快捷键 Ctrl+A,可以选中当前窗口中的全部文件和文件夹。

(2)新建文件夹

用户可根据需要新建分类文件夹,然后将各类文件分类放置。具体操作步骤如下:

①打开相应的文件夹窗口。

②单击窗口工具栏的“新建文件夹”按钮,则文件列表区域会生成一个新的文件夹图标及标识。

③修改标识为相应的文件夹名称。也可以在窗口的空白区域右击,在打开的快捷菜单中选择“新建”命令创建文件夹。

(3)重命名、复制、粘贴、移动与删除文件与文件夹

这几项操作有共同之处,依次为:选取文件(夹),单击窗口工具栏的“组织”按钮打开其下拉菜单,在菜单中选择相应的操作命令即可。

①重命名操作:选中需要重命名的文件或文件夹,右击,在弹出的快捷菜单中选择“重命名”命令后输入新的名称,也可以通过重命名快捷键 F2 实现重命名。

②复制、粘贴操作:选择需要复制的文件或文件夹,右击,在弹出的快捷菜单中选择“复制”“粘贴”命令即可。复制的快捷键为 Ctrl+C,粘贴的快捷键为 Ctrl+V,也可以按住 Ctrl 键拖动实现复制操作。

③移动操作:移动就是将文件或文件夹从一个位置移到另一个位置,原位置上的文件或文件夹就不存在了。选择需要移动的文件或文件夹,右击,在弹出的快捷菜单中选择“剪切”命令即可,剪切的快捷键为 Ctrl+X。

④删除操作:选中要删除的文件或文件夹,右击,在弹出的快捷菜单中选择“删除”命令即可,或者按下键盘上的 Del 键将内容删除到回收站。如果需要彻底删除文件或文件夹,可通过快捷键 Shift+Del 彻底删除。

4)搜索文件与文件夹

即使用户不记得文件或文件夹的名字和保存位置,也可以利用查找功能迅速定位。Windows 7 提供了查找文件和文件夹的多种方法。搜索方法无所谓最佳,在不同的情况下可以使用不同的方法。

(1)使用“开始”菜单上的搜索框查找程序或文件

可以使用“开始”菜单上的搜索框来查找存储在计算机上的文件、文件夹、程序等。具体步骤如下:

①单击“开始”按钮打开“开始”菜单,然后在搜索框中键入字词或字词的一部分。

②键入后,与所键入文本相匹配的项将出现在“开始”菜单上。搜索基于文件名中的文本、文件中的文本、标记以及其他文件属性。

(2)在文件夹或库中使用搜索框来查找文件或文件夹

通常用户可能知道要查找的文件位于某个特定文件夹或库中,如文档或图片文件夹/库。为了节省时间和精力,可使用已打开窗口顶部的搜索框。

搜索框位于每个文件夹窗口的顶部。它根据所键入的文本筛选当前视图,搜索将查找的文件名和内容中的文本,以及标记等文件属性中的文本。

具体操作步骤如下:

①在搜索框中键入字词或字词的一部分。

②键入时将立即筛选文件夹或库的内容，以反映键入的每个连续字符，当看到需要的文件后，即可停止键入。

(3)组合筛选文件与文件夹

如果要进行更为全面细致的搜索，则可以通过“高级搜索”来进行。如图 2.46 所示，在“Windows 文件夹”窗口按某个日期范围搜索修改过的文件和文件夹。

图 2.46 组合筛选文件或文件夹

5)文件与文件夹的高级管理

文件与文件夹的高级管理包括查看文件与文件夹信息、隐藏文件与文件夹，以及隐藏文件扩展名等操作。

(1)查看文件与文件夹信息

在管理计算机文件的过程中，经常需要查看文件与文件夹的详细信息，以进一步了解文件详情，如文件类型、打开方式、文件大小、存放位置以及创建与修改时间等信息；对于文件夹，则需要查看其中包含的文件和子文件夹的数量。

具体操作步骤如下：

①右击要查看的文件或文件夹图标，打开快捷菜单。

②选择“属性”命令打开属性对话框。

③在“常规”选项卡中就可以查看文件夹的详细属性，如图 2.47 所示。

(2)显示/隐藏文件扩展名

每个类型的文件都有各自的扩展名，因为可以根据文件的图标辨识文件类型，所以 Windows 7 默认是不显示文件的扩展名的，这样可防止用户误改扩展名而导致文件不可用。如果用户需要查看或修改扩展名，可以通过设置将文件的扩展名显示出来。

具体操作步骤如下：

①在任一文件夹窗口中单击工具栏中的“组织”按钮，打开其下拉菜单。

②选择“文件夹和搜索选项”选项，打开“文件夹选项”对话框。

③选择“查看”选项卡。

④在“高级设置”列表框中选中“隐藏已知文件类型的扩展名”复选框（取消该复选框则选择显示），如图 2.48 所示。

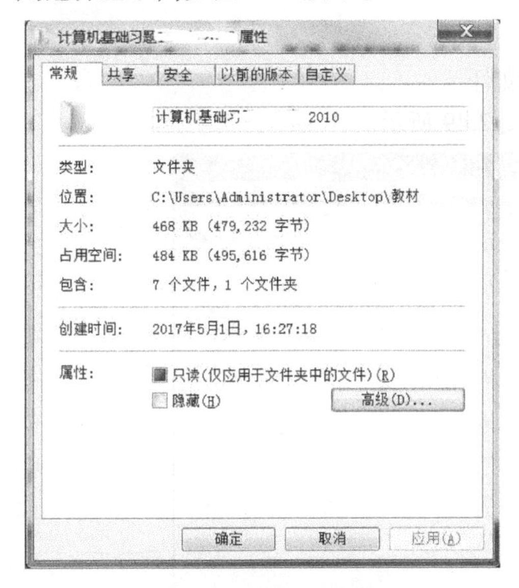

图 2.47　属性对话框图

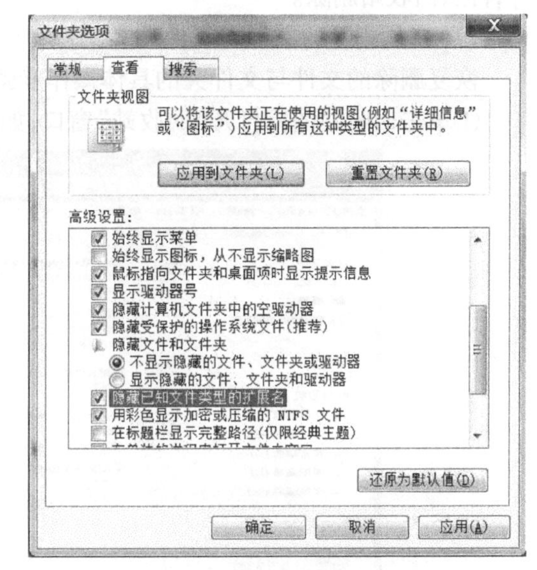

图 2.48　“文件夹选项”对话框

⑤单击“应用”或“确定”按钮。

⑥返回文件夹窗口，再进入磁盘中查看文件时，就可看到文件扩展名显示出来了。

(3)隐藏/显示文件与文件夹

对于计算机中的重要文件或文件夹，为了防止被其他用户所查看或修改，可以将其隐藏起来，隐藏后所有计算机用户都无法看到被隐藏的文件与文件夹。隐藏文件夹时，还可以选择仅隐藏文件夹，或者将文件夹中的文件与子文件夹一同隐藏。

具体操作步骤如下：

①在文件夹窗口右击要查看的文件或文件夹图标，打开快捷菜单。

②选择“属性”命令打开属性对话框。

③在“常规”选项卡中选中“隐藏”复选框，单击“确定”按钮。

④返回文件夹窗口，单击工具栏中的“组织”按钮，在其下拉菜单中选择“文件夹和搜索”选项，打开“文件夹选项”对话框。

⑤选择“查看”选项卡，在“高级设置”列表框中选中“不显示隐藏的文件、文件夹或驱动区”单选按钮（选中“显示隐藏的文件、文件夹或驱动区”单选按钮，则选择显示隐藏文件或文件夹）。

⑥单击“应用”或“确定”按钮。

⑦返回文件夹窗口,再进入磁盘中查看文件时,就看不到具有隐藏属性的文件或文件夹了。

6)管理回收站

当用户对文件和文件夹进行删除操作后,它们并没有从计算机中直接被删除,而是保存在回收站中。对于误删的文件和文件夹,可以随时通过回收站恢复;对于确认无用的文件,再从回收站删除。

(1)恢复删除的文件与文件夹

恢复删除的文件与文件夹的具体操作步骤如下:

①单击回收站图标打开“回收站”窗口,如图 2.49 所示。

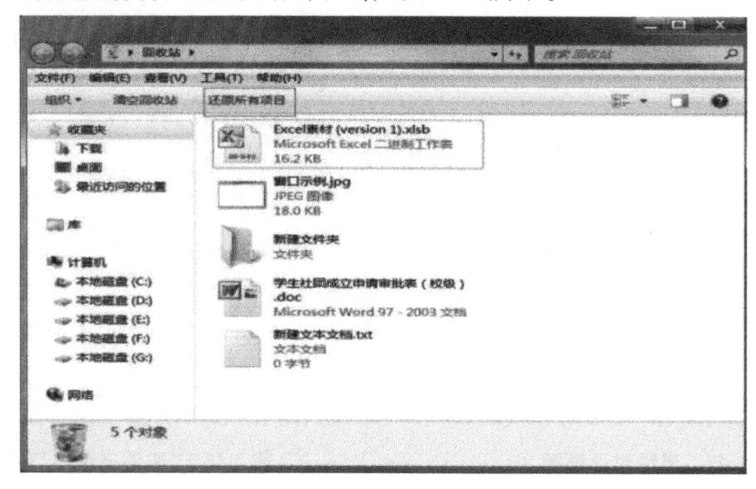

图 2.49　单击回收站图标打开“回收站”窗口

②若要还原所有文件,单击工具栏上“还原所有项目”按钮;或者先选中要还原的文件(1 个或多个),如图 2.50 所示,再单击工具栏上“还原选定的项目”按钮,文件将还原到它们在计算机上的原始位置。

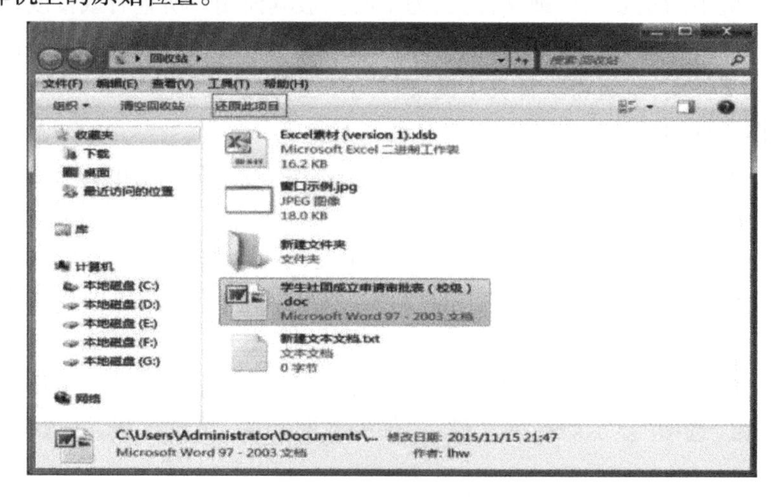

图 2.50　“回收站”窗口中单击“还原所有项目”按钮

(2)彻底删除文件与文件夹

彻底删除文件与文件夹的具体操作步骤如下：

①打开“回收站”窗口。

②执行以下操作之一：

- 选中要删除的特定文件或文件夹，右击，在快捷菜单中选择“删除”命令。
- 不选择任何文件，然后在工具栏上单击“清空回收站”按钮。

③在弹出的“删除文件”提示框中单击“是”按钮，即可完成删除操作。

2.3.7　Windows 7 软硬件管理

1)应用程序的安装与管理

(1)安装应用程序

Windows 7 操作系统中的应用程序非常多，每款应用程序的安装方式都各不相同，但是安装过程中的几个基本环节都是一样的，如下所述：

①选择安装路径。

②阅读许可协议。

③选择附加选项。

④选择安装组件。

【例 2.1】　安装搜狗拼音输入法。

①从搜狗拼音输入法官方网站下载并运行搜狗拼音输入法的安装程序，Windows 7 系统将弹出“用户账户控制”对话框，询问用户“是否允许计算机对此计算机进行更改?”，单击“是”按钮，继续进行下载并安装。

②弹出搜狗拼音输入法安装向导，如图 2.51 所示，单击“下一步”按钮。

③弹出“许可证协议”对话框，如图 2.52 所示，阅读后单击“我接受”按钮。

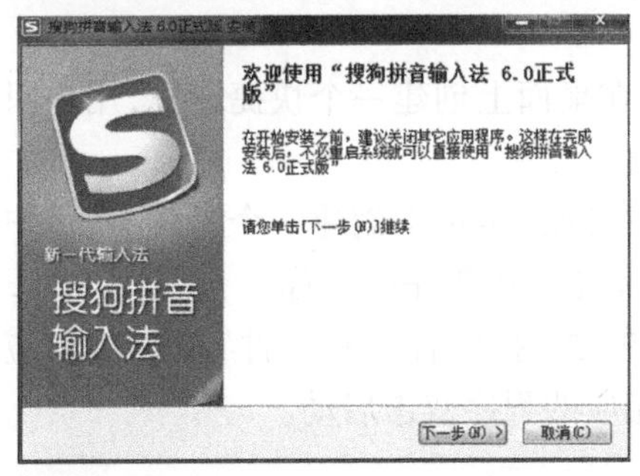

图 2.51　搜狗拼音输入法安装向导 1

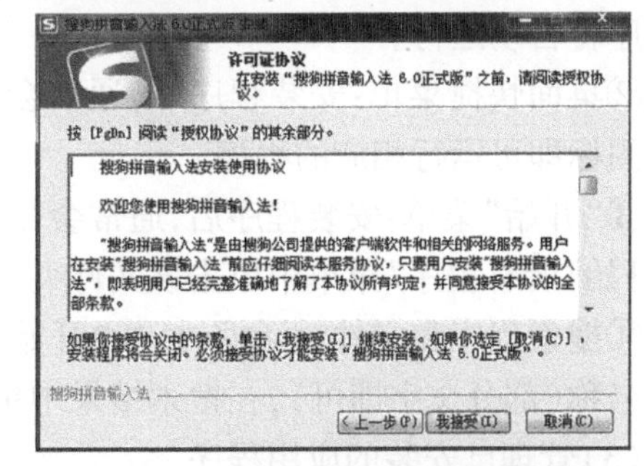

图 2.52　搜狗拼音输入法安装向导 2

④弹出“选择安装位置”对话框，如图 2.53 所示，设置安装路径后单击“下一步”按钮。

⑤弹出“选择开始菜单文件夹”对话框，如图 2.54 所示，单击“下一步”按钮。此处所创建的文件夹将显示在“开始|所有程序”菜单中，默认文件夹名称为“搜狗拼音输入法”。

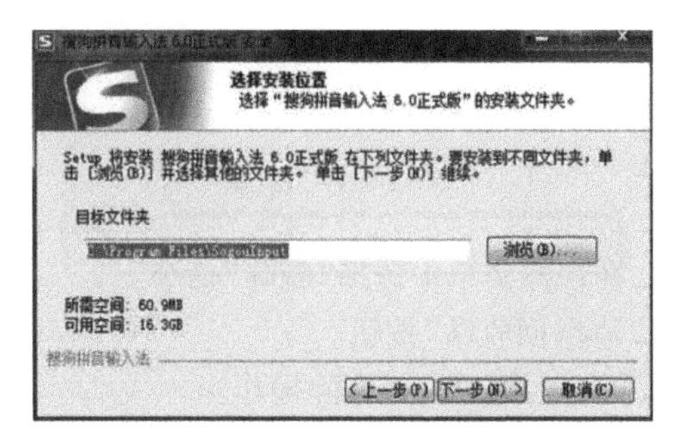

图 2.53　搜狗拼音输入法安装向导 3

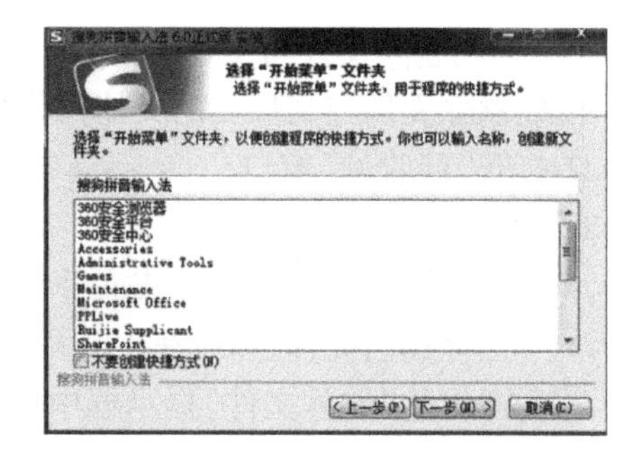

图 2.54　搜狗拼音输入法安装向导 4

⑥弹出“选择安装附加软件”对话框，如图 2.55 所示，选择后单击“安装”按钮。

⑦安装程序开始自动安装并显示安装进度，如图 2.56 所示。

⑧安装完成后将弹出最后一个对话框，单击“退出向导”按钮完成安装。

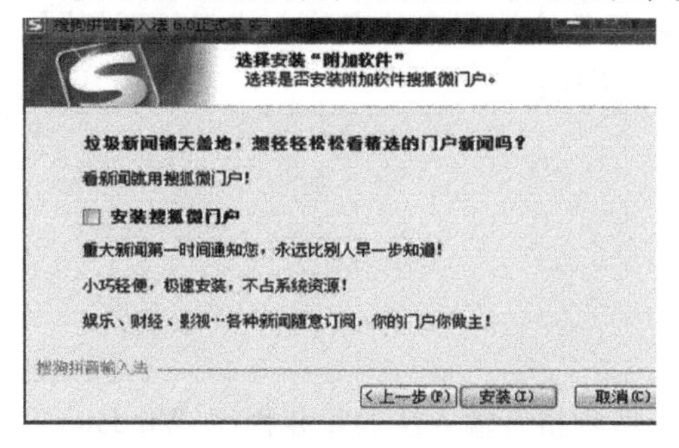

图 2.55　搜狗拼音输入法安装向导 5

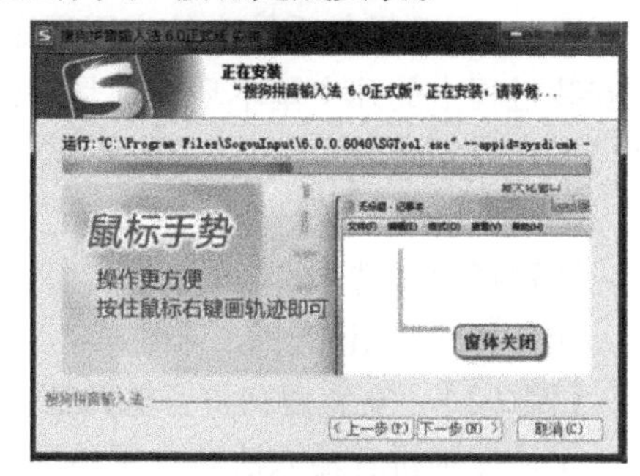

图 2.56　搜狗拼音输入法安装向导 6

(2)运行应用程序

运行应用程序通常有以下几种方法：

①自动运行：如果安装过程中选择或默认程序为“安装(或开机)后自动运行”，则应用程序将自动运行。

②桌面快捷菜单：安装程序后，通常会自动在桌面上创建一个快捷图标，用户只要双击该图标即可运行相应的程序。

③“开始”菜单：安装程序后，通常会自动在“开始”菜单中创建一个文件夹，用户可以在“开始|所有程序”菜单中单击该文件夹，然后单击应用程序的名称。

④搜索程序和文件对话框：打开“开始”菜单，在“搜索程序和文件”框中输入应用程序的名称(部分文字即可)，在搜索结果中单击相应的程序双击启动。

(3)管理已安装的应用程序

通过 Windows 7 的“程序与功能”窗口，用户可以查看当前系统中已经安装的应用程序，同时还可以对它们进行修复和卸载操作。

【例 2.2】　查看并卸载“搜狗拼音输入法”。

①打开“开始”菜单，单击右边窗格中的“控制面板”按钮，打开“控制面板”窗口，如图 2.57 所示。

②单击窗口中“程序”选项下方的“卸载程序”文字链接，打开如图 2.58 所示的窗口。

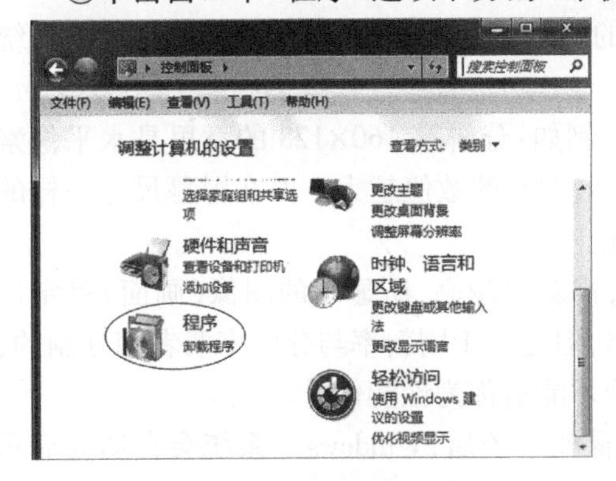

图 2.57　“控制面板”窗口

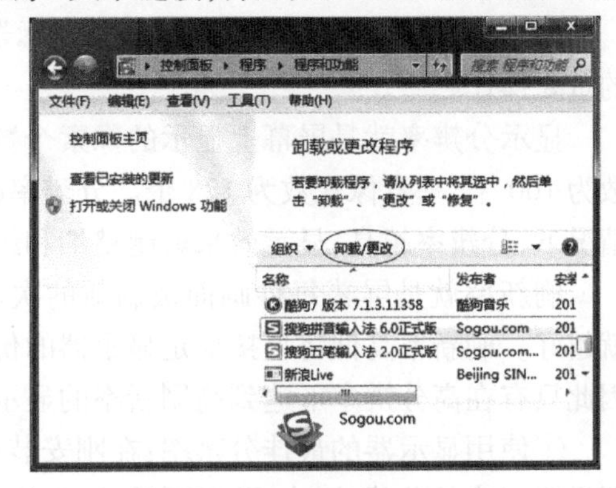

图 2.58　“程序和功能”窗口

③在应用软件列表中可以浏览已安装的应用程序。本例选择“搜狗拼音输入法 6.0 正式版”，然后单击工具栏的“卸载/更改”按钮。

④在随后出现的“搜狗拼音输入法卸载向导”的指引下逐步完成程序的卸载。

根据所选应用程序的不同，工具栏上可出现不同的功能按钮，如“卸载”“更改”和“修复”等。

2）设备管理

设备管理包括添加或删除打印机和其他硬件设备、更改系统声音、自动播放 CD、节省电源、更新设备驱动程序等功能，是管理查看计算机内部和外部硬件设备的系统管理工具。

（1）设备管理器

使用设备管理器，可以查看和更新计算机上安装的设备驱动程序，查看硬件是否正常工作及修改硬件设置。

可以连接到网络或计算机上的任何设备，包括打印机、键盘、外置磁盘驱动器或其他外围设备，但要在 Windows 7 下正常工作，需要专门的软件（设备驱动程序）。

在“开始”菜单中打开“控制面板”窗口，如图 2.57 所示，单击“硬件和声音”按钮打开相应窗口，如图 2.59 所示，然后再单击“设备和打印机”下的“设备管理器”文字链接，打开相应的窗口，如图 2.60 所示。窗口中列出了本机的所有硬件设备，通过菜单上的功能菜单可以对它们进行相应的管理。

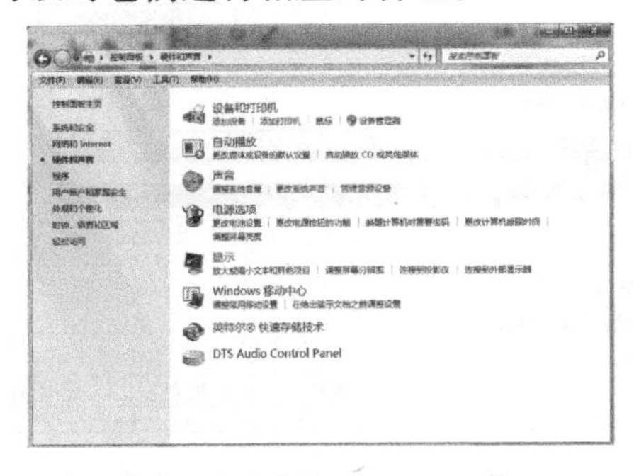

图 2.59　“硬件和声音”窗口

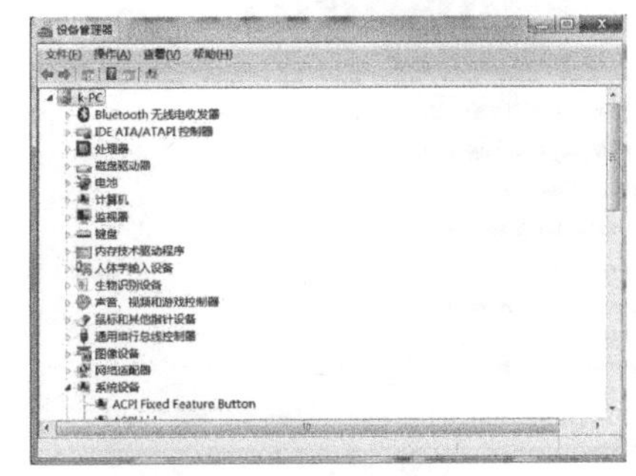

图 2.60　“设备管理器”窗口

(2)调整屏幕显示效果

调整屏幕显示效果主要是指调整显示器的显示分辨率和刷新率,这是使用操作系统的重要操作之一。

显示分辨率就是屏幕上显示的像素个数。例如:分辨率 160×128 的意思是水平像素数为 160 个,垂直像素数为 128 个。分辨率越高,像素的数值越大。而在屏幕尺寸一样的情况下,分辨率越高,显示效果就越精细和细腻。

刷新率就是屏幕每秒画面被刷新的次数,刷新率越高,所显示的图像(画面)稳定性就越好。刷新率高低将直接决定显示器的价格,但是由于刷新率与分辨率两者相互制约,因此只有在高分辨率下达到高刷新率的显示器才能被称为性能优秀。

①使用显示器的最佳分辨率:在刚安装好操作系统后,Windows 7 系统会自动为显示器设置正确的分辨率,如果需要检查或者手动更改当前屏幕的分辨率,具体操作步骤如下:

- 右击桌面空白处,打开快捷菜单。
- 选择快捷菜单中的“屏幕分辨率”选项,打开“屏幕分辨率”窗口,如图 2.64 所示。
- 打开“分辨率”下拉列表,在其中可以查看并选择当前显示器所支持的分辨率,单击“确定”按钮即可。

②设置显示器的最高刷新率:对于液晶显示器而言,刷新率一般保持在 60 Hz 即可。但是对于一些运动类或动作类 3D 游戏而言,游戏的最高帧数往往会高于液晶显示器的标准刷新率,因此用户可以适当提高刷新率,以保证游戏能流畅运行。

具体操作步骤如下:

- 打开“屏幕分辨率”窗口,如图 2.61 所示。
- 单击窗口右侧的“高级设置”选项,打开显示器属性设置窗口,选择“监视器”选项卡,如图 2.62 所示。
- 打开“屏幕刷新频率”下拉列表,在其中选择最高刷新频率数值,单击“确定”按钮即可。

图 2.61 “屏幕分辨率”窗口

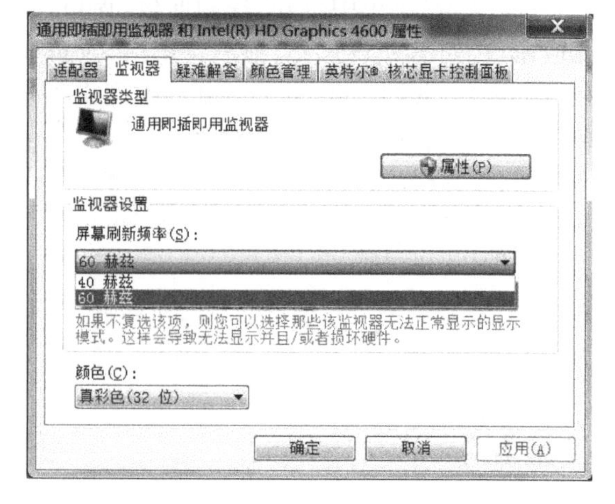

图 2.62 “监视器”选项卡

2.3.8 Windows 7 系统管理

1）账户的配置与管理

为操作系统设置多个账户，可给每个系统使用者提供单独的桌面及个性化的设置，避免相互干扰。

Windows 7 有 3 种类型的账户，每种类型为用户提供不同的计算机控制级别。

①用户创建的账户：又称为标准账户，适用于日常计算机使用，默认运行在标准权限下。标准账户在尝试执行系统关键设置的操作时，会受到用户账户控制机制的阻拦，以避免管理员权限被恶意程序所利用，同时也避免了初级用户对系统的错误操作。

②Administrator（管理员）账户：可以对计算机进行最高级别的控制。

③Guest（来宾）：主要针对需要临时使用计算机的用户，其用户权限比标准类型的账户受到更多的限制，只能使用常规的应用程序，而无法对系统设置进行更改。

（1）账户的配置

①创建新账户：创建用户账户需要通过控制面板，具体操作步骤如下：

- 单击“开始”按钮打开“开始”菜单。
- 单击菜单顶端的用户头像图标，打开“用户账户”窗口，如图 2.63 所示。该窗口也可通过“控制面板”窗口逐层打开。

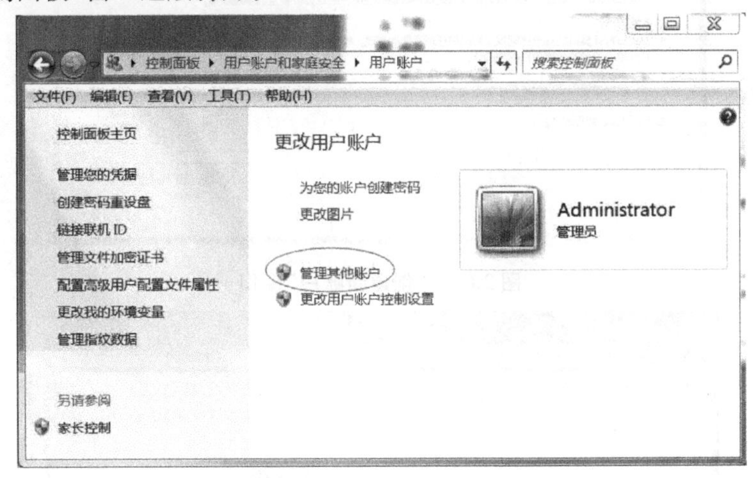

图 2.63 “用户账户”窗口

- 单击“管理其他账户”文字链接，打开“管理账户”窗口，如图 2.64 所示。
- 单击“创建一个新账户”文字链接，打开“创建新账户”窗口，如图 2.65 所示。
- 输入新建的用户账户名称，选择用户权限，单击“创建用户”按钮，完成创建。

②更改账户类型和密码：管理员类型的账户才能进行本操作，具体操作步骤如下：

- 在如图 2.64 所示的“管理账户”窗口，单击要更改的用户账户图标，打开“更改账户”窗口，如图 2.66 所示，本例选择用户“TC”。

图 2.64 “管理账户”窗口

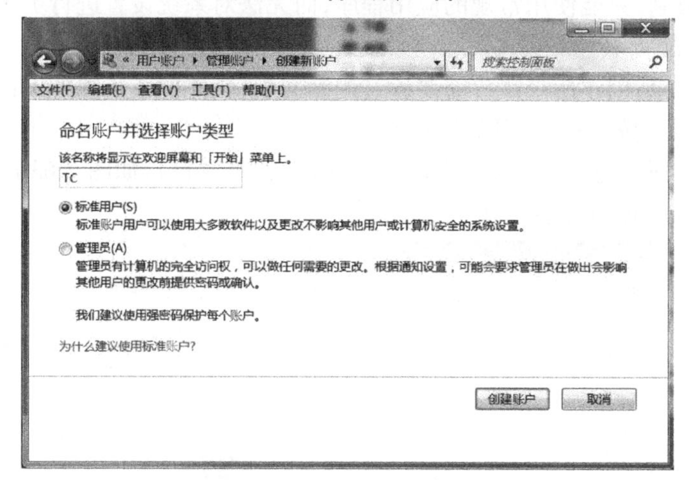

图 2.65 “创建新账户”窗口

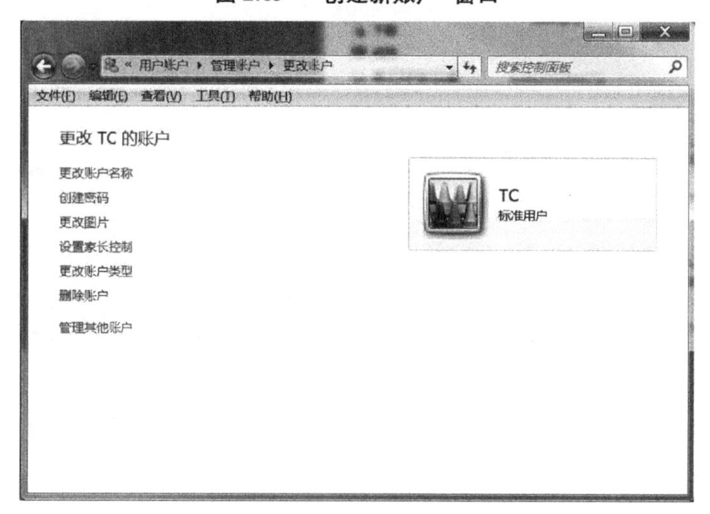

图 2.66 “更改账户”窗口

• 根据需求，单击“更改账户类型”文字链接或其他所需功能的链接，之后按照提示逐步操作即可。

③启用或禁用账户：由于 Windows 7 操作系统默认禁止了系统内置的 Guest 账户，因此用户需要手动启用或禁用这个账户。具体操作步骤如下：

• 在如图 2.64 所示的“管理账户”窗口中，选择“Guest 账户”。

• 若 Guest 账户的当前状态是“未启用”，则会打开“启用来宾账户”窗口，如图 2.67 所示，单击“启用”按钮即可启用；否则会打开“更改来宾选项”窗口，如图 2.68 所示，单击“关闭来宾账户”文字链接即可禁用。

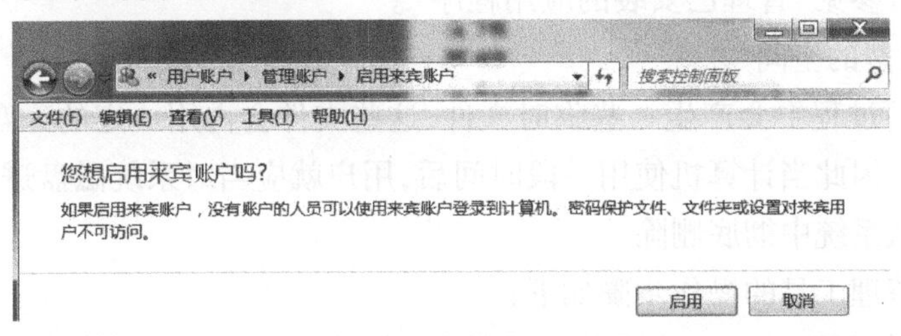

图 2.67　“启用来宾账户”窗口

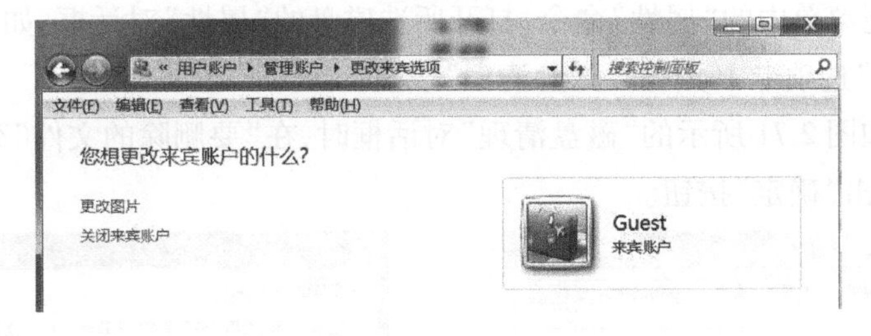

图 2.68　“更改来宾选项”窗口

(2)账户登录方式的控制

在“开始”菜单的右窗格下方有一个“关机”按钮，单击“关机”按钮右侧的下拉按钮可打开下拉菜单，如图 2.69 所示。

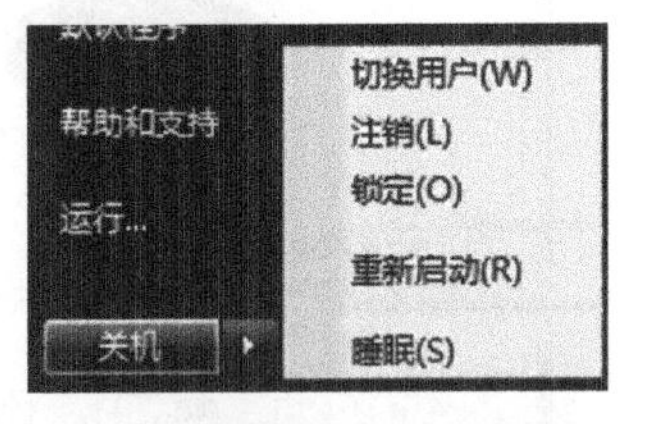

图 2.69　“关机”下拉菜单

①注销当前账户：注销功能的作用是结束当前所有用户进程，然后退出当前账户的桌面环境。此外当遇到无法结束的应用程序时，可以用 Windows 的注销功能强行退出。

②锁定当前桌面：如果用户需要暂时离开计算机，既不打算退出当前应用又不希望其他人使用计算机，那么就可以将当前用户桌面锁定，这样将在不注销账户的情况下返回到登录界面。

③多账户切换：如果一台计算机上有多个用户账户，则可以使用“切换用户”功能在多个用户之间进行切换。

2)磁盘清理与维护

随着时间的推移,计算机的运行速度会越来越慢,这是因为文件会逐渐变得杂乱无序,并且资源会被不必要的软件占用。为此,Windows 7 提供了可以清理计算机并恢复计算机性能的工具。

(1)删除不使用的程序

首先,删除不再使用的程序。程序会在计算机上占用空间,而且某些程序会在用户不知情的情况下在后台运行。删除不使用的程序可以帮助恢复计算机的性能。

具体方法可参见"管理已安装的应用程序"。

(2)释放浪费的空间

计算机使用过程中会产生一些临时文件,这些文件会占用一定的磁盘空间并影响系统的运行速度。因此当计算机使用一段时间后,用户就应当对系统磁盘进行一次清理,将这些垃圾文件从系统中彻底删除。

运行磁盘清理工具的操作步骤如下:

①打开"计算机"窗口,右击要整理的磁盘(本例为 C 盘),打开快捷菜单。

②选择快捷菜单中的"属性"命令,打开所选磁盘的"属性"对话框,如图 2.70 所示。

③在"常规"选项卡中,单击"磁盘清理"按钮。

④当出现如图 2.71 所示的"磁盘清理"对话框时,在"要删除的文件"列表中选中每个复选框,然后单击"确定"按钮。

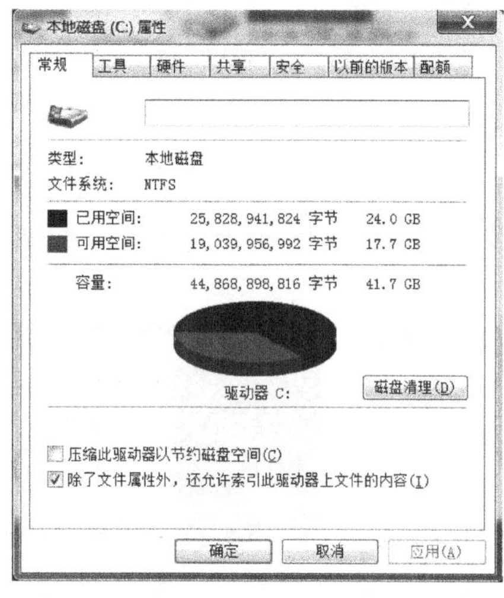

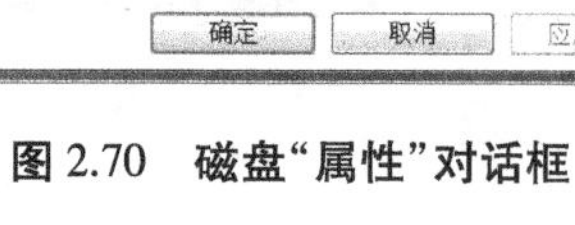

图 2.70　磁盘"属性"对话框

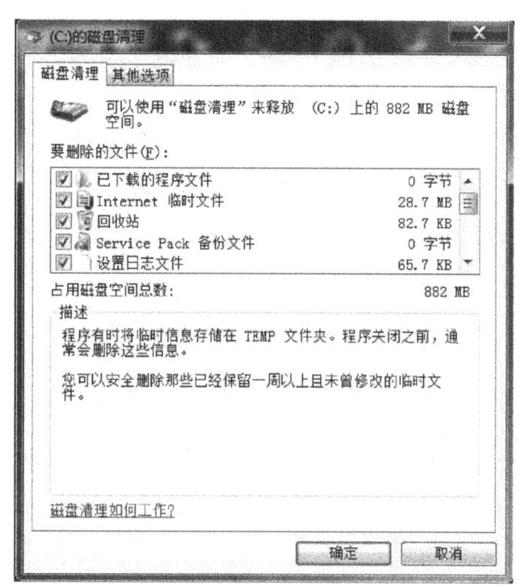

图 2.71　"磁盘清理"对话框

⑤在弹出的清理确认框中单击"是"按钮。磁盘清理功能会花几分钟的时间来删除这些文件。

如果有多个硬盘驱动器,可对"计算机"窗口中列出的每个硬盘驱动器都重复此过程。

(3)整理磁盘驱动器碎片

在使用计算机的过程中,用户经常要备份文件、安装以及卸载程序,这样就会在硬盘上残留大量的碎片文件。当文件变得零碎时,计算机读取文件的时间便会增加。

碎片整理通过重新组织文件来改进计算机的性能,具体操作步骤如下:

①打开“计算机”窗口,右击要整理的磁盘(本例为F盘),打开快捷菜单。

②选择快捷菜单中的“属性”命令,打开所选磁盘的“属性”对话框,单击“工具”选项卡,如图2.72所示。

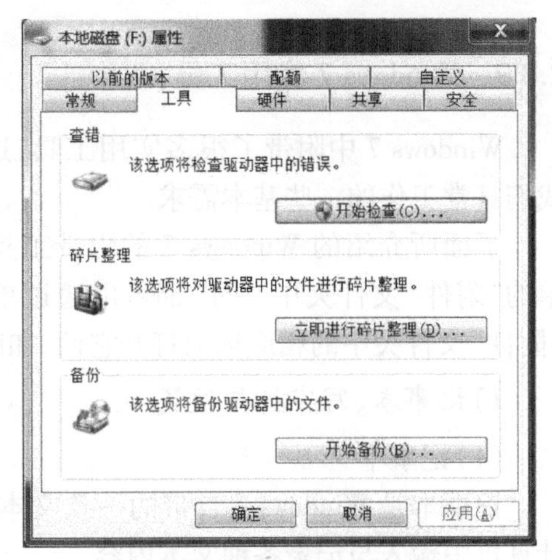

图2.72　磁盘“属性”对话框

③单击“碎片整理”下面的“立即进行碎片整理”按钮,“磁盘碎片整理程序”对话框随即出现,如图2.73所示。

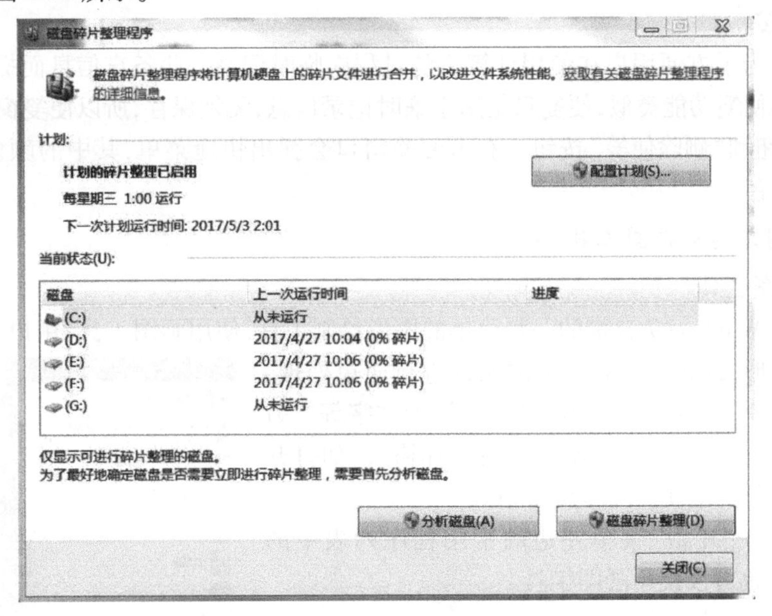

图2.73　“磁盘碎片整理程序”对话框

④当出现“磁盘清理”对话框时,在“要删除的文件”列表中选中每个复选框,然后单击“确定”按钮。

⑤在弹出的清理确认框中单击“是”按钮。磁盘清理功能会花几分钟的时间来删除这些文件。

如果有多个硬盘驱动器,可对“计算机”窗口中列出的每个硬盘驱动器都重复此过程。

2.3.9 Windows 7 实用工具

Windows 7 中附带了很多实用工具，这些工具能够满足我们日常工作的一些基本需求。

下面所介绍的 Windows 7 的附带工具均位于“开始”菜单的“附件”文件夹中，所以都可以通过单击“开始”菜单的“附件”文件夹中的相应选项打开它们，如图 2.74 所示。

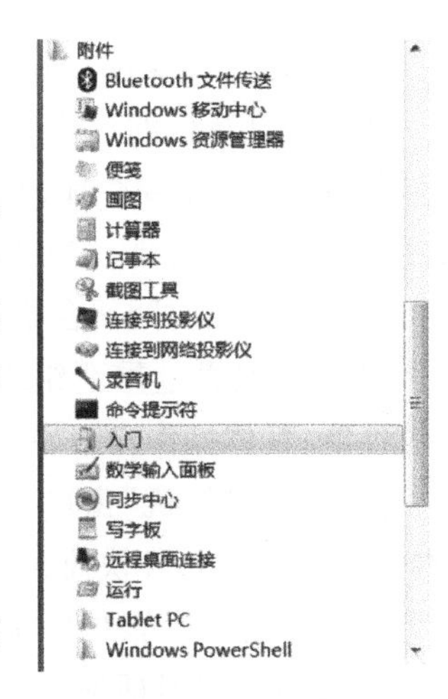

图 2.74 “附件”文件夹

1）记事本、写字板与便笺

（1）记事本

记事本是 Windows 7 自带的一款文本编辑工具，用于在计算机中输入与记录各种文本内容。

（2）写字板

写字板是 Windows 7 自带的一款字处理软件，除了具有记事本的功能外，还可以对文档的格式、页面排列进行调整，从而编排出更加规范的文档。

（3）便笺

便笺是为了方便用户在使用计算机的过程中临时记录一些备忘信息而提供的工具。与现实中的便笺功能类似，便笺只是用于临时记录信息，无须保存，所以便笺窗口仅有“新建便笺”按钮和“删除便笺”按钮。右击便笺窗口会弹出快捷菜单，其中的颜色选项可设置便笺的底色。

2）画图工具与截图工具

（1）画图工具

画图是 Windows 7 自带的一款简单的图形绘制工具，使用画图工具，用户可以编制各种简单的图形，或者对计算机中的照片进行简单处理，包括裁剪图片、旋转图片以及在图片中添加文字等。另外，通过画图工具还可以方便地转换图片格式，如打开 bmp 格式的图片，然后另存为 jpg 格式。

通过单击“开始”菜单左边的常用程序列表中的“画图”选项也可以使用画图工具。

（2）截图工具

截图工具是 Windows 7 自带的一款简单的用于截取屏幕图像的工具，使用该工具能够将屏幕中显示的内容截取为图片，并保存为文件或直接粘贴应用到其他文件中。

通过单击“开始”菜单左边的常用程序列表中的“截图工具”选项也可以启动截图工具，如图 2.75 所示。

图 2.75 截图工具

3)其他工具

(1)计算器

图 2.76　“计算器”窗口

Windows 7 自带计算器,除了可以进行简单的加、减、乘、除运算外,还可以进行各种复杂的函数与科学计算。这些计算对应有不同的计算模式,如图 2.76 所示。不同模式的转换是通过“计算器”窗口的“查看”菜单实现的。

①标准模式:与现实中的计算器使用方法相同。

②科学模式:提供了各种方程、函数与几何计算功能,用于日常进行各种较为复杂的公式计算。在科学模式下,计算器会精确到 32 位数。

③程序员模式:提供了程序代码的转换与计算功能,以及不同进制数字的快速计算功能。程序员模式只是整数模式,小数部分将被舍弃。

④统计信息模式:可以同时显示要计算的数据、运算符及计算结果,便于用户直观地查看与核对。其他功能与标准模式相同。

(2)放大镜

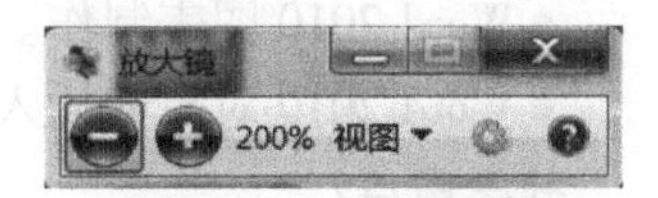

图 2.77　“放大镜”窗口

Windows 7 提供的放大镜工具,用于将计算机屏幕显示的内容放大若干倍,从而能让用户更清晰地查看相应内容。单击“开始”→“所有程序”→“附件”→“轻松访问”→“放大镜”选项,打开“放大镜”窗口,如图 2.77 所示,同时当前屏幕内容会按放大镜的默认设置倍率(200%)显示。在“放大镜”窗口中可以对放大镜的放大分辨率和放大区域进行设置。

第3章　文字处理软件 Word 2010 的功能和使用技巧

Word 2010 是 Microsoft 公司开发的 Office 2010 办公组件之一，主要用于文字处理工作。Word 2010 提供了丰富的文字处理功能，增加功能的最新版可创建专业水准的文档，用户可以更加轻松地与他人协同工作并可在任何地点访问用户文件。

教学目标：

通过本章的学习，熟练掌握 Word 2010 文字处理软件的基本功能，能够快速完成日常工作中的文字处理、表格设计、插入图形及混合排版等。

知识点：

- Word 2010 的基本操作。
- Word 2010 文档的编辑与排版。
- Word 2010 制作目录并输出。
- Word 2010 图表制作。
- Word 2010 对象的插入与使用。

教学重点：

- 掌握文字及各类符号的使用。
- 掌握文档的格式设置。
- 掌握表格的制作。
- 掌握图文混排的方法。

教学难点：

- 理解视图、样式、节、页边距、页面边框等的概念。
- 掌握设置页眉、页脚的方法。
- 掌握设置项目符号、编号的方法。
- 掌握图文混排的方法。

3.1　Word 的基本概念、基本功能和运行环境以及 Word 的启动和退出

3.1.1　Word 2010 基础

Word 2010 是在 Windows 平台上运用广泛、功能强大的文字处理软件之一。它适用于制作各种文档，如书籍、信函、公文、报刊、表格、图表及简历等。

1)新建 Word 2010 文档

每次打开 Word 2010 文档时,Word 2010 应用程序自动创建一个默认名为"文档 1"的新文档。

常用的新建空白文档的方法如下:

①单击"开始"菜单按钮,选择"所有程序"→"Microsoft Office"→"Microsoft Word 2010"选项,即可新建一个空白的 Word 2010 文档。

②启动 Word 程序以后,选择"文件"选项卡下的"新建"命令,然后单击"空白文档"即可,如图 3.1 所示。

③启动 Word 2010 文档后,打开自定义快速访问工具栏,勾选"新建",然后单击按钮即可,如图 3.2 所示。

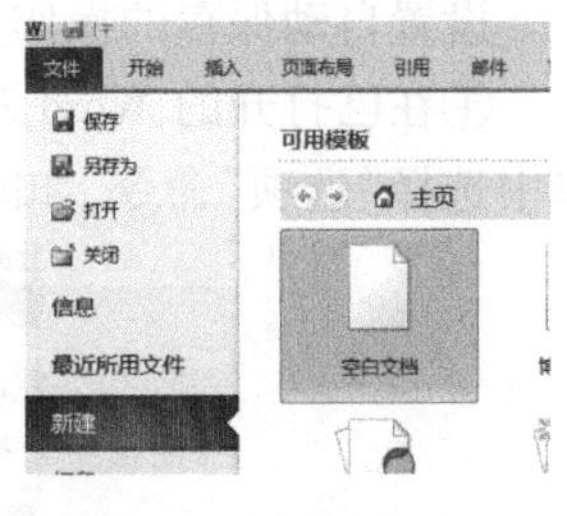

图 3.1　新建空白文档

④启动 Word 2010 文档后,按快捷键 Ctrl+N 即可创建空白文档。

⑤在桌面空白处右击,在弹出的快捷菜单中选择"新建"→"Microsoft Word 文档"命令即可,如图 3.3 所示。

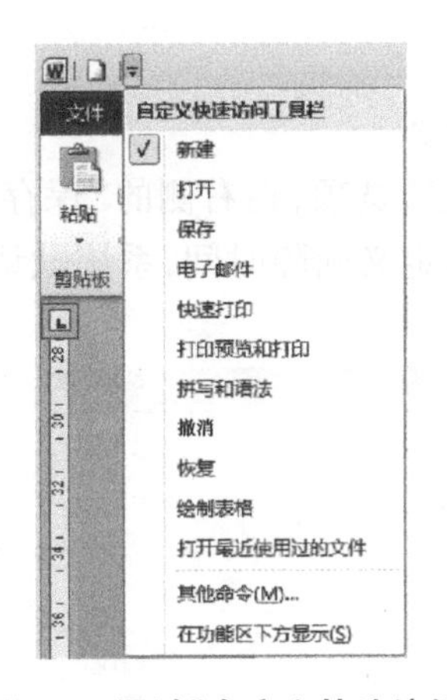

图 3.2　通过"自定义快速访问工具栏"新建文档

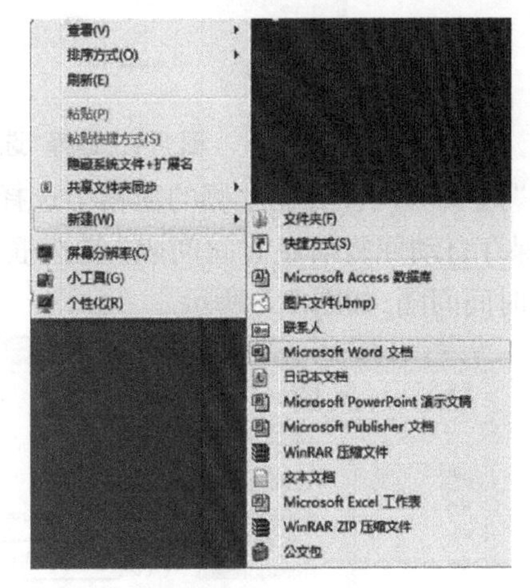

图 3.3　快捷菜单中的新建 Word 文档命令

2)保存 Word 2010 文档

在编辑文档时,文档仅存放在内存里并显示在屏幕上,当编辑完成后需要将其存放到硬盘中。

(1)保存尚未命名的新文档

选择"文件"选项卡下的"保存"命令,或是打开自定义快速访问工具栏,勾选"保存",然后单击"保存"按钮即可;或是按快捷键 Ctrl+S,弹出"另存为"对话框进行相应的保存设置。

(2)保存已有文档

当一个文档已经被保存过,再次对其编辑后,直接保存会以原文件和原位置进行保存。

(3)设置自动保存

由于文档在未保存前存放在内存里,而内存断电后信息会丢失,所以为了防止突然断电导致文档内容丢失,Word 2010 提供了定时自动保存的功能。需要手动设置自动保存的时间间隔,一般为 5~10 min 比较合理。

设置自动保存的操作步骤如下:

①在已打开的 Word 2010 文档窗口中单击“文件”选项卡,在“文件”选项卡的下拉菜单中选择“选项”命令,如图 3.4 所示。

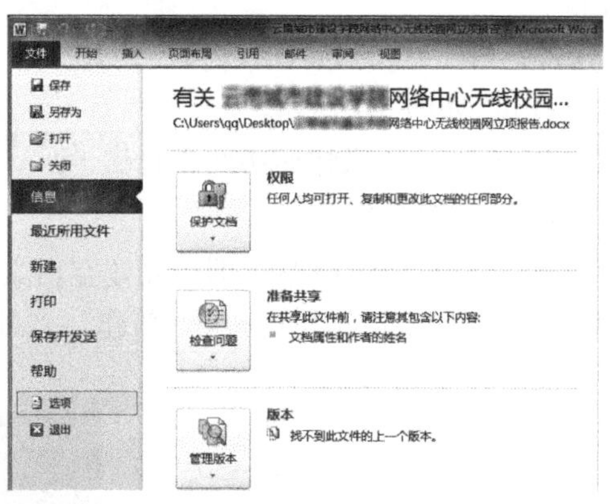

图 3.4　选择“选项”命令

②打开“选项”对话框,在左侧的窗格中选择“保存”选项,在右侧的“保存文档”组合框中勾选“保存自动回复信息时间间隔”复选框,并自定义间隔时间,系统默认 10 min 为自动保存的时间间隔,如图 3.5 所示。

图 3.5　设置文档“自动保存”的间隔时间

③单击“确定”按钮,设置自动保存文档完成。

3)文档另存为

对一个已有文档重新编辑后,想以新的名字保存,此时需要选择“文件”选项卡下的“另存为”命令,弹出“另存为”对话框,在“文件名”栏中输入需要保存的新文件名即可,如图3.6所示。

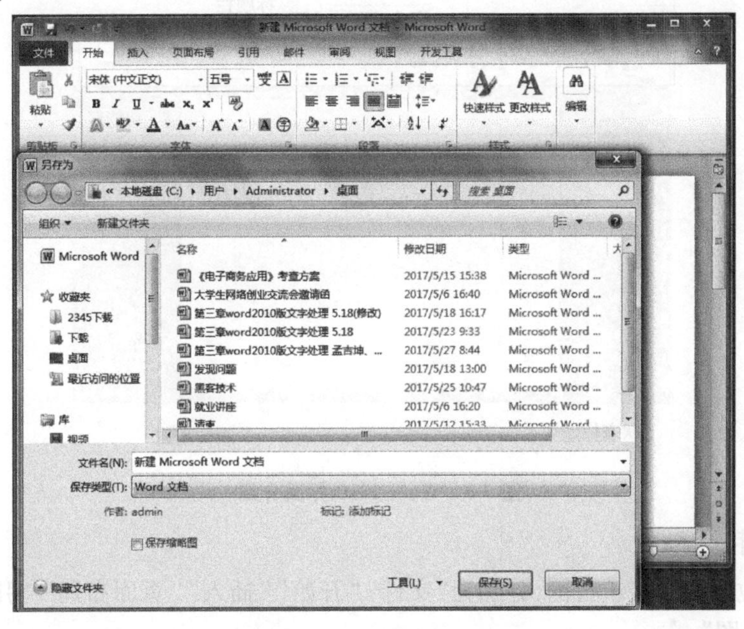

图3.6　选择“另存为”命令

若要更改文件类型,单击“保存类型”栏中的按钮,选择相应类型的格式,然后单击“保存”按钮即可。

若需要对文档进行加密保护管理,则单击“工具”按钮,弹出下拉列表,选择“常规选项”,两次输入密码后,单击“确定”按钮即可。

4)退出 Word 2010 文档

退出 Word 2010 文档的方法如下:

①选择“文件”选项卡下的“关闭”命令。

②单击窗口左上角的,或是在标题栏上右击,在弹出的快捷菜单中选择“关闭”命令,如图3.7所示。

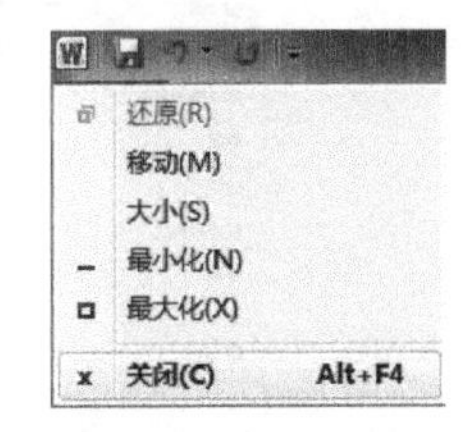

图3.7　通过控件关闭文档态栏

③按快捷键 Alt+F4。

④单击控制按钮区的按钮。

3.1.2　Word 2010 的界面

Word 2010 的界面由快速访问工具栏、选项卡、功能区、状态栏、视图按钮及标题栏等组成,如图3.8所示。

1)快速访问工具栏

快速访问工具栏位于 Word 2010 窗口顶部左侧,可以单击其右侧的三角形按钮,在弹出的下拉列表中将使用频繁的工具按钮添加到快速访问工具栏中(如快速打印等)。

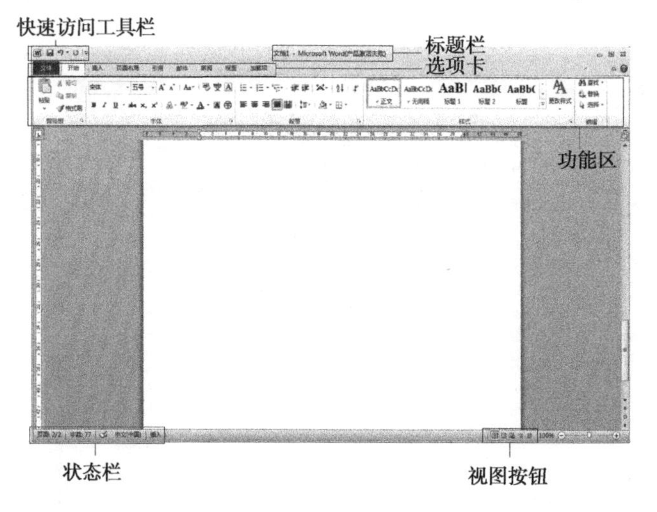

图 3.8 Word 2010 界面介绍

2)选项卡

选项卡位于菜单按钮右侧,分别为“文件”“开始”“插入”“页面布局”“引用”“邮件”“审阅”及“视图”。

①“文件”选项卡:其中有保存、另存为、打开、关闭、信息、最近所用文件、新建、打印、保存并发送、帮助、选项及退出等操作命令,如图 3.9 所示。

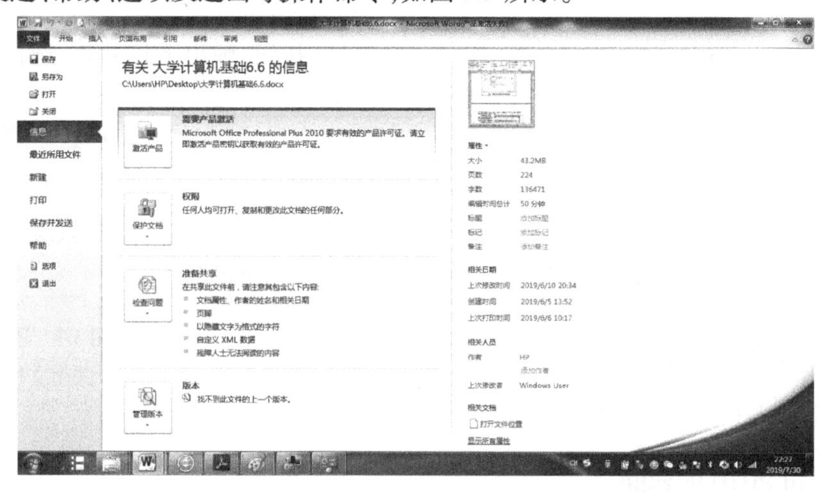

图 3.9 “文件”选项卡

②“开始”选项卡:其中有剪贴板、字体、段落、样式及编辑,是对 Word 2010 文档进行文字编辑和格式设置的操作,是最常用的功能区。

③“插入”选项卡:其中有页、表格、插图、链接、页眉和页脚、文本及符号等各种元素,是对 Word 2010 文档进行页面设置的操作。

④“页面布局”选项卡:其中有主题、页面设置、稿纸、页面背景、段落及排列,是对 Word 2010 文档进行页面样式设置的操作。

⑤“引用”选项卡:其中有目录、脚注、引文与书目、题注、索引及引文目录,是对 Word 2010 文档进行目录插入等比较高级设置的操作。

⑥“邮件”选项卡:其中有创建、开始邮件合并、编写和插入域、预览结果及完成,是对 Word 2010 文档进行邮件合并方面的操作。

⑦“审阅”选项卡:其中有校对、语言、中文简繁转换、批注、更改、比较及保护,是对长篇幅 Word 2010 文档进行校对及修订的操作。

⑧“视图”选项卡:其中有文档视图、显示、显示比例、窗口及宏,是对 Word 2010 文档进行视图选择的操作。

3)功能区

“开始”“插入”“页面布局”“引用”“邮件”“审阅”及“视图”选项卡下展开的内容均是功能区。用户根据需要和使用习惯自定义应用程序的功能区的操作步骤如下:

①在功能区空白处右击,在弹出的快捷菜单中选择“自定义功能区”命令,或是单击“文件”按钮,选择“选项”命令,在弹出的“Word 选项”对话框中单击“自定义功能区”选项。

②打开“Word 选项”对话框并定位在“自定义功能区”选项组,将其左侧常用命令列表框中相关命令添加至右侧“自定义功能区”中即可。设置完成后单击“确定”按钮。

3.2　文档的基本操作

3.2.1　文本输入

Word 2010 启动成功后,用户可以在空白的文本区输入文本。文本的输入包括汉字、英文字符、常用标点符号、特殊字符等文档元素的输入。在输入文本时,“I”形光标点会自动向右移动,达到一行末尾时,会自动换行。当要产生一个段落时,按回车键(<Enter>键),会产生一个段落标记。当输错一个汉字或字符时,可以使用退格键(<Backspace>键或←)删除光标点左边的汉字或字符,使用 <Delete>键删除光标右边的汉字或字符。

Word 有两种文本输入模式:插入模式和改写模式。在状态栏中,Word 默认在“插入”模式下输入文本,当切换到“改写”模式时,输入的内容会自动替代光标后的内容。单击“改写”或按 <Insert>键可在两种状态间切换。

3.2.2　输入法的切换

在 Windows 中安装了多种输入法,用户可以选用适合自己的输入法。切换输入法通常使用键盘操作和单击输入法列表两种方法。

①键盘操作:中英文之间切换使用<Ctrl+空格>键。中文之间的切换使用<Ctrl+Shift>键。

②单击输入法列表:用鼠标单击任务栏右下角 En 按钮,显示出输入法列表,从列表中选择相应的输入法即可。

输入文字内容后需要手动换行开始新段落按 Enter 键;各行无须开始新段落则一直录入文字内容到行末自动换行。

输入大写的英文字符前需要按 CapsLock 键,键盘指示灯“A”会变亮;反之,则按 CapsLock 键恢复非大写英文字符输入状态。

文本录入过程中,不同文本内容其输入方法有所不同,普通的文本(如汉字、阿拉伯数字、英文等)可以通过键盘直接录入。使用键盘录入文本时,输入法的切换方法如下:

- 按 Shift 键,在英文与中文输入法间切换,限定在最新输入法(如微软拼音、搜狗拼音等)中使用。
- 按 Ctrl+空格键,在英文与中文输入法间切换。
- 按 Ctrl+Shift 键,在输入法中逐个切换。

3.2.3 符号的录入

文档录入过程中不会只是中文与英文字符的切换,有时需要录入特殊符号,但无法通过键盘录入,而通过 Word 2010 提供的插入符号功能,可以在文档中插入各种特殊符号。

1)插入符号

将光标定位在需要插入符号的位置,单击“插入”选项卡→“符号”→“符号”按钮,在下拉菜单中选择所需符号即可。若所需符号不能在下拉菜单中找到,则选择“其他符号”选项,打开“符号”对话框,如图 3.10 所示。在“符号”选项卡中选择所需插入的符号,单击“插入”按钮即可,然后单击“关闭”按钮。

图 3.10 “符号”对话框

2)插入特殊字符

将光标定位在所需插入位置,单击“插入”选项卡→“符号”组→“符号”按钮,在下拉菜单中选择“其他符号”选项,打开“符号”对话框,单击“特殊字符”选项卡,选择所需特殊字符后单击“插入”按钮即可。

3.3 文本的基本编辑技术以及多窗口和多文档的编辑

3.3.1 文本选定

在对文本进行编辑、格式设置前,需先选中文本,文本的选定方法有鼠标选定、键盘选定、鼠标与键盘配合选定。

1)鼠标选定

鼠标选定文本的方法如下:

①拖动选择文本:将鼠标定位在所需选定文本开始处,按住鼠标左键不放,拖动到所需选定文本的结束处,松开鼠标左键,被选定文本呈高亮状态。

②选中一行:将鼠标指针放到该行左侧空白处,当鼠标指针变成指向右边箭头时,单击鼠标左键即可选中该行文本内容。

③选中一整段:将鼠标指针放到所需选中文本段落的左侧空白处,当鼠标指针变成指向右的箭头,双击即可选中整段文本内容。

④选中整篇文档:将鼠标指针放到文档左侧空白处,当鼠标指针变成指向右边的箭头,三击即可选中整个文档内容。

2)键盘选定

使用键盘上的组合键快速选中所需的文本,各组合键及功能见表3.1。

表3.1　组合键与功能对照表

组合键	功　能
Ctrl+A 或 Ctrl+5	全选(选中整个文本)
Ctrl+Shift+Home	选中从当前位置至文本开头
Ctrl+Shift+End	选中从当前位置至文本结尾
Shift+→	选中光标右侧的一个字符
Shift+←	选中光标左侧的一个字符
Shift+↓	选中光标位置至上一行与光标相同位置之间的文本
Shift+↑	选中光标位置至下一行与光标相同位置之间的文本
Shift+Home	选中光标位置至行首之间的文本
Shift+End	选中光标位置至行尾之间的文本
Shift+PageDown	选中光标位置到下一页最后一行与光标相同位置之间的文本
Shift+PageUp	选中光标位置到上一页最后一行与光标相同位置之间的文本

3)鼠标与键盘配合选定

鼠标与键盘配合选定文本的方法如下:

①连续选中文本:首先将光标放到所需选中文本的开始位置,然后按下Shift键,接着将光标移动到所需文本的结束位置,再次按下Shift键的同时单击左键即完成文本的连续选择。

②不连续选中文本:首先选中开始部分的文本,然后长按Ctrl键,多次用拖动鼠标的方法选择其他部分的文本即可。

③矩形选中文本:在需要选择矩形文本之前,按住Alt键的同时拖动鼠标到预想位置即可实现矩形文本的选中。

3.3.2 文本的复制、移动

1) 复制文本

复制又称拷贝。在文档中需要重复录入文本时,为提高录入速度使用复制文本,其特点是原位置的文本仍然存在,操作方法如下:

①将所需复制的文本选中,单击“开始”选项卡→“剪贴板”组→“复制”按钮,将鼠标定位到目标位置,再单击“开始”选项卡→“剪贴板”组→“粘贴”按钮即可。

②将所需复制的文本选中,按下复制快捷键 Ctrl+C,将鼠标定位到目标位置,按下粘贴快捷键 Ctrl+V 即可。

③选中所需复制的文本并右击,在弹出的快捷菜单中选择“复制”命令,将鼠标定位到目标位置并右击,在弹出的快捷菜单中选择“粘贴选项”,3 个选项分别是“保留源格式”“合并格式”及“只保留文本”,根据需求选择一项即可。

2) 移动文本

在编辑文档过程中,如果要将部分文本移动到其他位置,而原位置的文本消失,其操作方法如下:

①选中所需移动的文本,单击“开始”选项卡→“剪贴板”组 →“剪切”按钮,将鼠标定位到目标位置,再单击“开始”选项卡 →“剪贴板”组→“粘贴”按钮即可。

②将所需移动的文本选中,按下剪切快捷键 Ctrl+X,将鼠标定位到目标位置,按下粘贴快捷键 Ctrl+V 即可。

③选中所需剪切的文本并右击,在弹出的快捷菜单中选择“剪切”命令,将鼠标定位到目标位置并右击,在弹出的快捷菜单中选择一项“粘贴选项”即可。

④将所需移动的文本选中,将鼠标指针放在被选中的文本上,此时鼠标变成箭头,按下左键则鼠标箭头旁有条竖线,同时鼠标箭头的尾部出现一个虚线小方框,拖动所需剪切的文本到所需插入文本的位置,放开左键即完成文本的剪切。

3.3.3 文本的查找、替换及定位

查找是在文档中搜索特定的文本内容,替换是将搜索的特定文本内容替换成指定的文本内容,而定位则是快速定位到指定的页、节、书签、脚注以及尾注等。

1) 文本查找

文本查找的操作方法有两种:

①单击“开始”选项卡→“编辑”组→“查找”按钮,打开“导航”任务窗格,在“搜索文档”区域输入所需查找的文本,则文档中查找到的相同文本显示,如图 3.11 所示。

②按查找快捷键 Ctrl+F,打开“导航”任务窗口,后续操作都相同。

2) 文本替换

文本替换的两种方法如下:

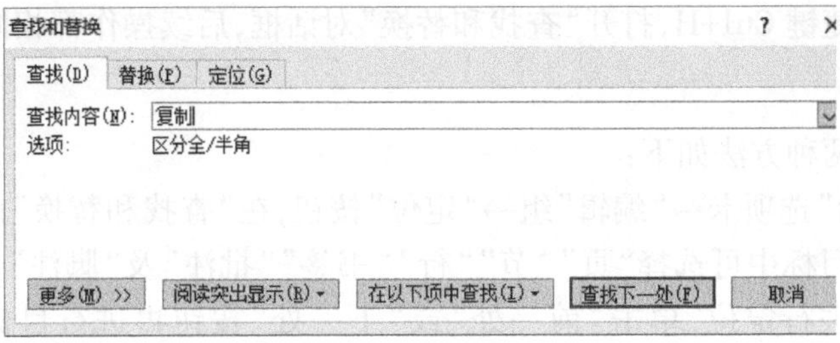

图 3.11　查找文本

①单击“开始”选项卡→“编辑”组→“替换”按钮，在“查找和替换”对话框中选择“替换”选项卡，在该选项卡的“查找内容”栏中输入所需查找的文本内容，如图 3.12 所示。在“替换”栏中输入所需替换的文本内容，如“红客”，若所需替换文本内容有相应格式设置则单击“更多”，在对话框中进行相应格式的设置，如图 3.13 所示。最后，根据需要单击“替换”或“全部替换”按钮。“替换”是逐一地替换，而“全部替换”则是全部替换，并提示所替换的结果，单击“确定”按钮即可。

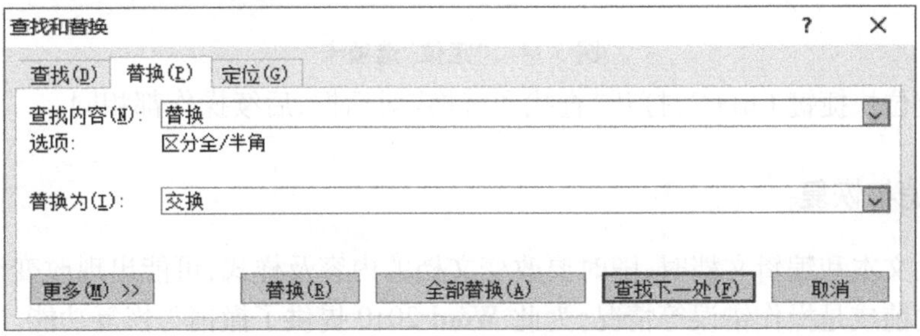

图 3.12　“替换”选项

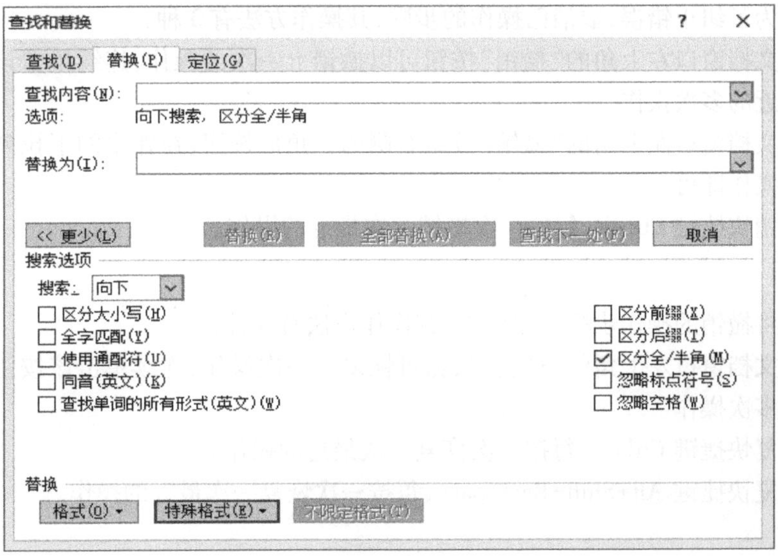

图 3.13　“替换”选项的高级设置

②按替换快捷键 Ctrl+H,打开“查找和替换”对话框,后续操作都相同。

3) 文本定位

文本定位的两种方法如下:

①单击“开始”选项卡→“编辑”组→“定位”按钮,在“查找和替换”对话框中选择“定位”选项卡,定位目标中可选择“页”“节”“行”“书签”“批注”及“脚注”,并可以手动输入相应的定位目标进行定位,单击“前一处”或“下一处”按钮再进行目标定位,如图 3.14 所示。

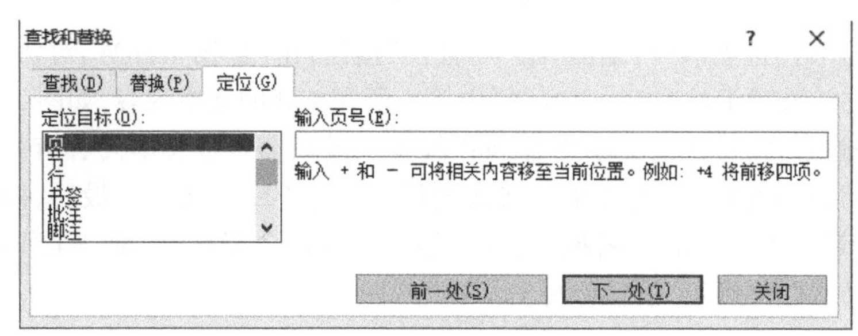

图 3.14 “定位”选项卡

②按定位快捷键 Ctrl+G,打开“查找和替换”对话框,后续操作都相同。

3.3.4 撤销与恢复

在录入文本和编辑文档时,随时要改变文档的内容及样式,可能出现改变后发现效果不如改变之前或是操作错误等情况,为此 Word 2010 提供了撤销与恢复功能。

1) 撤销

撤销是为了纠正错误,取消已操作的步骤,其操作方法有 3 种:

①单击文档窗口左上角的“撤销”按钮可以撤销上一次的操作,连续单击该按钮可以逐步撤销最近的多次操作。

②单击文档窗口左上角的“撤销”按钮右侧的三角形按钮,在弹出的下拉列表中选择所需撤销的操作即可。

③按撤销快捷键 Ctrl+Z,每按一次撤销一次最近的操作。

2) 恢复

恢复是将撤销的操作步骤还原回来,其操作方法有 3 种:

①单击文档窗口左上角的“恢复”按钮可恢复上一次操作,连续单击该按钮可以逐步恢复最近的多次操作。

②按恢复快捷键 Ctrl+Y,每按一次恢复一次最近的操作。

③按恢复快捷键 Alt+Shift+Backspace,每按一次恢复一次最近的操作。

3.4　文档的基本排版技术

3.4.1　文档的编辑与排版

1）字体设置

Word 2010 中设置文本格式主要包括字体、字号、大小写、粗体、斜线、下画线、上标、下标、字符间距以及字体颜色等。

(1)设置字体和字号

设置文本字体和字号的操作步骤如下：

①首先在文档中选中所需设置的文本内容。

②单击“开始”选项卡→“字体”组→“字体”下拉列表框右侧的三角形按钮。

③在弹出的下拉列表中选择所需的字体，如图 3.15 所示。

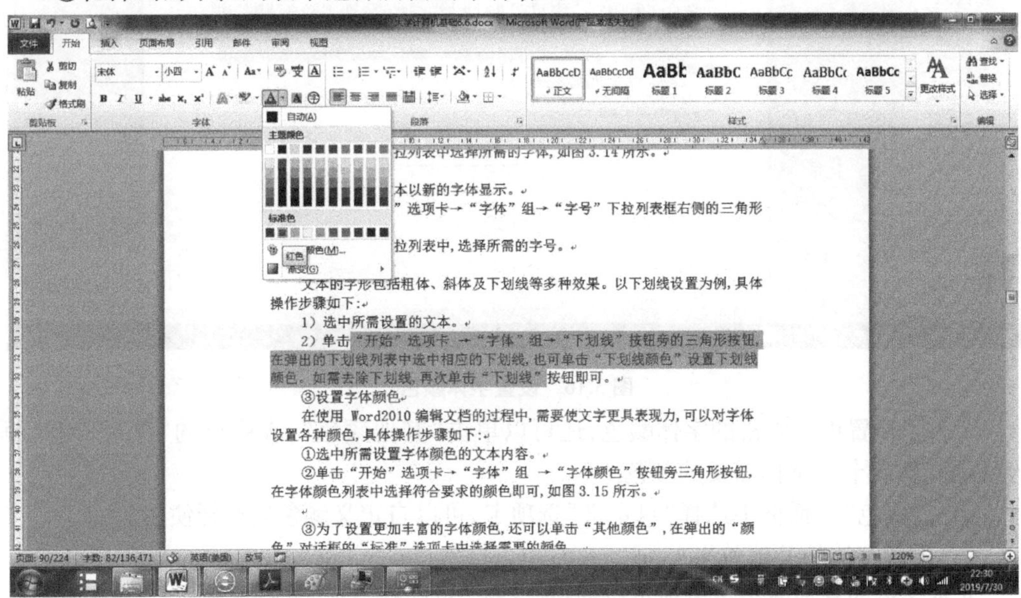

图 3.15　设置字体

④被选中的文本以新的字体显示。

⑤单击“开始”选项卡→“字体”组→“字号”下拉列表框右侧的三角形按钮。

⑥在弹出的下拉列表中，选择所需的字号。

(2)设置字形

文本的字形包括粗体、斜体及下画线等多种效果。以下画线设置为例，具体操作步骤如下：

①选中所需设置的文本。

②单击“开始”选项卡 →“字体”组→“下画线”按钮旁的三角形按钮，在弹出的下画

线列表中选中相应的下画线，也可单击“下画线颜色”设置下画线颜色。如需去除下画线，再次单击“下画线”按钮即可。

(3)设置字体颜色

在使用 Word 2010 编辑文档的过程中，需要使文字更具表现力，可以对字体设置各种颜色，具体操作步骤如下：

①选中所需设置字体颜色的文本内容。

②单击“开始”选项卡→“字体”组 →“字体颜色”按钮旁的三角形按钮，在字体颜色列表中选择符合要求的颜色即可，如图 3.16 所示。

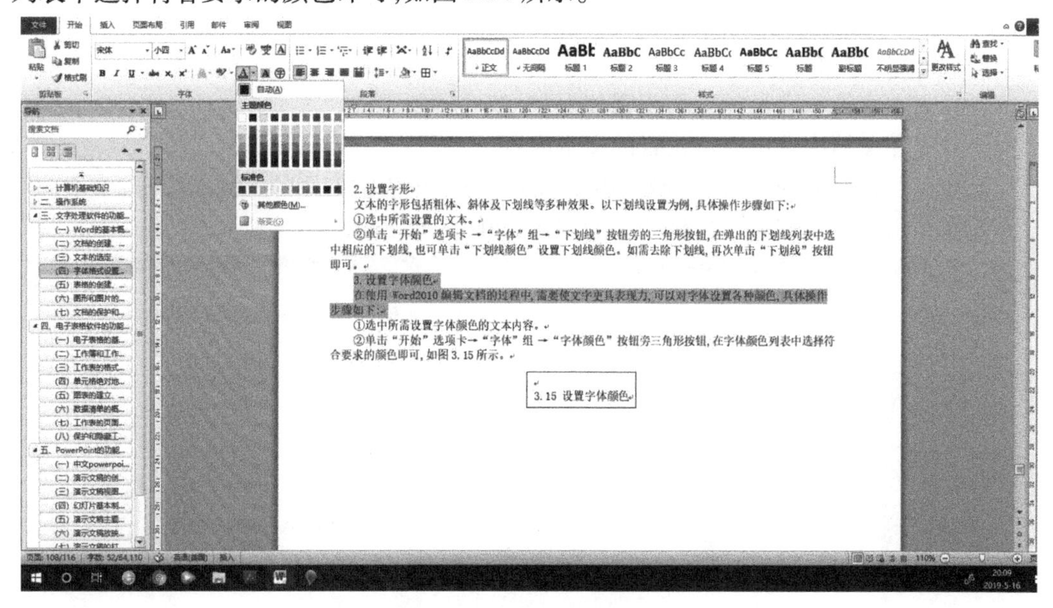

图 3.16　设置字体颜色

③为了设置更加丰富的字体颜色，还可以单击“其他颜色”，在弹出的“颜色”对话框的“标准”选项卡中选择需要的颜色。

④在“颜色”对话框中选择“自定义”选项卡，可以自定义颜色后选择使用。

(4)设置字体的其他效果

文本字体的其他效果设置还可以通过“字体”对话框完成，其具体操作步骤如下：

①选中所需设置的文本内容，右击，在弹出的快捷菜单中选择“字体”命令，打开“字体”对话框。或是单击“开始”选项卡→“字体”组的对话框启动器，打开“字体”对话框。

②在“字体”对话框中除了可以设置字体、字号、颜色、下画线等以外，还可以设置上标、下标等多种效果，并且可以通过预览窗口提前浏览设置效果。

(5)设置字符间距

选中所需设置的文本内容，单击“开始”选项卡→“字体”组的对话框启动按钮，打开“字体”对话框，单击“高级”选项卡，如图 3.17 所示。

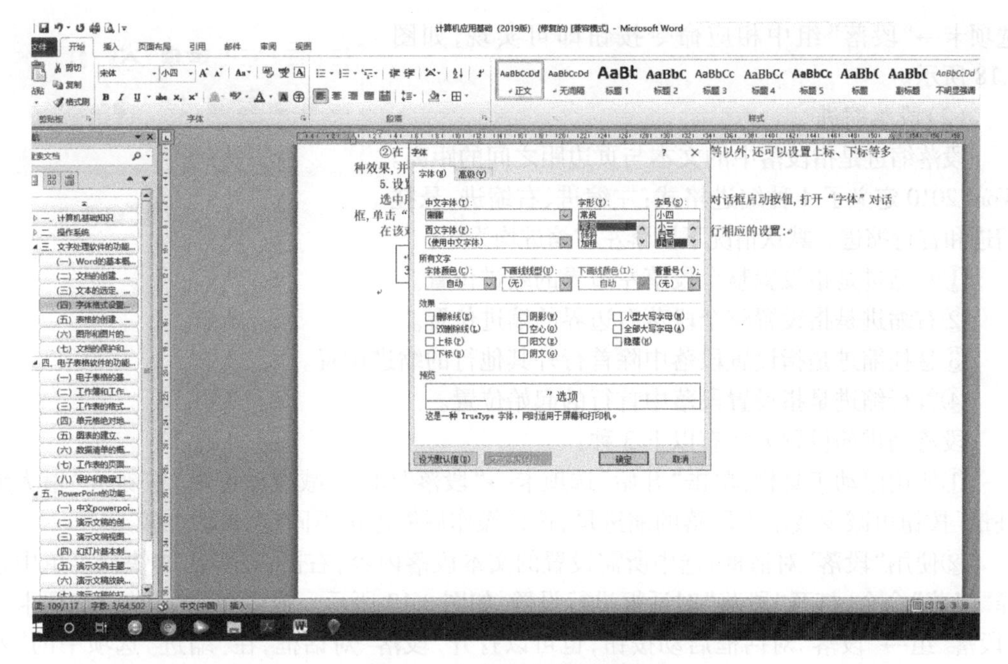

图 3.17　“字体”设置对话框

在该对话框中的“字符间距”选项区包括多个选项，根据需要进行相应的设置：

①在“缩放”下拉列表中有 200%、150%、100%、90% 等多种字符间距缩放比例选项，用于对文本进行放大与缩小，选择相应选项即完成缩放设置。

②在“间距”下拉列表中有“标准”“加宽”及“紧缩”3 种间距可供选择，另外，还可以根据需要在右边的“磅值”文本框中输入合适的字符间距。

③在“位置”下拉列表中有“标准”“提升”及“降低”3 种选项，选择相应选项后并在右边的“磅值”文本框中输入合适的数值即设定选中文本内容的位置。

④“为字体调整字间距”复选框用于调整文本和字母组合间的距离，使文本更加美观。

⑤勾选“如果定义了文档网格，则对齐到网格”复选框，Word 2010 将自动设置每行的字符数，使其与“页面设置”对话框中设置的字符数一致。

2）段落设置

Word 2010 文档中，段落是指一个或多个连续主题的句子。段落是以段落符号作为结束标记的一段文本，用于标记段落结束的段落标记符是不可以打印的字符。段落格式设置主要有段落缩进、对齐方式、间距、分页及换行等操作。

段落的排版命令适用于整个段落或几个段落，在设置段落之前需选中相应段落文档内容。

（1）段落对齐

段落对齐是指段落文本的对齐方式。在 Word 2010 中的段落对齐方式有文本左对齐、居中对齐、文本右对齐、两端对齐及分散对齐 5 种，默认的对齐方式为两端对齐。

设置段落对齐方式的方法如下：选中所需设置的文本段落内容，单击“开始”

选项卡→“段落”组中相应命令按钮即可实现，如图3.18所示。

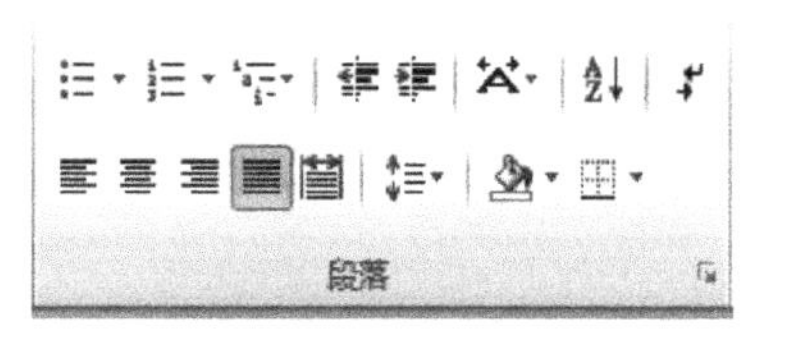

图 3.18 “段落”组件

（2）段落缩进

段落缩进是指段落中的文本与页边距之间的距离。Word 2010 定义了 4 种缩进格式：左缩进、右缩进、悬挂缩进和首行缩进。默认情况下段落左右缩进均为零。

①左缩进是指设置整个段落左边界的缩进位置。

②右缩进是指设置整个段落右边界的缩进位置。

③悬挂缩进是指设置段落中除首行外其他行的缩进位置。

④首行缩进是指设置段落中首行的起始位置。

段落缩进的设置方法有以下 3 种：

①使用浮动工具栏：单击“开始”选项卡→“段落”组→“减少缩进量”按钮或“增大缩进量”按钮可减少或增大段落的缩进量，这样操作后缩进量不固定，灵活性较差。

②使用“段落”对话框：选中所需设置的文本段落内容，右击，在弹出的快捷菜单中选择“段落”命令，打开“段落”对话框进行设置，如图3.19所示。或者单击“开始”选项卡→“段落”组→“段落”对话框启动按钮，也可以打开“段落”对话框，在“缩进”选项中的“左侧”文本框中输入左缩进数值，则所选段落从左边缩进；同理在“右侧”文本框中输入右缩进数值，则所选段落从右缩进。在“特殊格式”下拉列表中可以选择“无”“首行缩进”或“悬挂缩进”选项，在“预览”文本框中可预览设置效果。单击“确定”按钮即可完成设置，单击“取消”按钮即可取消本次操作。

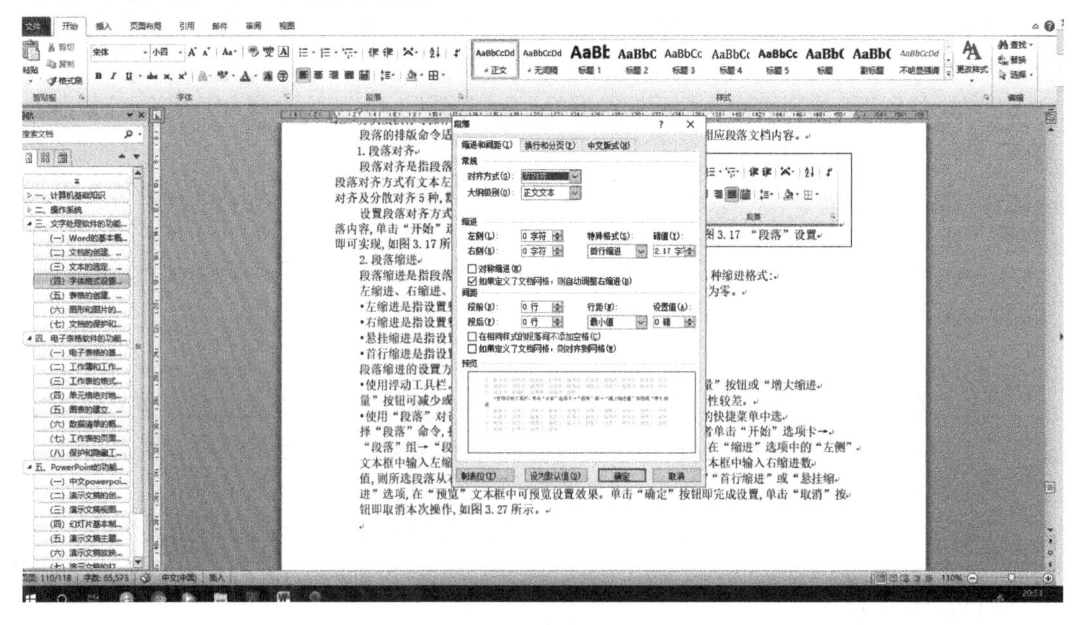

图 3.19 “段落”设置

③使用“页面布局”选项卡：选中所需设置的段落，在“页面布局”选项卡→“段落”组→“缩进”选项下的“左”输入栏中填写缩进数值即为左缩进；同理在“缩进”选项下的

“右”输入栏中填写缩进数值即为右缩进。

(3)段落间距

段落间距是指设置段落文本的行距与间距。

①行距:指段落中各行文本内容之间的垂直距离。而行距的最小值则是行距所能容纳本行中最大字体或图形的最小行距。Word 2010 默认的行距是单倍行间距,也可根据需要进行设置。

设置行距的操作步骤是:单击“页面布局”选项卡→“段落”组→“段落”对话框启动按钮,在“段落”对话框的“行距”下拉列表中选择相应选项,当选择“最小值”或“固定值”时,还可以手动设置磅值,如图 3.20 所示。也可以在“开始”选项卡的“段落”组中单击“行和段落间距”按钮,在下拉菜单中可以快速选择行距,如图 3.21 所示。

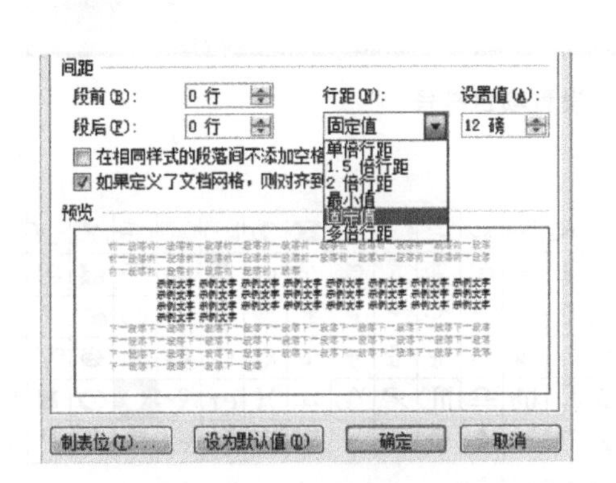

图 3.20 设置行距

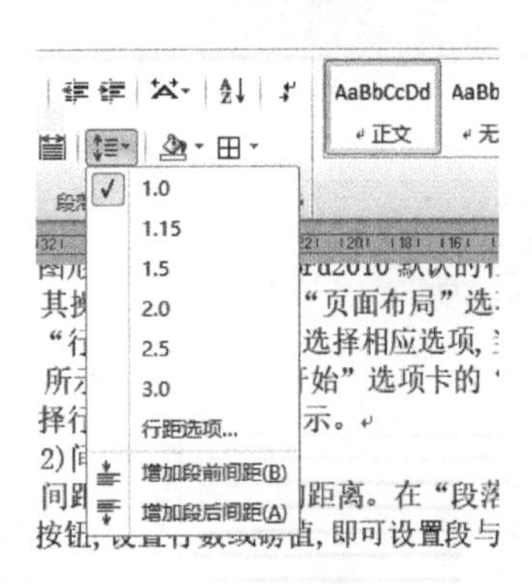

图 3.21 快速选择行距

②间距:指段前段后的距离。在“段落”对话框中,单击“段前”和“段后”文本框后的调整按钮,设置行数或磅值,即可设置段与段之间的前后距离。

3)项目符号与编号

使用项目符号和编号可以合理组织文档并列的项目或者顺序的内容进行编号,从而使得文档内容的层次结构更清楚。Word 2010 不但提供了标准的项目符号和编号,而且允许自定义项目符号和编号。

(1)设置项目符号

设置项目符号的操作步骤如下:

①选择所需添加项目符号的段落,单击“开始”选项卡→“段落”组→“项目符号”按钮右侧的三角形按钮,打开“项目符号库”对话框。

②选择其中一种即可添加项目符号,如图 3.22 所示。

(2)定义新项目符号

定义新项目符号的操作步骤如下:

①在“项目符号库”对话框中选择“定义新项目符号”选项,弹出“定义新项目符号”对话框,如图 3.23 所示。

②在“定义新项目符号”对话框的“项目符号字符”选项区中单击“符号”按钮,在弹出的“符号”对话框中选择所需的符号,如图 3.24 所示。

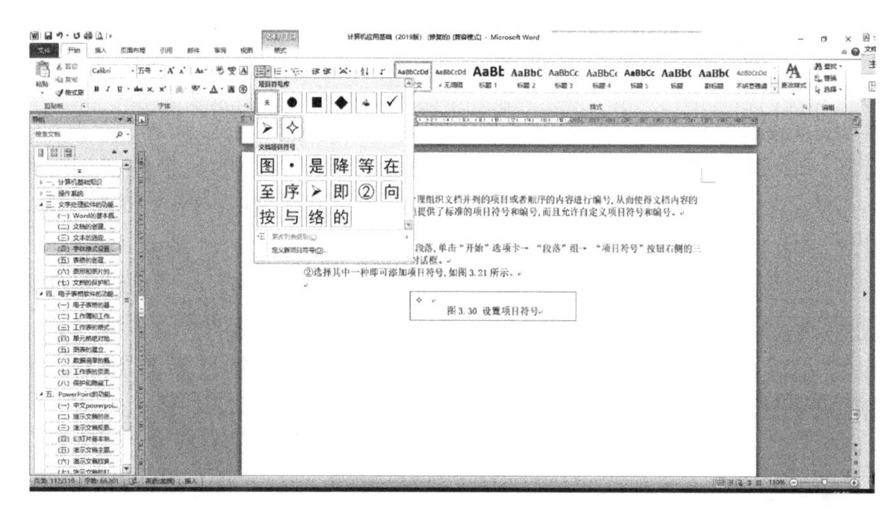

图 3.22　设置项目符号

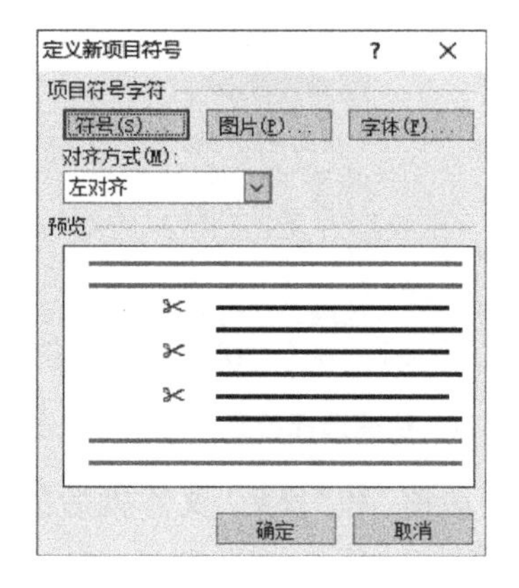

图 3.23　“定义新项目符号”对话框

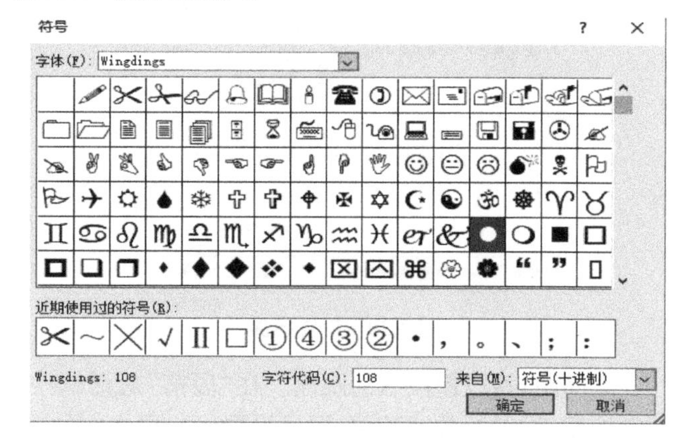

图 3.24　“符号”对话框

另外，也可以单击“图片”按钮，在弹出的“图片项目符号”对话框中选择所需的图片作为项目符号，如图3.25所示。

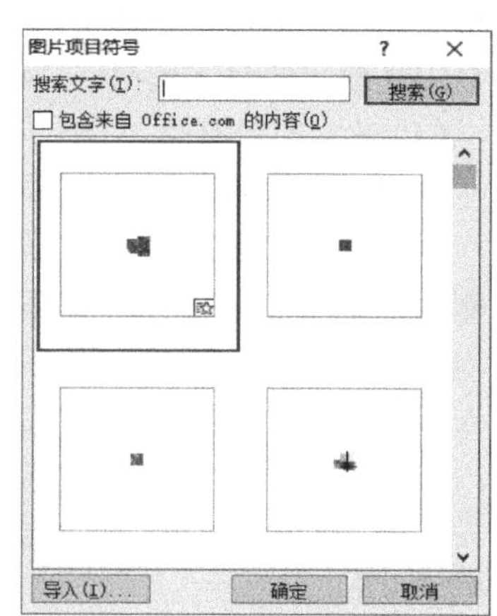

图 3.25　“图片项目符号”对话框

③单击“字体”按钮，弹出“字体”对话框，再设置项目符号中的字体格式，设置完成后，单击“确定”按钮，即为所选段落文本自定义了项目符号。

(3)设置编号

设置编号的操作步骤是：选中所需添加编号的段落，单击“开始”选项卡→“段落”组→“编号”按钮右侧的三角形按钮，打开“编号库”对话框，选择其中一种即可添加编号。

如果在编号库中找不到需要的编号，可根据需要自定义编号，选择列表中的“定义新编号格式”选项进行设置。

4）样式设置

从某种程度上讲，文档的样式与格式就是文档外观，使用样式不但可以快速设置文档的格式，还可以根据需要修改样式并调整整个文档的格式，方便快捷。

（1）使用已有样式和格式

在 Word 2010 中选择已有样式的具体操作步骤如下：

①选中所需设置的文本内容，或将光标定位在所需使用样式的段落。

②在“开始”选项卡→“样式”组中选择其中一种快速样式即可，如图 3.26 所示。

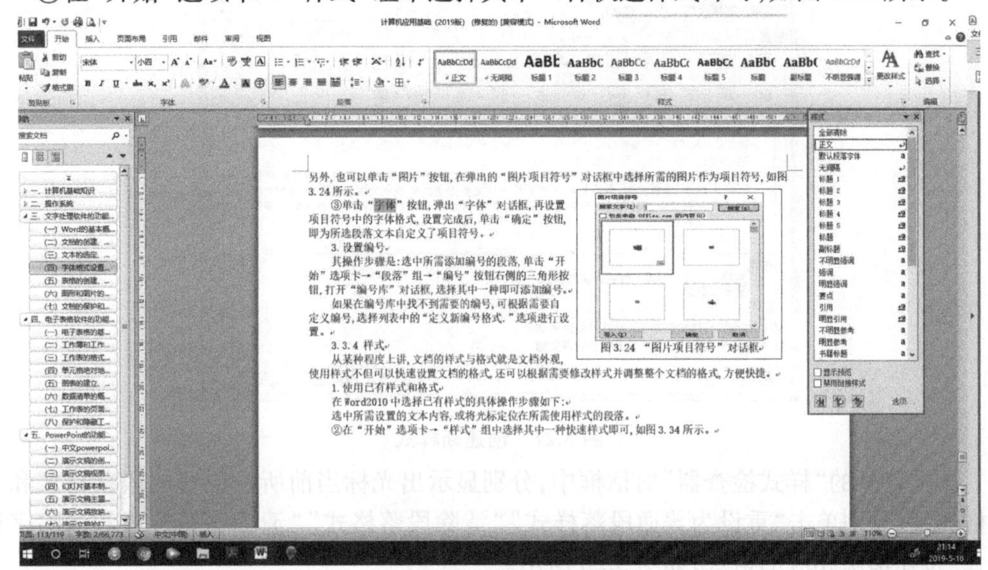

图 3.26　选择已有的样式

如果快速样式中无所需的样式，则单击“开始”选项卡→“样式”组→“样式”对话框启动按钮，打开“样式”对话框，在列表中选择所需样式即可。

（2）新建样式

Word 2010 自带的样式未必能完全适应个性化文档设置的需要，可以自己建立一套相对完善的样式来规范文档。

建立新样式的操作步骤如下：

①选中需要设置格式的文档内容，单击“开始”选项卡→“样式”组→“样式”对话框启动按钮，弹出“样式”对话框，在该对话框中单击“新建样式”按钮。

②打开“根据格式设置创建新样式”对话框，在“名称”文本框中输入新建样式的名称，如图 3.27 所示。

③在“样式基准”下拉列表框中设置该新建样式以哪一种样式为基准；在“后续段落样式”下拉列表框中设置该新建样式的后续段落样式；若选中“自动更新”复选框，那么当重新设定文档中使用某种样式的段落或文本时，Word 2010 也会更改该样式的格式，通常不选这个选项。最后单击“确定”按钮完成设置。

（3）清除样式

Word 2010 的“样式检查器”可显示和清除文档中应用的样式和格式。“样式检查器”

将段落格式和文本格式分开显示,可根据需要分别清除段落格式和文本格式,具体操作步骤如下:

①打开 Word 2010 文档窗口,单击“开始”选项卡→“样式”组→“样式”对话框启动按钮,打开“样式”对话框,然后在“样式”对话框中单击“样式检查器”按钮,如图 3.27 所示。

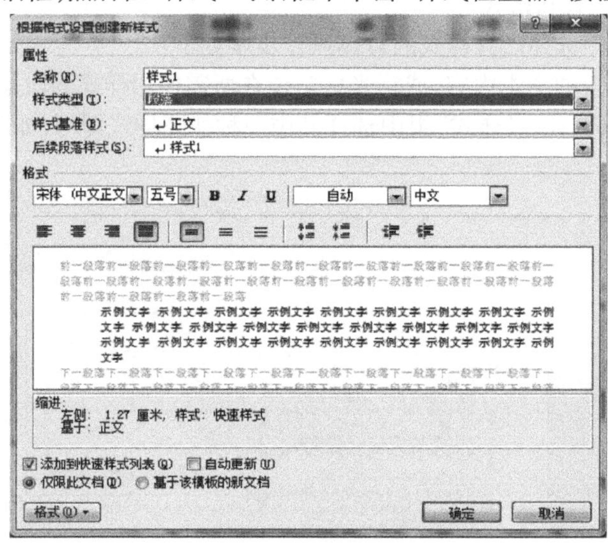

图 3.27　创建新样式

②在打开的“样式检查器”对话框中,分别显示出光标当前所在位置的段落格式和文本格式,可分别单击“重设为普通段落样式”“清除段落格式”“清除字符样式和清除字符格式”按钮清除相应的格式,如图 3.28 所示。

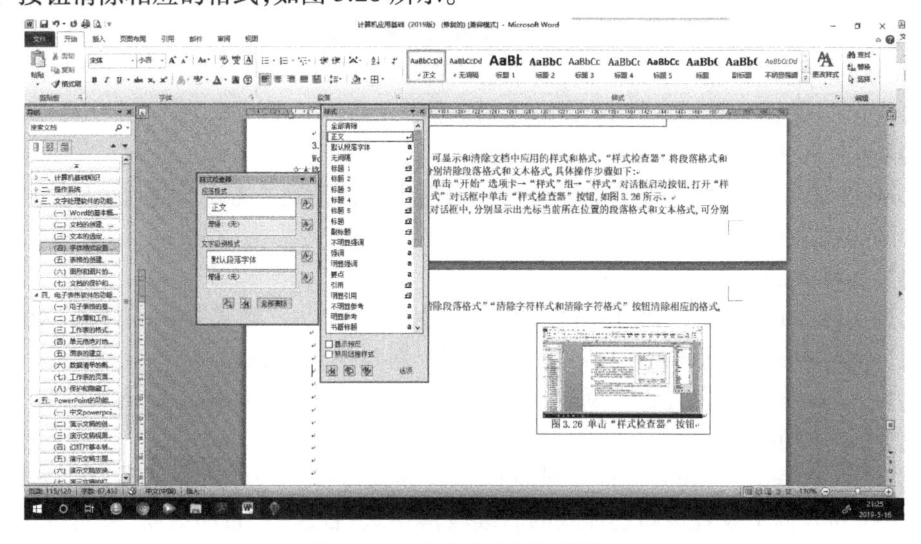

图 3.28　“样式检查器”对话框

5)设置特殊格式

Word 2010 添加了新的格式设置功能,它可以为文本添加声调符号的拼音,为文本添加圈号，可以将普通文本设置为带艺术性效果的文本等。

（1）拼音指南

拼音指南可以为文本添加有声调符号的拼音。选中需要添加有声调符号的文本，然后单击“开始”选项卡下“字体”组的按钮，打开“拼音指南”对话框，如图 3.29 所示。在对话框中设置好对齐方式、字体、偏移量、字号后，单击“确定”按钮即可添加，效果如图 3.30所示。

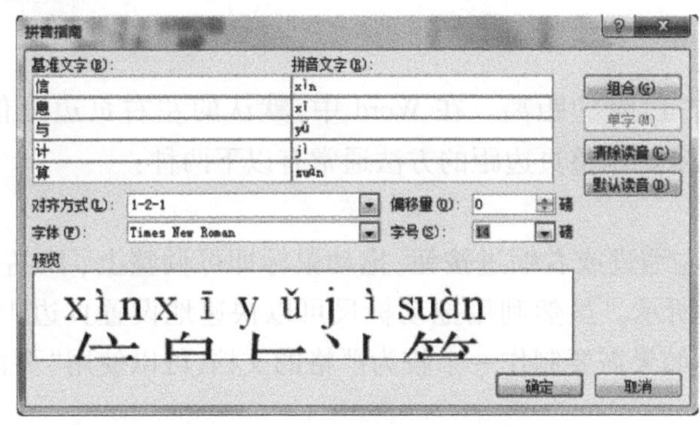

图 3.29　“拼音指南”对话框

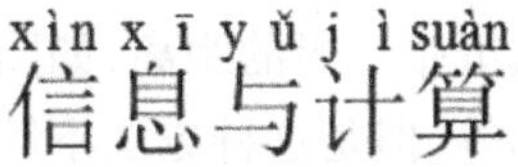

xìn xī yǔ jì suàn
信息与计算

图 3.30　为文字添加拼音后的效果

（2）带圈字符

在编辑文档时，可以为文字添加很多形状的外框：如圆形、三角形、正方形和菱形，这样可以起到强调、突出文字的作用。

选中需要添加带圈字符的文本，然后单击“开始”选项卡下“字体”组的按钮，弹出“带圈字符”对话框，如图 3.31 所示。在对话框中依次设置样式、文字、圈号，单击“确定”按钮即可添加，添加成功后的效果如图 3.32 所示。

（3）文本效果

在 Word 2003 中，通常是通过添加艺术字效果来设置文档的艺术效果，在 Word 2010 中新增添了文本效果功能，这个功能可以快速将普通文档变为带有艺术效果的文档。

选中需要添加文本效果的文本，单击“开始”选项卡下“字体”组的按钮，打开下拉菜单，如图 3.32 所示。从中选择要添加的艺术效果即可，效果如图 3.33 所示。

图 3.31　“带圈字符”对话框

信息与计算

图 3.32　为文字添加菱形框后的效果

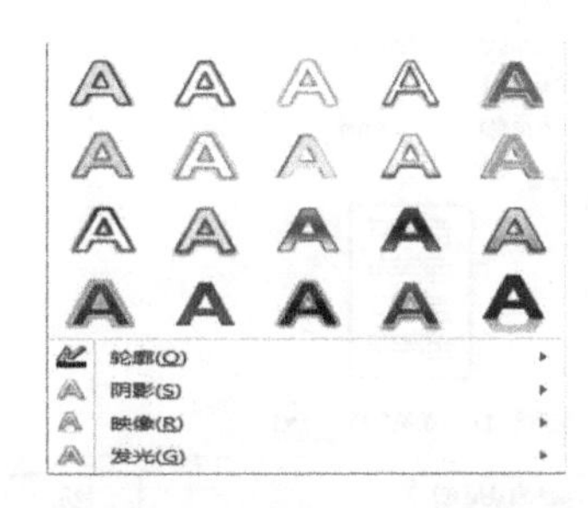

图 3.33　“文本效果”下拉菜单

3.4.2 页面格式化

字符格式化和段落格式化只能美化文档的局部，而美化文档外观的一个非常重要的因素是它的页面格式的设置，它是影响文档外观效果的重要因素之一。页面格式设置包括页边距、纸张大小及方向等。通过页面格式化的设置，能够排出清晰、美观的版面。

1）设置页边距

页边距指文字与纸张上下左右边缘的距离。在 Word 中，默认的左右页边距值为 3.17 厘米，上下页边距值为 2.54 厘米。调整页边距的方法通常有以下两种：

（1）利用标尺调整

在“页面视图”下，将鼠标指向左缩进或右缩进按钮，拖动鼠标即可调整上、下、左、右文字与纸张边界的距离，如图 3.34 所示。虽然利用拖动标尺可以快速地设置页边距、版面大小等，但是这种方法不够精确，如果需要制作一个较为严格的文档，可以使用“页面设置”对话框来进行精确的设置。

（2）利用“页面设置”对话框设置

单击“文件”→“打印”→“页面设置”命令，弹出“页面设置”对话框，如图 3.34 所示。在“页边距”栏目的上、下、左、右文本框中输入要设置的边界值即可。

2）设置纸张大小及方向

（1）纸张的大小

单击“文件”→“打印”→“页面设置”命令，弹出“页面设置”对话框。单击“纸张”选项卡，选择纸张大小文本框中的纸张大小，如 A2、A3、A4 等即可，如图 3.35 所示。

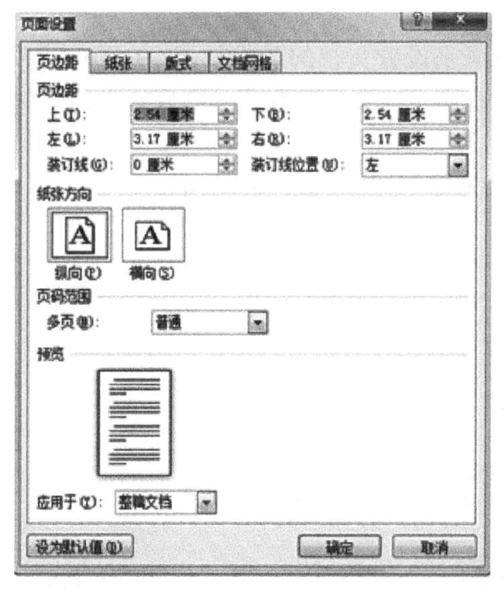

图 3.34 “页面设置”对话框

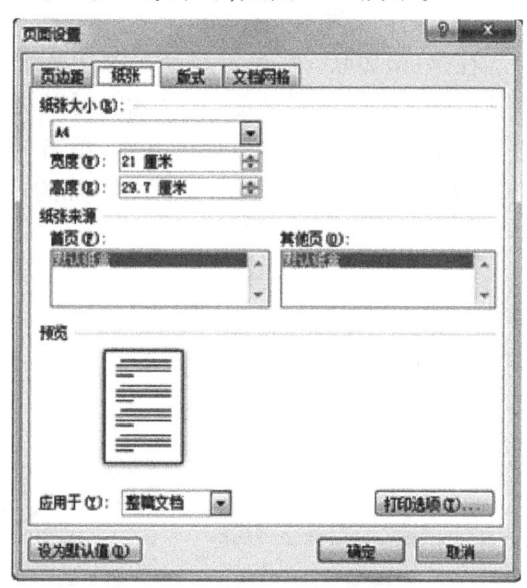

图 3.35 “页面设置”中纸张大小的设置

(2)纸张的方向

单击“文件”→“打印”→“页面设置”命令,弹出“页面设置”对话框,如图 3.35 所示。在纸张“方向”中选择“纵向”或“横向”,或在“页面布局”选项卡下通过“纸张方向”命令确定纸张的方向。

3.4.3　其他设置

1)页眉和页脚

(1)设置页眉和页脚

页眉是指页面上边界与纸张边缘之间的区域,页脚是指页面下边界与纸张边缘之间的距离。页眉在页面的顶部,页脚在页面的底部。页眉和页脚通常用来显示文档的附加信息,常用来插入时间、日期、页码信息、单位名称、图形符号等。页眉和页脚的内容不是随文档的内容输入的,而是通过专门的 Word 命令进行设置的。Word 2010 提供了丰富的页眉样式库,用户可以选择适合自己的页眉、页脚样式,快速制作出精美的页眉和页脚。

①单击“插入”→“页眉”或“页脚”命令,弹出对应的页眉、页脚下拉菜单,从中选择合适的页眉、页脚样式。

②将光标放在页眉、页脚编辑区,输入内容或选择页眉、页脚提供的其他页眉、页脚样式(如传统型、瓷砖型、堆积型、飞越型、反差型等)。

③输入或选择完毕后,单击“插入”选项卡右边的“关闭”按钮,返回文档区。

(2)编辑页眉和页脚

当用户添加了页眉、页脚后,功能区将显示“页眉页脚工具”,并且在下方显示了“设计”选项卡,用户可以使用“设计”选项卡中的工具来编辑页眉和页脚。

(3)创建“奇偶页不同”和“首页不同”的页眉和页脚

①创建“奇偶页不同”的页眉、页脚:在页眉、页脚编辑状态下,选中“页眉页脚工具”→“选项”功能组中的“奇偶页不同”复选框,并在“导航”功能组中单击“上一节”或“下一节”按钮,然后将鼠标移至文本区,在显示“奇数页页眉”或“偶数页的页眉和页脚”区域中,分别创建奇数页和偶数页的页眉、页脚。

②创建“首页不同”的页眉、页脚:在页眉、页脚编辑状态下,选中“页眉页脚工具”→“选项”功能组中的“首页不同”复选框,并在“导航”功能组中单击“上一节”或“下一节”按钮,然后分别在首页和正文页眉和页脚编辑区设置样式。

2)插入页码

插入页码可以实现当前文档的所有页面自动添加页码,而不必在每一页上手动添加页码。插入页码的方法如下:

①单击“插入”→“页码”按钮,弹出插入页码下拉菜单,如图 3.36 所示。

②在下拉菜单中,指定页码位置(顶端、底端、页边距、当前位置或者设置新的页码格式)。

③设置页码格式,单击"设置页码格式"命令,打开"页码格式"对话框,如图 3.37 所示。选择所需的页码格式,单击"确定"按钮即可为文本添加页码。

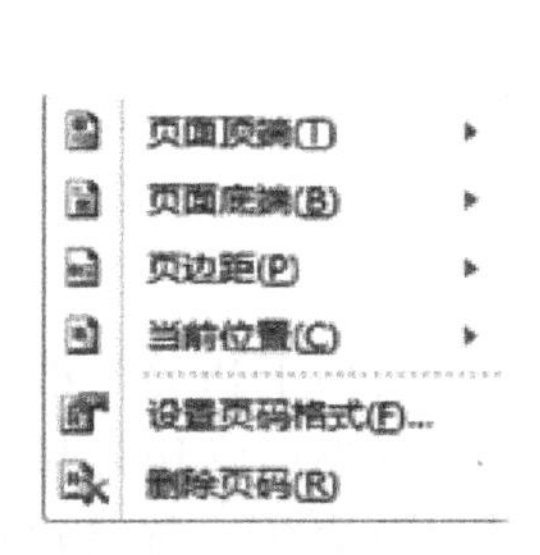

图 3.36 插入页码下拉菜单

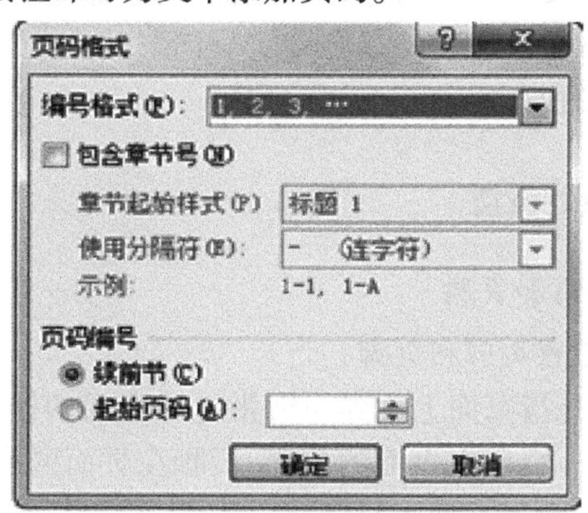

图 3.37 "页码格式"对话框

3)首字下沉

在杂志或一些小说中,我们经常看到有时候为了区分或强调,段落的第一行第一个字的字体变大,并进行了下沉或悬挂设置,以凸显段落或整篇文档的开始位置,这种格式称为首字下沉。Word 提供了首字下沉的功能。

操作步骤如下:

①打开文档窗口,将插入点光标定位到需要设置首字下沉的段落中,然后单击"插入"选项卡下"文本"功能组的"首字下沉"按钮,弹出下拉菜单,如图 3.38 所示。单击下拉菜单的"首字下沉选项(D)…",弹出"首次下沉"对话框。

②在"首字下沉"对话框中单击"下沉"选项,如图 3.39 所示,设置首字下沉效果,可设置下沉文字的字体或下沉行数等,完成后单击"确定"按钮,效果如图 3.40 所示。

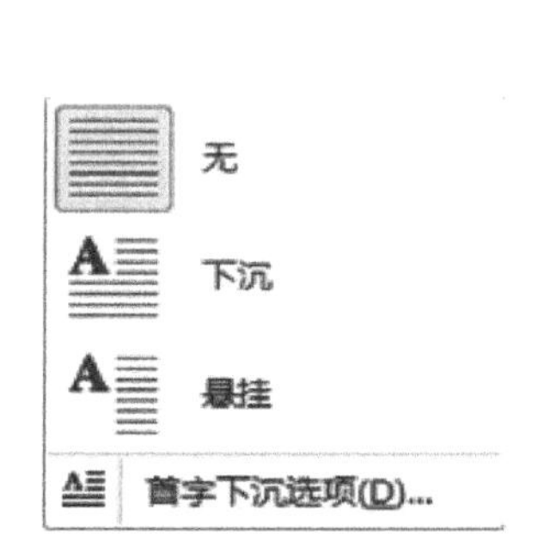

图 3.38 "首字下沉"下拉菜单

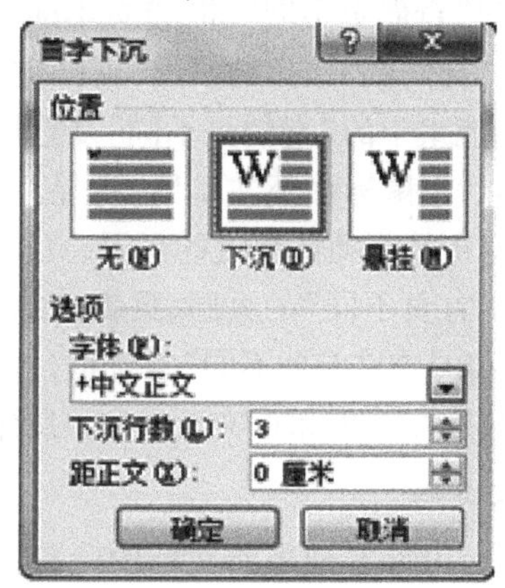

图 3.39 选择"首字下沉"中的下沉样式

③选择"悬挂"选项,可以设置悬挂的行数等。完成设置后单击"确定"按钮即可。

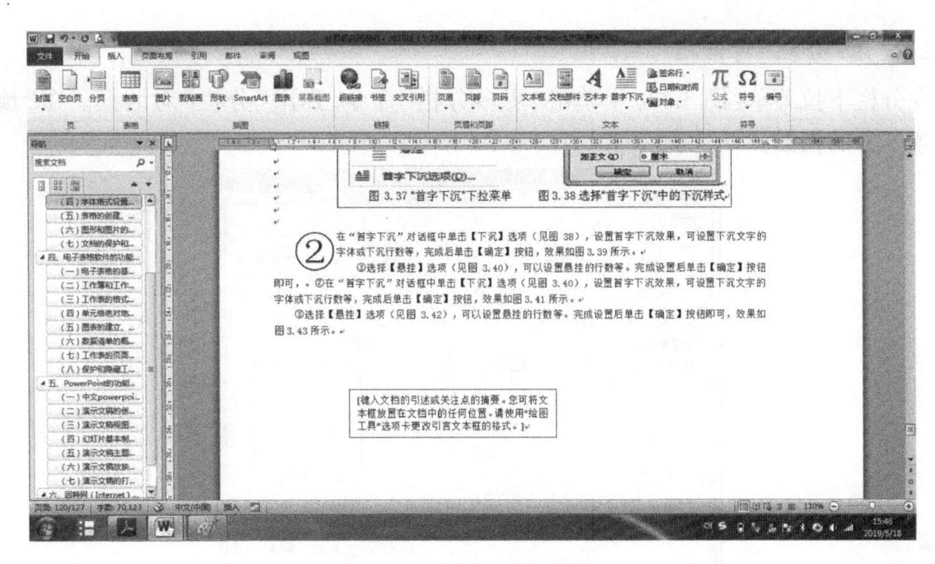

图 3.40 首字下沉后的效果

3.4.4 分栏

分栏是将 Word 默认的一栏分为成两栏或多栏，通过分栏使版面具有多样性和可读性，是编辑文档的一个基本方法。在 Word 2010 中，分栏的方法分为简单分栏和使用"分栏"对话框分栏两种。

1）简单分栏

选中要分栏的段落，单击"页面布局"选项卡下的"分栏"按钮，弹出下拉菜单（图 3.41），从中选择相应的栏数即可分栏，效果如图 3.42 所示。

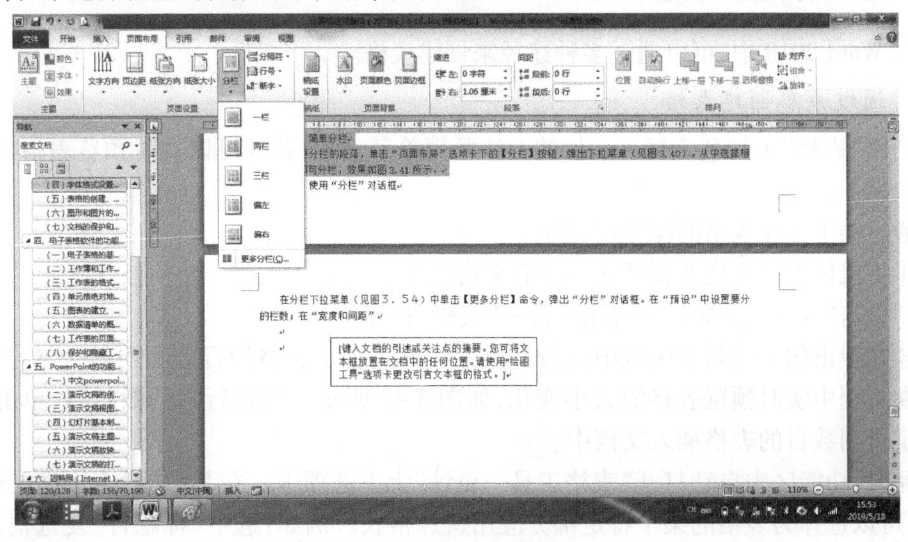

图 3.41 分栏下拉菜单

2)使用“分栏”对话框

在分栏下拉菜单(图3.42)中单击“更多分栏”命令,弹出“分栏”对话框。在“预设”中设置要分的栏数。

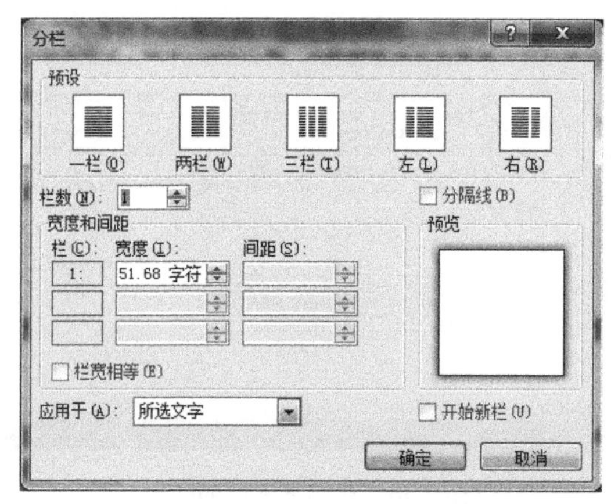

图3.42　分栏对话框

3.5　表格以及处理表格中数据的基本操作

作为文字处理软件,表格功能是必不可少的,在Word 2010中,不仅可以方便地制作表格,还可以通过套用表格样式、实时预览表格等功能,最大限度地简化表格的格式化操作。

3.5.1　在文档中插入表格

在Word 2010中,可以通过多种途径来创建表格。

1)通过菜单创建表格

利用“表格”下拉列表插入表格的方法既简单又直观,并且可以及时预览表格在文档中的效果。

通过菜单创建表格的操作步骤如下:

①将鼠标光标定位在要插入表格的文档位置。

②单击“插入”选项卡→“表格”组→“表格”按钮。

③在弹出的下拉列表区域中以滑动鼠标的方式指定表格的行数和列数。与此同时,可以在文档中实时预览表格的大小变化,如图3.43所示。确定行列的数目后,单击即可将指定行列数目的表格插入文档中。

此时,功能区中自动打开“表格工具—设计”上下选项卡。在其中的“表格样式选项”组中,可以选择为表格的某个特定部分应用特殊格式。例如:选中“标题行”复选框,则将表格的首行设置为特殊格式;单击“表格样式库”右侧的“其他”按钮,可以从打开的“表格样式库”列表中选择一种表格样式,便可以快速完成表格格式化。

图 3.43　插入并预览表格

2) 使用“插入表格”命令创建表格

通过“插入表格”命令创建表格时,可以在表格插入文档之前选择表格尺寸和格式,操作步骤如下:

①将鼠标光标定位在要插入表格的文档位置。

②单击“插入”选项卡→“表格”组→“表格”按钮。

③在弹出的下拉列表中,选择“插入表格”选项,打开如图3.44所示的“插入表格”对话框。

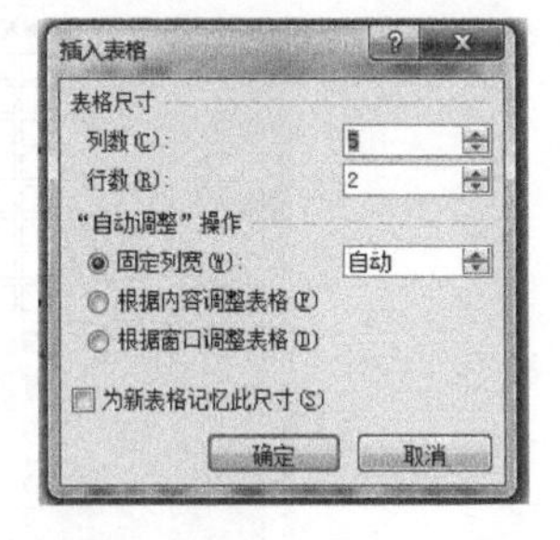

图 3.44　“插入表格”对话框

④在“表格尺寸”选项区域中分别指定表格的“列数”和“行数”。

⑤在“自动调整”操作区域中根据实际需要调整表格尺寸。如果选中了“为新表格记忆此尺寸”复选框,那么在下次打开“插入表格”对话框时,就会默认保持此次的表格设置。

⑥设置完毕后,单击“确定”按钮,即可将表格插入文档中。同样可以在“表格工具—设计”上下选项卡中进一步设置表格的外观和属性。

3) 手动绘制表格

如果要创建不规则的复杂表格,则可采用手动绘制表格的方法,此方法使创建表格更灵活。其操作步骤如下:

①将鼠标光标定位在要插入表格的文档位置。

②单击“插入”选项卡→“表格”组→“表格”按钮。

③在弹出的下拉列表中,选择“绘制表格”选项。

④此时,鼠标指针会变成铅笔状,在文档中拖动鼠标即可自由绘制表格。可以先绘制一个矩形以定义表格的外边界,然后在该矩形内根据实际需要绘制行线和列线。

说明：此时 Word 2010 会自动打开“表格工具—设计”上下选项卡，并且“绘图边框”选项组中的“绘制表格”按钮处于选中状态。

⑤如果要擦除某条线，可以单击“表格工具—设计”上下选项卡→“绘制边框”组→“擦除”按钮，此时鼠标指针会变为橡皮擦的形状，单击需要擦除的线条即可将其擦除。

⑥擦除线条后，再次单击“擦除”按钮，可退出擦除修改状态。这样，就可以继续在“设计”选项卡中设计表格样式。

4）插入快速表格

Word 2010 提供了一个“快速表格库”，其中包含一组预先设计好格式的表格供选择，以便迅速创建表格。“快速表格库”中的表格是作为构建基块存储在库中的表格，可以随时被访问和使用。其操作步骤如下：

①将鼠标光标定位在要插入表格的文档位置。

②单击“插入”选项卡→“表格”组→“表格”按钮。

③在弹出的下拉列表中，选择“快速表格”选项，打开系统内设置的“快速表格库”，其中以图示化的方式提供了许多不同的表格类型，如图 3.45 所示。单击选择其中一个样式，即可将该样式的表格快速插入文档中。

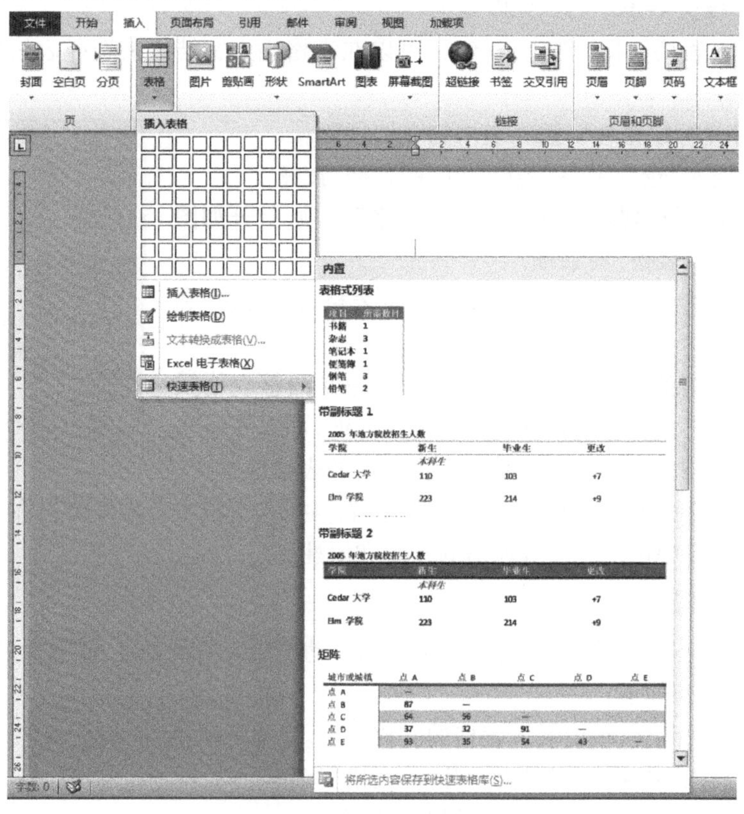

图 3.45 “快速表格库”页面

3.5.2　处理表格数据

Word 2010 中支持对表格数据的排序及运算等功能,用户可直接在 Word 文档中实现对表格的简单数据分析与处理。

1)表格数据排序

表格中数据排序的基本操作步骤如下:

①打开"排序"对话框:首先选择要排序的表格,然后执行"表格工具布局"选项卡→"数据"→"排序"命令,打开"排序"对话框。

②设置关键字:如果要排序的表格有标题行,则在打开的对话框中,首先设置列表为"有标题行",然后单击"主要关键字"右侧的下三角按钮,展开下拉列表,选择主要关键字及其排序方式,再设置次要关键字、第三关键字及其排序方式,单击"确定"按钮即可。

例如,要将学生成绩表,按照计算机成绩由低到高排列,则选择主要关键字为"计算机",排序方式为升序。如果要将学生成绩表,先按照总分成绩由低到高排列,再按照计算机成绩由低到高排列,则选择主要关键字为"总分",排序方式为升序;选择次要关键字为"计算机",排序方式为升序,单击"确定"按钮即可。"排序"对话框如图 3.47 所示。

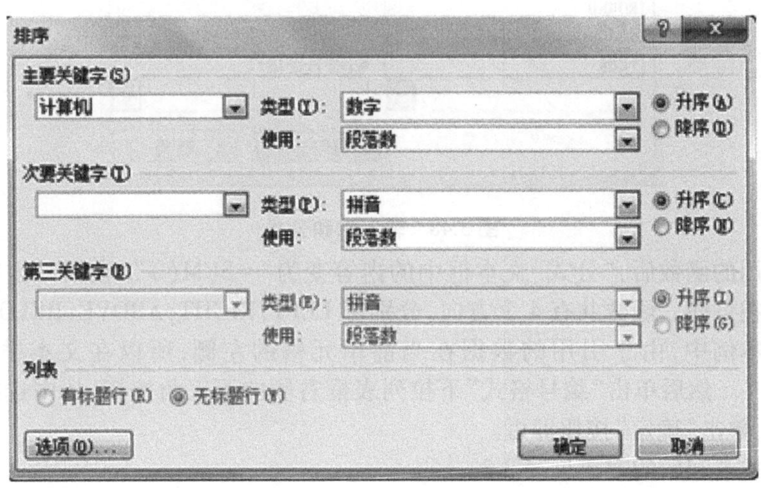

图 3.47　"排序"对话框

其中,表格的排序方式有升序和降序两种,升序为从小到大排列,降序为从大到小排列。

2)表格数据运算

Word 2010 为用户提供了对表格中的数据进行求和、求平均值、计数、条件函数等多种函数运算。下面将以计算表 3.2 所示学生成绩表中学生的总分为例,介绍表格中进行数据运算的方法。

表 3.2　学生成绩表

学 号	姓 名	计算机应用基础	专业英语	经济数学	总分
20190421001	梁晓周	79	75	93	
20190421002	李冰	87	56	66	
20190421003	何丽	94	89	62	
20190421004	刘航	74	89	92	
20190421005	李鹏达	87	85	90	
20190421006	唐倩	72	56	80	

①打开“公式”对话框:将光标定位到梁晓周的“总分”单元格,然后执行“表格工具布局”选项卡 →“数据”→“公式”命令,打开“公式”对话框。

②输入求和公式:在“公式”文本框中输入“=”,单击“粘贴函数”下拉列表框右侧的下三角按钮,展开下拉列表,选择求和函数 SUM,如图 3.48 所示。

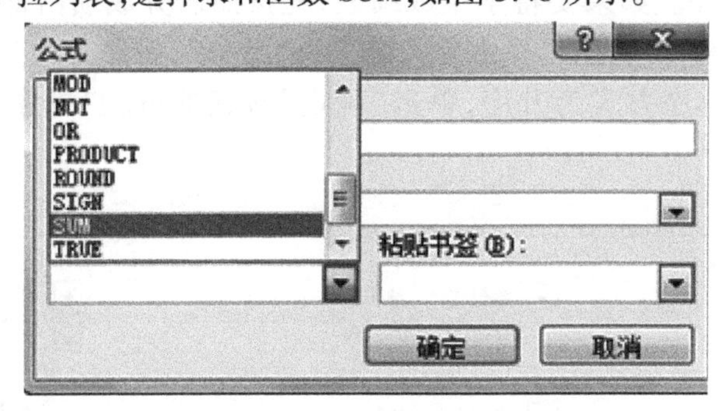

图 3.48　输入求和公式

选择使用的函数后,“公式”文本框中的内容变为“=SUM( )”,在括号内输入需要引用的数据所在方向。函数共有 4 个方向,分别用 LEFT,RIGHT,ABOVE,BELOW,代表左、右、上、下。本例中,由于引用的数据在当前单元格的左侧,所以在文本框中输入“=SUM(LEFT)”。然后单击“编号格式”下拉列表框右侧的下三角按钮,从中选择合适的数据编号格式,单击“确定”按钮即可。

使用公式求和后的效果见表 3.3。

表 3.3　学生成绩表

学 号	姓 名	计算机应用基础	专业英语	经济数学	总分
20190421001	梁晓周	79	80	90	249
20190421002	李冰	87	45	63	195
20190421003	何丽	89	76	77	242
20190421004	刘航	75	89	70	234
20190421005	李鹏达	67	69	90	226
20190421006	唐倩	87	87	54	228

3.6 图形和图片的基本操作

3.6.1 图文混排

通常为了美化文档或更好地传达作者的用意,用户需要在文档中插入各种图片、图形等。Word 2010 支持用户插入并设置各种图片、剪贴画、形状、SmartArt 图形、艺术字等功能,使得排版图文并茂的文档变得十分轻松。

1) 插入图片

在 Word 文档中,用户可以插入本地计算机中保存的图片,也可以插入 Word 组件自带的剪贴画。无论是插入本地图片还是剪贴画都是通过"插入"功能区实现的,具体方法如下:

(1) 插入本地图片

①将光标置于文档中要插入图片的位置,单击"插入"→"图片"命令,弹出"插入图片"对话框。

②"插入图片"对话框中,选择插入图片的路径和文件,单击"插入"按钮,如图 3.49 所示。

图 3.49 "插入图片"对话框

(2) 插入剪贴画

剪贴画是 Office 程序中自带的媒体文件,体积小、清晰度高,以矢量卡通图片为主。用户在插入时需要先对剪贴画进行搜索,具体步骤如下:

①将光标移动到文档中需要插入剪贴画的位置,单击"插入"→"剪贴画"命令,打开"剪贴画"任务窗格。

②在“剪贴画”任务窗格的“搜索文字”编辑框中，输入准备插入剪贴画的关键字，例如“人物”“运动”等，单击“搜索”按钮即可搜索出相应的剪贴画。单击图片即可完成剪贴画的插入，如图 3.50 所示。若在“搜索文字”编辑框中不输入任何内容，直接单击“搜索”按钮，则可搜索出所有的剪贴画。

图 3.50 插入“剪贴画”

2）编辑图片

单击已插入的图片，选择“图片工具格式”选项卡，其中包含“调整”“图片样式”“排列”“大小”4 个功能组，用于实现对图片的各种设置，如图 3.51 所示。

（1）调整图片大小

选择目标图片，单击“图片工具格式”选项卡，在“大小”功能组“形状高度”数值框中输入图片的高度值和宽度值，即可调整图片的大小。

图 3.51 “图片工具格式”选项卡

（2）剪裁图片

Word 文档中有时需要对插入的图片进行剪裁，Word 2010 程序提供了“利用控制柄剪裁图片”“按比例剪裁图片”“将图片剪裁为不同形状”3 种剪裁方式。每种方式的具体操作如下：

①利用控制柄剪裁图片：选择要剪裁的图片，在“图片工具格式”选项卡中，单击“剪裁”按钮，此时图片上出现剪裁控制柄。选择任意控制柄按住鼠标左键拖动，即可实现对图片的剪裁。

②按比例剪裁图片：选中待剪裁的图片，单击“图片工具格式”选项卡→“剪裁”按钮的下三角按钮，展开下拉列表，将鼠标指向“纵横比”选项，打开级联子菜单，从中选择合适的比例，按 Enter 键剪裁图片。

③将图片剪裁为不同形状：利用 Word 剪裁工具，用“剪贴画”任务窗格户可以将图片剪裁为圆形、三角形、心形等形状。首先选中待剪裁的图片，单击“图片工具格式”选项卡→“剪裁”按钮的下三角按钮，展开下拉列表，将鼠标指向“剪裁为形状”选项，打开“形状库”子菜单，从中选择合适的形状剪裁图片。

（3）设置图片位置

设置图片位置即设置图片对象在文档页面上的摆放位置。Word 文档中可以设置“顶端居左、顶端居中、顶端居右、中间居左、中间居中、中间居右、底端居左、底端居中、底端居右”9 种图片位置。设置任意一种图片位置后，文字将自动设置为环绕对象。具体设置方法如下：首先选中图片，单击“图片工具格式”→“位置”命令，从展开的菜单“文字环绕”中选择一种方式即可，如图 3.52 所示。

(4)旋转图片

旋转图片功能用于改变图形的方向。选中图片，单击“图片工具格式”→“旋转”按钮，从下拉列表中选择相应的旋转方向即可。

用户还可以单击“旋转”按钮后，在弹出的下拉菜单中选择“其他旋转选项”命令，打开“布局”对话框，在旋转文本框中输入旋转的角度，即可设置图片任意角度的旋转。“布局”对话框如图 3.53 所示。

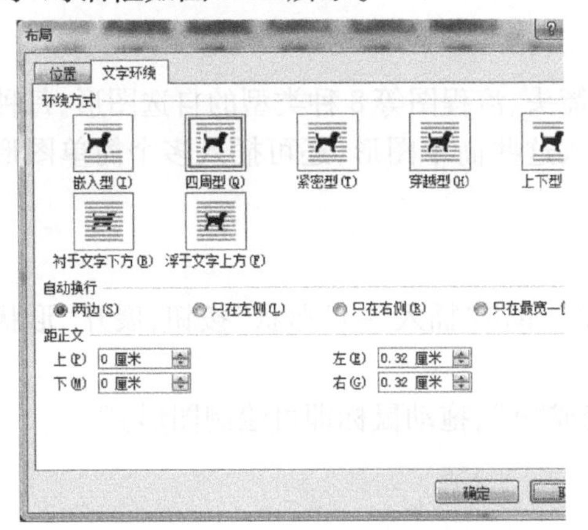

图 3.52 “文字环绕”对话框

图 3.53 图片“布局”设置对话框

(5)应用图片样式

选中图片，单击“图片工具格式”→“图片样式”→“其他”下拉按钮，打开图片样式下拉列表，从列表中选择要应用的图片样式，如图 3.54 所示。

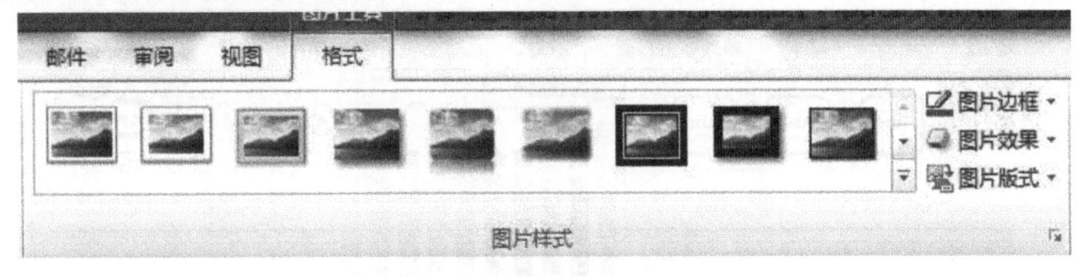

图 3.54 应用图片样式

应用图片样式后图片效果如图 3.55 所示。

图 3.55 应用不同“图片样式”后的效果

另外,用户还可以在“图片样式”功能组中,单击“图片边框”下拉按钮,选择一种颜色为图片添加边框,单击“粗细”与“虚线”选项,设置边框的粗细及线型。

在 Word 2010 中,用户可以为图片设置阴影、发光、三维旋转等效果。具体步骤如下:单击“图片工具格式”→“图片效果”下拉按钮,打开下拉列表,从中选择一种图片效果。

鼠标指向每一种图片效果选项后,会打开相应的级联菜单,从中选择合适的效果即可。用户可同时为图片设置多种效果。

3.6.2 插入自选图形

Word 2010 中提供了线条、矩形、基本形状、箭头、流程图等 8 种类型的自选图形,每种类型下又包括若干图形样式。用户可以直接插入这些简单图形,还可插入多个简单图形组合成复杂的图形。

1)插入简单图形

①将光标移动到文档中需要插入图形的位置,单击“插入”→“形状”按钮,展开“形状库”下拉菜单。

②在展开的形状库中选择图形,鼠标指针变成“+”,拖动鼠标即可绘制图形。

2)编辑自选图形

(1)应用形状样式库

选中已插入的自选图形,单击“绘图工具格式”→“其他”下拉按钮,打开形状样式下拉列表,从列表中选择要应用的形状样式。

(2)设置形状填充

选中图形,单击“绘图工具格式”→“形状填充”按钮,打开下拉菜单,如图 3.56 所示。

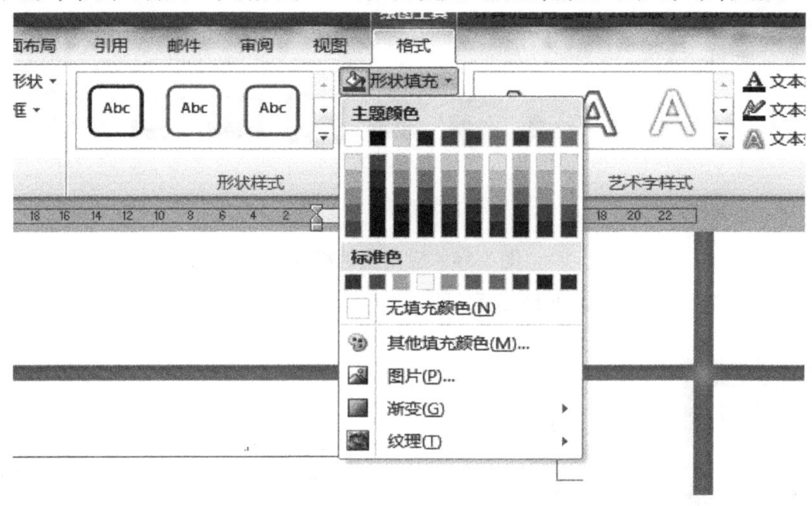

图 3.56 “形状填充”下拉菜单

在打开的下拉菜单中,用户可选择相应的颜色、图片、渐变色、纹理进行填充。用户还可通过单击鼠标右键打开快捷菜单,执行“设置形状格式”命令,打开“设置形状格式”对话框,设置图形的填充效果。

(3)设置形状轮廓

选中图形，单击“绘图工具格式”选项卡→“形状样式”→“形状轮廓”按钮，打开下拉菜单，更改形状的轮廓颜色、线条粗细以及线形等。

(4)添加阴影效果

选中图形，单击“绘图工具格式”选项卡→“形状样式”→“形状效果”按钮，打开下拉菜单，单击“阴影”按钮，从中选择一个阴影样式，效果如图 3.57 所示。

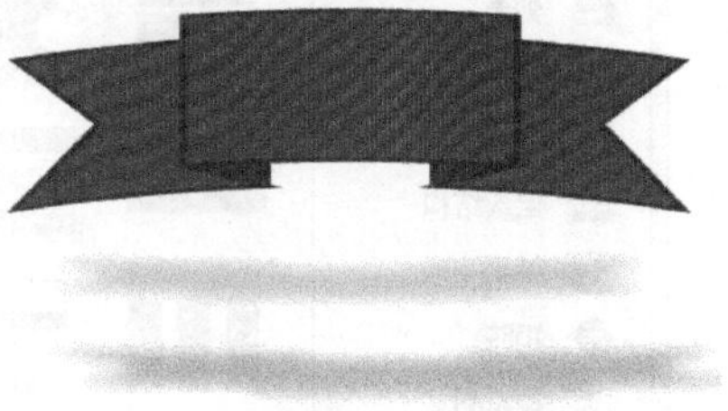

图 3.57　为图形添加阴影效果

(5)设置三维效果

选中图形，单击“绘图工具格式”选项卡→“形状样式”→“形状效果”按钮，打开下拉菜单，单击“三维旋转”按钮，从中选择一个三维样式，使平面图形具有三维立体感，效果如图 3.58 所示。

(6)添加文字

选中要添加文字的图形，单击鼠标右键，在弹出的快捷菜单中选择“添加文字”命令，效果如图 3.59 所示。

图 3.58　为图形设置三维效果

图 3.59　为图形添加文字

3)绘制复杂图形

在 Word 文档中可以利用多个简单图形绘制出一个较复杂的图形，主要用到的功能是图形间的组合。

3.6.3　创建 SmartArt 图形

SmartArt 图形是 Word 中预设的形状、文字以及样式的集合，包括列表、流程、循环、层次结构、关系、矩阵、棱锥图和图片 8 种类型，每种类型下又包括若干个图形样式。其操作步骤如下：

1)单击“SmartArt”按钮

将光标移动到文档中需要插入图形的位置，单击“插入”→“SmartArt”按钮，弹出“选择 SmartArt 图形”对话框，如图 3.60 所示。

2)选择合适的 SmartArt 图形

在打开的“选择 SmartArt 图形”对话框中，选择合适的 SmartArt 图形，单击“确定”按钮。

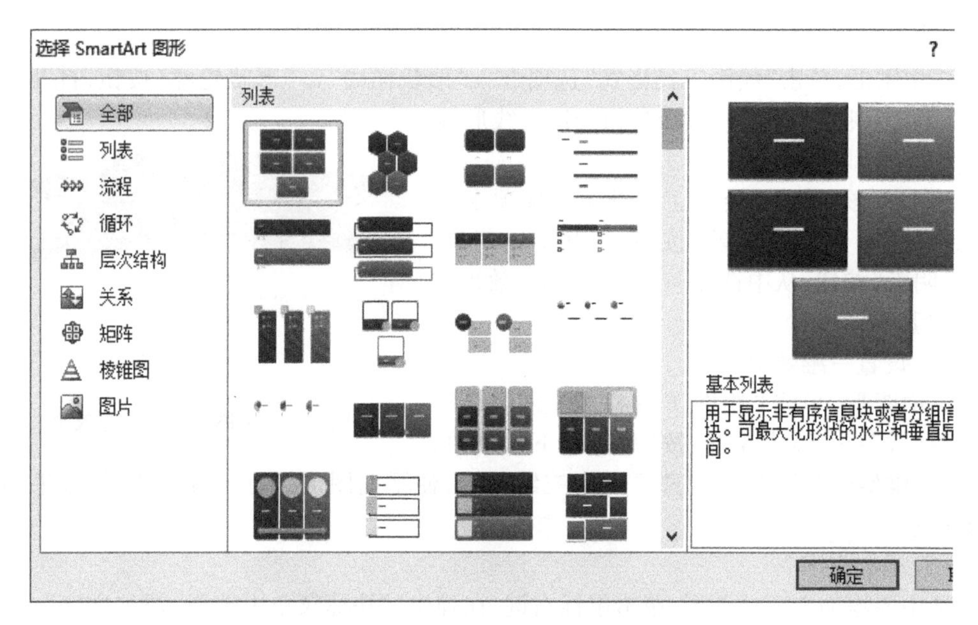

图 3.60 “选择 SmartArt 图形”对话框

3)在 SmartArt 图形文本窗格中输入文字

插入 SmartArt 图形后,Word 随即打开“文本”窗格,在窗格内输入相应的内容。

部分 SmartArt 图形中还可插入图片,具体方法是在“文本”窗格中,单击图标,打开“插入图片”对话框,找到要插入的图片即可。

4)设置 SmartArt 形状样式

在 Word 2010 中,一个 SmartArt 对象包含“文档的最佳匹配对象”与“三维”两种类型共 14 种样式,用户可在“SmartArt 工具设计”选项卡中选择合适的形状样式来更改 SmartArt 图形的样式。另外,用户还可通过执行“SmartArt 工具设计”→“更改颜色”命令来更改 SmartArt 图形的配色方案。

3.6.4 使用文本框

利用文本框功能,用户可以将 Word 文本很方便地放置到文档页面的指定位置,而不必受到段落格式、页面设置等因素的影响。Word 2010 内置有多种样式的文本框供用户选择使用,用户还可以选择网络中的文本框样式。具体插入文本框的步骤如下:

1)单击“文本框”按钮

执行“插入”→“文本框”命令,展开“内置文本框”下拉菜单,如图 3.61 所示。

2)选择文本框

在打开的内置文本框面板中选择合适的文本框类型,单击鼠标左键即可。例如,选择需要的文本框,单击已插入的文本框,输入相应文本内容,效果如图 3.61 所示。

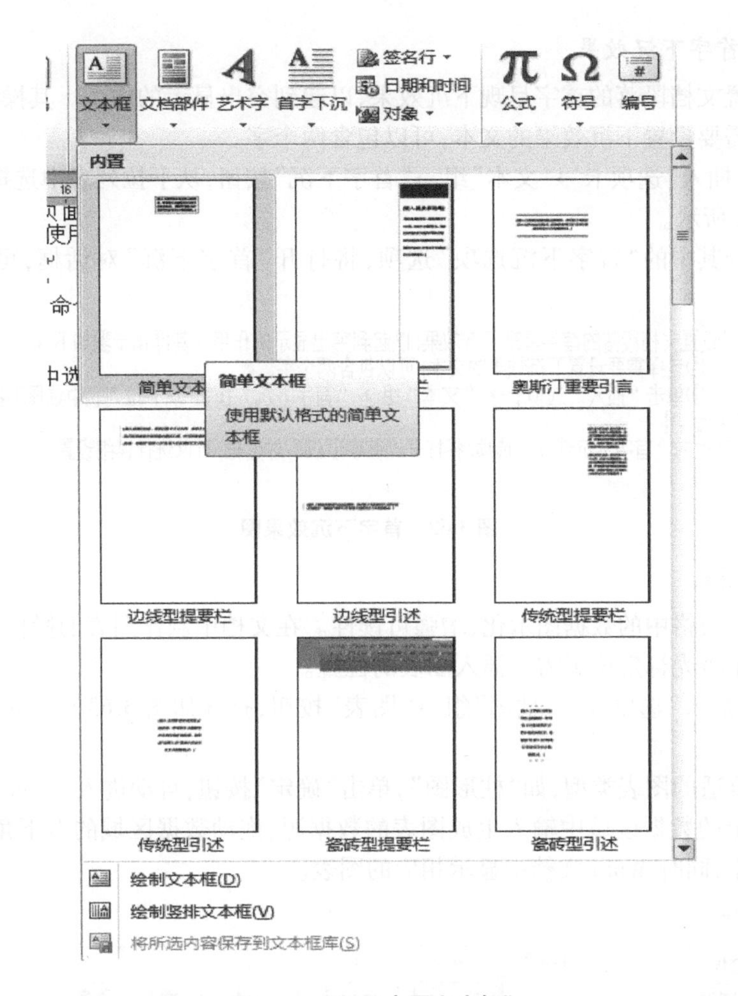

图 3.61　展开“内置文本框”

3)编辑文本框样式

插入文本框后,还可对文本框的填充、轮廓、形状样式等进行编辑。首先选中文本框,然后单击“绘图工具格式”选项卡,通过“形状样式”功能区的“形状填充”“形状轮廓”“更改形状”命令可设置文本框的外观样式。

4)插入艺术字

以艺术字的效果呈现文本,可以有更加亮丽的视觉效果。在文档中插入艺术字的操作步骤如下:

①文档中选择需要添加艺术字效果的文本,或者将光标定位于需要插入艺术字的位置。

②单击“插入”选项卡→“文本”组→“艺术字”按钮,打开艺术字样式列表。

③从列表中选择一个艺术字样式,即可在当前位置插入艺术字文本框。

④在艺术字文本框中编辑或输入文本。通过“绘图工具格式”上下选项卡的各项功能,可对艺术字的形状、样式、颜色、位置及大小进行设置。

5）设置首字下沉效果

可以设置文档段落的首字呈现下沉效果，以起到突出显示的作用。其操作步骤如下：

①选择需要设置下沉效果的文本，可以包含两个字。

②单击“插入”选项卡→“文本”组→“首字下沉”按钮，从下拉列表中选择下沉样式即可，如图 3.62 所示。

如果选择其中的“首字下沉选项”选项，将打开“首字下沉”对话框，可以进行详细设置。

可以设置文档段落的首字呈现下沉效果，以起到突出显示的作用。其操作步骤如下：
①选择需要设置下沉效果的文本，可以包含两个字。
②单击“插入”选项卡→“文本”组→“首字下沉”按钮，从下拉列表中选择下沉样式即如图 3.53 所示。
如果选择其中的“首字下沉选项”选项，将打开“首字下沉”对话框，可以进行详细设置。

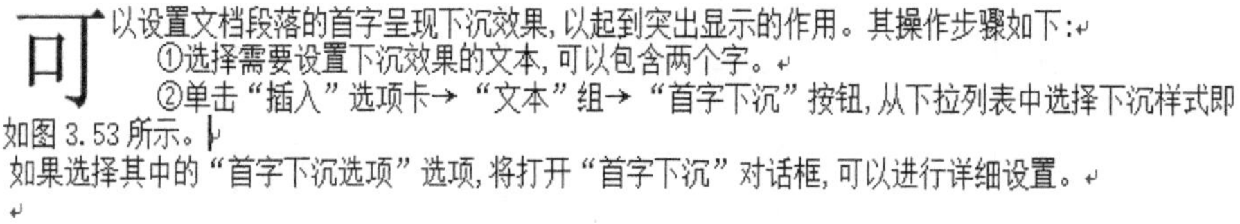

图 3.62　首字下沉效果图

6）插入图表

图表可使表格中的数据图示化，增强可读性。在文档中制作图表的操作步骤如下：

①文档中将光标定位于需要插入图表的位置。

②单击“插入”选项卡→“插图”组→“图表”按钮，打开如图 3.63 所示的“插入图表”对话框。

③选择合适的图表类型，如“柱形图”，单击“确定”按钮，自动进入 Excel 工作表窗口。

④在指定的数据区域中输入生成图表的数据源，拖动数据区域的右下角可以改变数据区域的大小，同时 Word 文档中显示相应的图表。

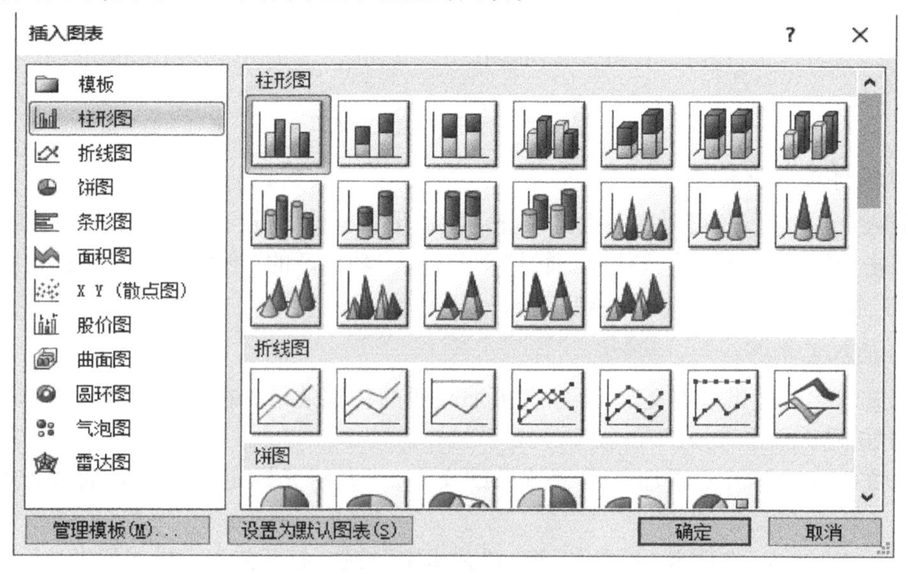

图 3.63　“插入图表”对话框

3.7　目录生成

编排书籍、撰写论文、做报告时，文档的目录是必需的，通过 Word 2010，可以自动生成条理清晰的目录，制作方法也非常简单。

目录生成的操作步骤如下：

①单击“开始”选项卡→“样式”组的对话框启动按钮，打开“样式”窗口。

②接下来把光标移动到需要作为目录的标题位置，单击“样式”中的窗口“标题 1”或“标题 2”等即可设置标题样式。用户还可以自定义标题的样式，右击标题级别，在弹出的快捷菜单中选择“修改”命令，在打开的对话框中进行修改即可，如图 3.64 所示。

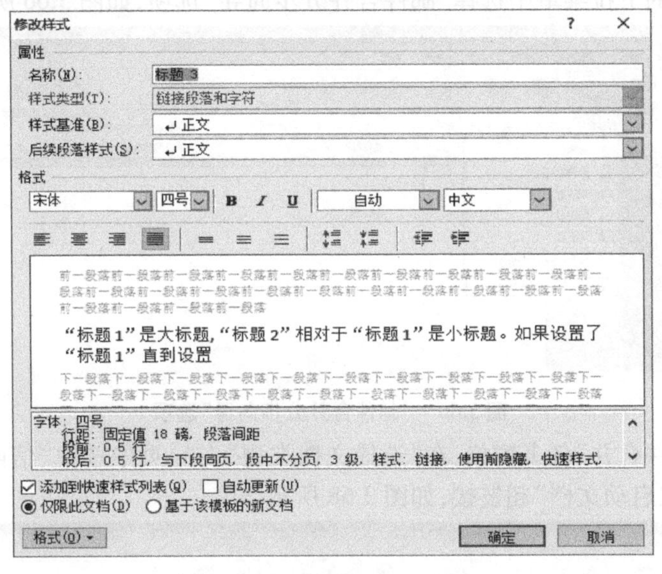

图 3.64　“修改样式”对话框

③重复上面的操作步骤设置每一个标题的级别。

“标题 1”是大标题，“标题 2”相对于“标题 1”是小标题。如果设置了“标题 1”直到设置下一个“标题 1”，中间的“标题 2”都是前一个“标题 1”的下级标题。也就是“标题 1”包含“标题 2”，“标题 2”包含“标题 3”，但都是就近包含。

④将光标移动到想创建目录的页面，单击“引用”→“目录”按钮，然后弹出如图 3.65 所示下拉列表，选择“插入目录”选项即可。如果对文章内容进行了修改，想相应地修改目录，只需在目录上右击，在弹出的快捷菜单中选择“更新域”命令即可。

⑤单击“视图”选项卡→“导航窗格”按钮，可以看到导航目录。

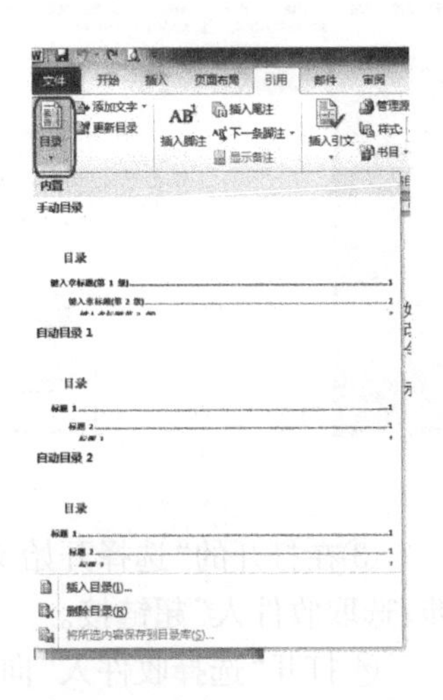

图 3.65　“创建目录”对话框

3.8　邮件合并

3.8.1　向导使用

“邮件合并向导”用于帮助用户在 Word 2010 文档中完成信函、电子邮件、信封、标签或目录的邮件合并工作，采用分步完成的方式进行。下面以使用“邮件合并向导”创建邮件合并信函为例进行介绍，操作步骤如下：

①打开 Word 2010 文档，单击“邮件”选项卡→“开始邮件合并”组→“开始邮件合并”按钮，并在打开的下拉菜单中选择“邮件合并分步向导”选项，如图 3.66 所示。

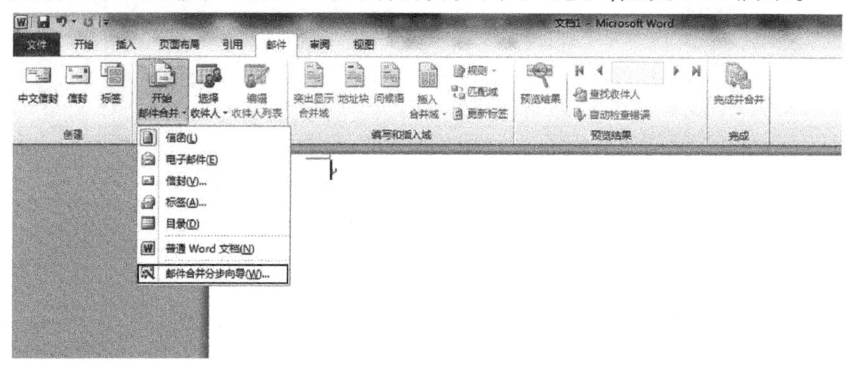

图 3.66　“邮件合并分步向导”选项

②打开“邮件合并”任务窗格，在“选择文档类型”向导页中选中“信函”单选框，并单击“下一步：正在启动文档”超链接，如图 3.68 所示。

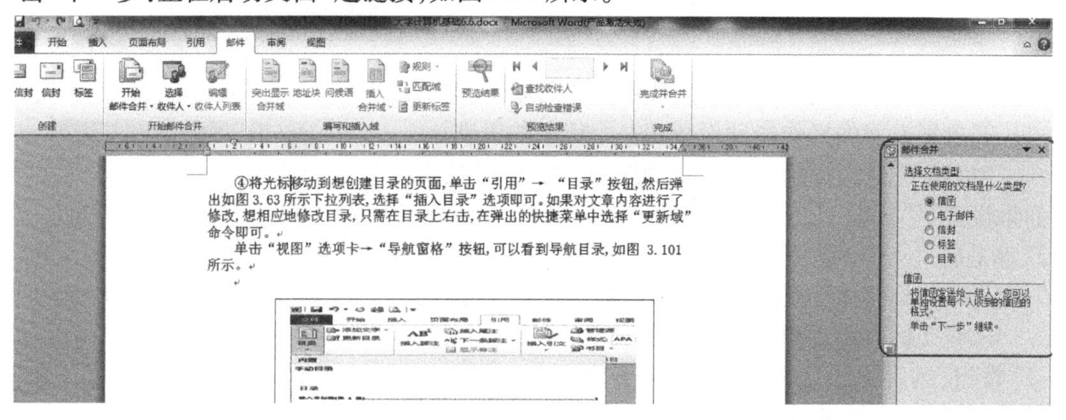

图 3.67　选择“信函”单选框

③在打开的“选择开始文档”向导页中，选中“使用当前文档”单选框，并单击“下一步：选取收件人”超链接。

④打开“选择收件人”向导页，选中“从 Outlook 联系人中选择”单选框，并单击“选择‘联系人’文件夹”超链接。

⑤在打开的“选择配置文件”对话框中,选择事先保存的 Outlook 配置文件,然后单击“确定”按钮。

⑥打开“选择联系人”对话框,选择要导入的联系人文件夹,单击“确定”按钮,如图 3.68 所示。

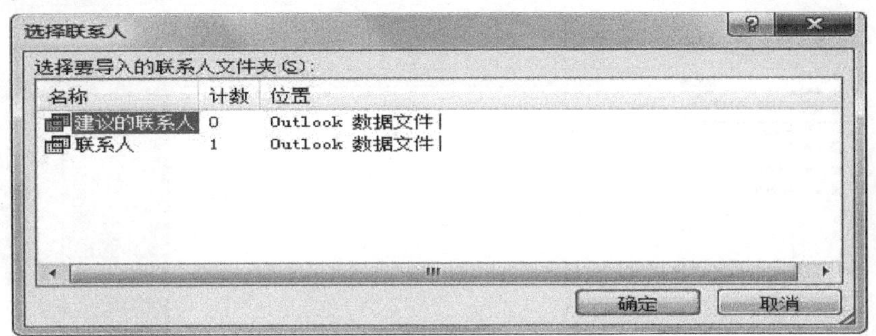

图 3.68　“选择联系人”对话框

⑦在打开的“邮件合并收件人”对话框中,可以根据需要取消选中联系人。如果需要合并所有收件人,直接单击“确定”按钮,如图 3.69 所示。

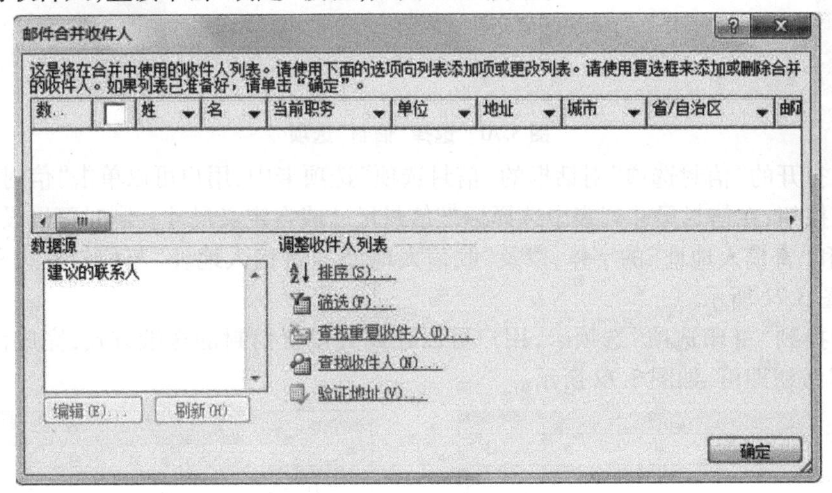

图 3.69　邮件合并收件人

⑧返回 Word 2010 文档窗口,在“邮件合并”任务窗格的“选择收件人”向导页中单击“下一步:撰写信函”超链接。打开“撰写信函”向导页,将插入点光标定位到 Word 2010 文档顶部,然后根据需要单击“地址块”“问候语”等超链接。

⑨在打开的“预览信函”向导页中可以查看信函内容,单击“上一个”或“下一个”按钮可以预览其他联系人的信函。确认没有错误后单击“下一步:完成合并”超链接。并根据需要撰写信函内容。撰写完成后单击“下一步:预览信函”超链接。

3.8.2　设置信封选项

通过 Word 2010 邮件合并中的信封功能,可以创建用于为每个收件人寄送信函时所使

用的信封。用户可以设置信封选项,使所创建的信封更符合实际需求。其操作步骤如下:

①打开 Word 2010 文档,单击“邮件”选项卡→“开始邮件合并”组→“开始邮件合并”按钮,在打开的下拉菜单中选择“信封”选项,如图 3.70 所示。

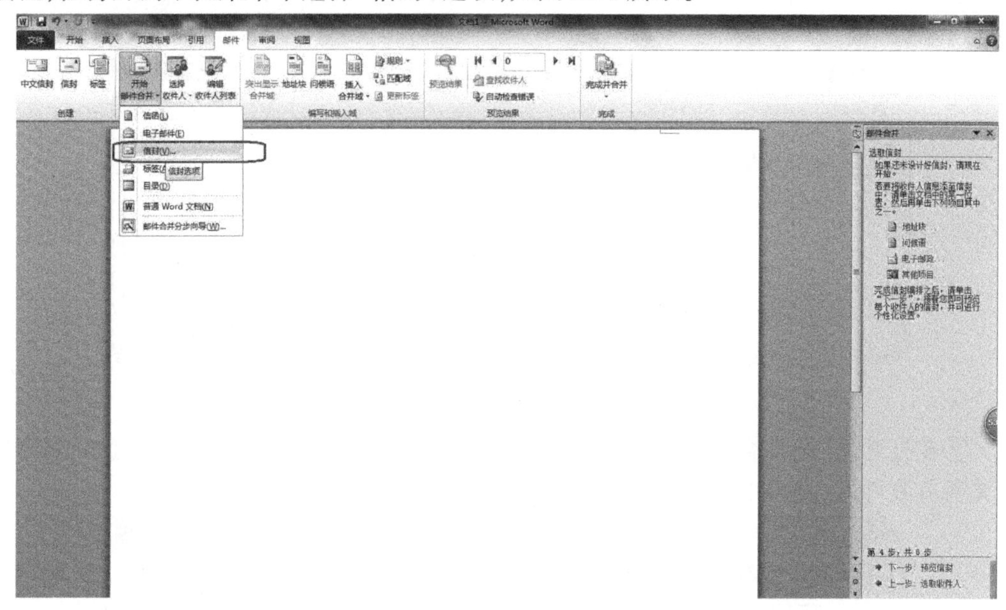

图 3.70 选择“信封”选项

②在打开的“信封选项”对话框的“信封选项”选项卡中,用户可以单击“信封尺寸”的下拉三角按钮,在信封尺寸列表中选择标准信封尺寸或自定义尺寸。同时可以设置“收信人地址”和“寄信人地址”的字体,以及“收信人地址”“寄信人地址”与信封左边和上边的距离,如图 3.71 所示。

③切换到“打印选项”选项卡,用户可以在此处设置信封的送纸方式,完成设置后单击“确定”按钮即可,如图 3.72 所示。

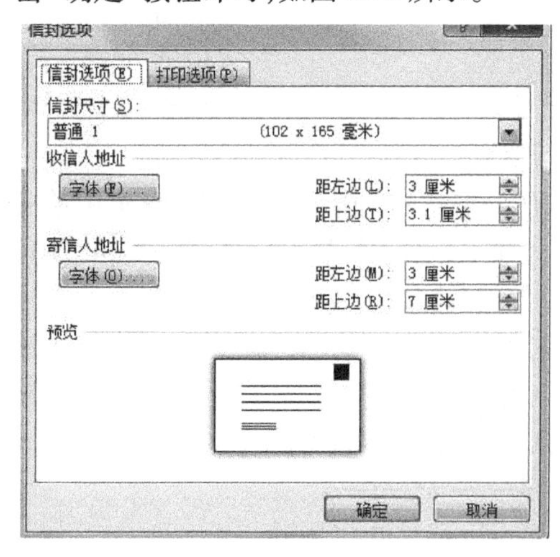

图 3.71 “信封选项”选项卡

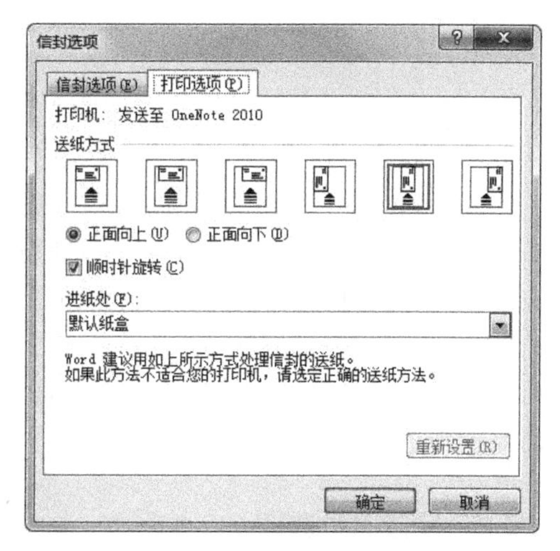

图 3.72 “打印选项”选项卡

3.8.3　创建收件人列表

在 Word 文档中进行邮件合并操作时，用户既可以从 Outlook 联系人中选择收件人，也可以从 Excel 表格、Word 表格或数据库文件中获取收件人列表。除此之外，用户还可以在 Word 2010 文档中直接创建收件人列表，操作步骤如下：

①打开 Word 2010 文档，单击“邮件”选项卡→“开始邮件合并”组→“开始邮件合并”按钮，在打开的下拉列表中选择“键入新列表”选项，如图 3.73 所示。

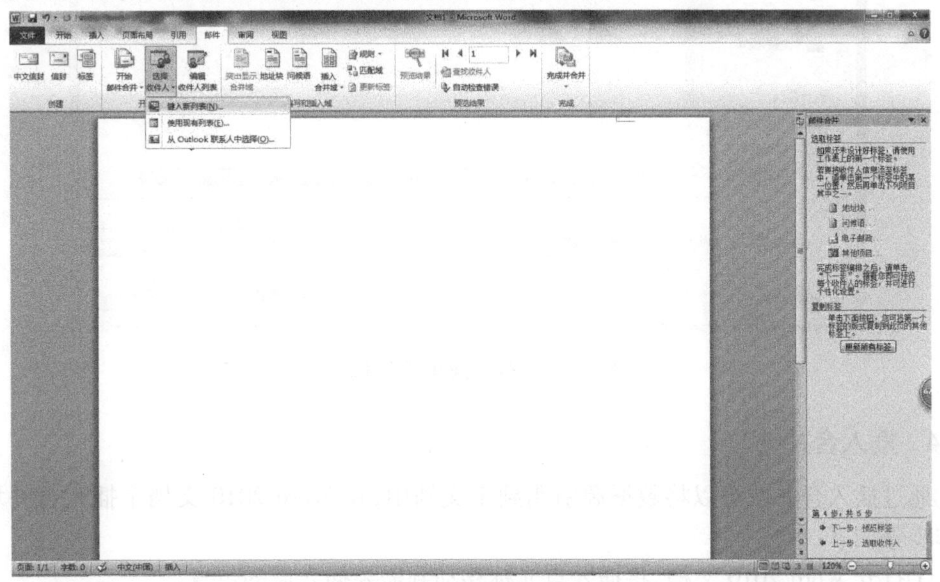

图 3.73　选择“键入新列表”选项

②在打开的“新建地址列表”对话框中，根据实际需要分别输入第一条记录的相关列，不需要输入的列留空即可。完成第一条记录的输入后，单击“新建条目”按钮，如图3.74所示。

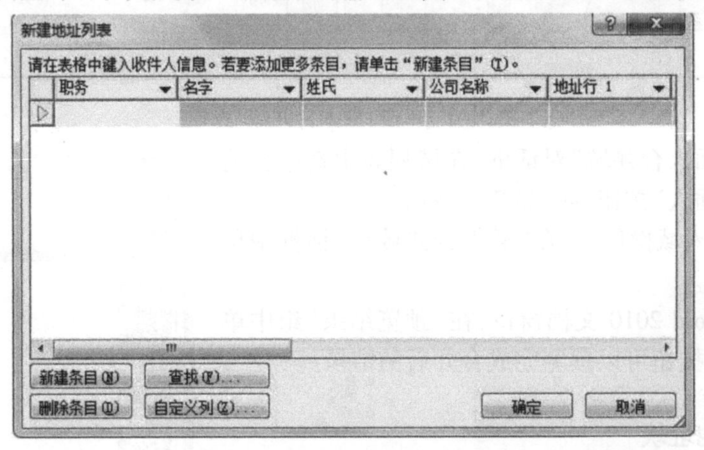

图 3.74　“新建地址列表”对话框

③根据需要添加多个收件人条目，添加完成后单击“确定”按钮。接着打开“保存通

讯录”对话框，在“文件名”编辑框输入通讯录文件的名称，选择合适的保存位置，并单击“保存”按钮，如图 3.75 所示。

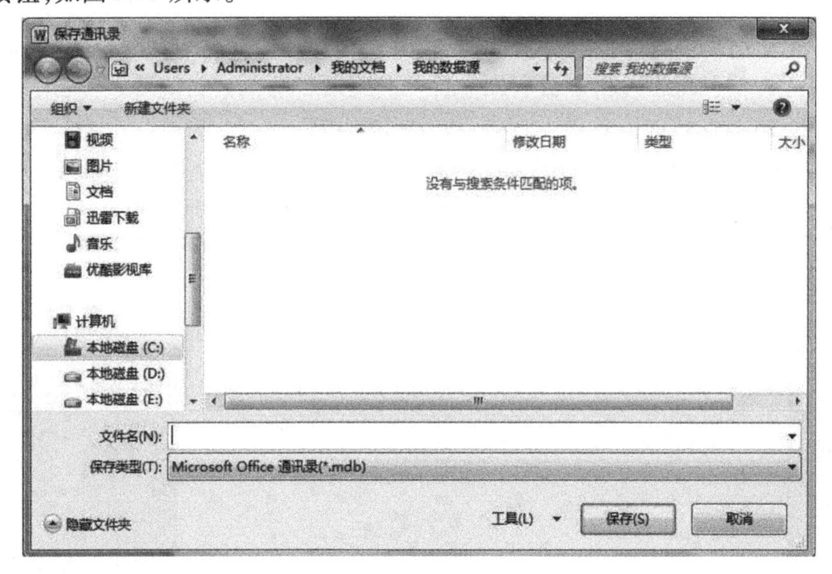

图 3.75 “保存通讯录”对话框

3.8.4 插入合并域

通过插入合并域可以将数据源引用到主文档中，在 Word 2010 文档中插入合并域的操作步骤如下：

①打开 Word 2010 文档，将插入点光标移动到需要插入域的位置。

②单击“邮件”选项卡→“编写和插入域”组→“插入合并域”按钮，如图 3.76 所示。

图 3.76 单击“插入合并域”按钮

③打开“插入合并域”对话框，在域列表中选中合适的域并单击“插入”按钮，如图3.77 所示。

④完成插入域操作后，在“插入合并域”对话框中单击“关闭”按钮。

⑤返回 Word 2010 文档窗口，在“预览结果”组中单击“预览结果”按钮可以预览完成合并后的结果。

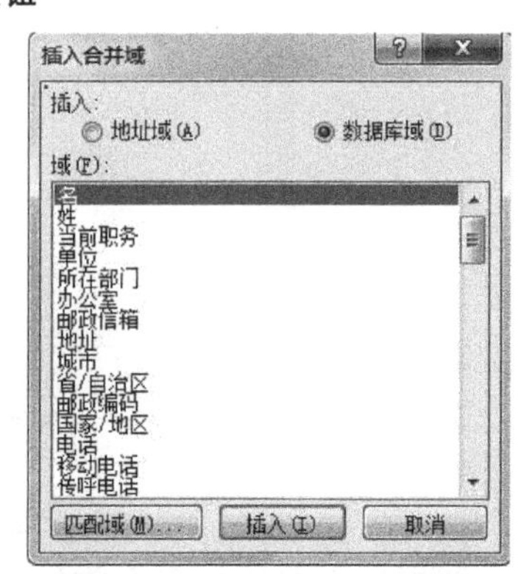

图 3.77 “插入合并域”对话框

3.8.5 插入地址块

地址块是 Word 2010 中内置的域，用于帮助用户在进行邮件合并时快速插入收件人地址信息。在 Word

2010 文档中插入地址块的操作步骤如下：

①打开 Word 2010 文档，将插入点光标移动到需要插入地址块的位置。单击“邮件”选项卡→“编写和插入域”组→“地址块”按钮。

注意：如果“地址块”按钮不可用，则需要单击“地址块”按钮在“开始邮件合并”组单击“选择收件人”按钮，并选择合适的收件人列表。

②打开“插入地址块”对话框，在“选择格式以插入手机人名称”列表中选择收件人名称的显示格式；选中“插入公司名称”复选框在地址块中显示收件人公司；选中“插入通信地址”复选框则在地址块中显示收件人的具体通信地址，其他选项采用默认设置，单击“确定”按钮完成。

3.9　文档的保护和打印

在 Word 2010 中，用户可以通过设置打印选项使打印设置更适合实际应用，且所做的设置适用于所有 Word 文档。在 Word 2010 中设置 Word 文档打印选项的步骤如下所述：

3.9.1　文档设置

文档设置的操作步骤如下：

①打开 Word 2010 文档窗口，依次单击“文件”→“选项”按钮，如图 3.78 所示。

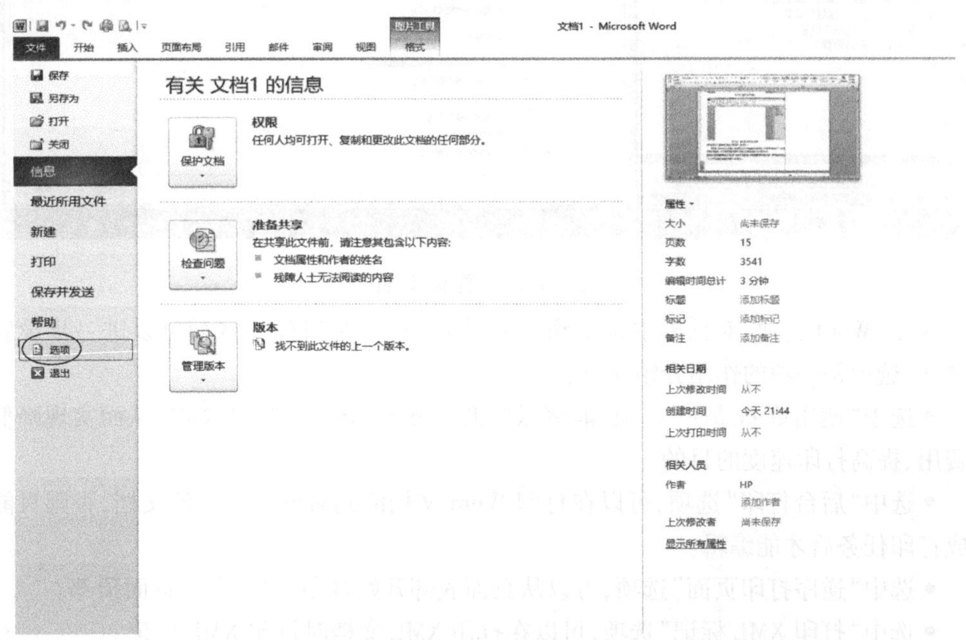

图 3.78　Word“选项”设置

②在打开的“Word 选项”对话框中，切换到“显示”选项卡。在“打印选项”区域列出了可选的打印选项，选中每一项的作用介绍如下：

● 选中“打印在 Word 中创建的图形”选项，可以打印使用 Word 绘图工具创建的图形。

● 选中“打印背景色和图像”选项，可以打印为 Word 文档设置的背景颜色和在 Word 文档中插入的图片。

● 选中“打印文档属性”选项，可以打印 Word 文档内容和文档属性内容（如文档创建日期、最后修改日期等内容）。

● 选中“打印隐藏文字”选项，可以打印 Word 文档中设置为隐藏属性的文字。

● 选中“打印前更新域”选项，在打印 Word 文档以前首先更新 Word 文档中的域。

● 选中“打印前更新链接数据”选项，在打印 Word 文档以前首先更新 Word 文档中的链接，如图 3.79 所示。

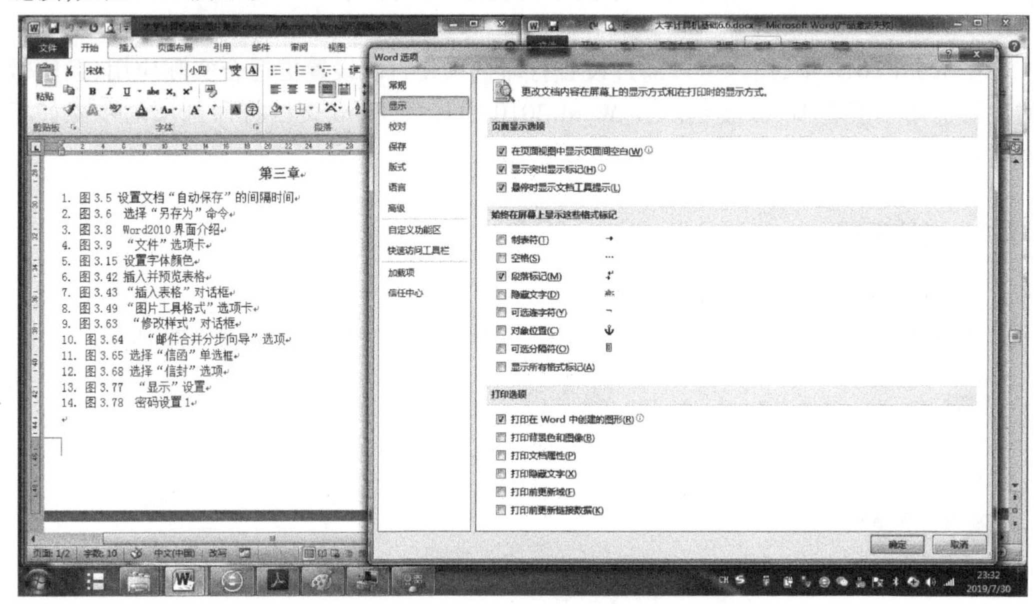

图 3.79 “显示”设置

③在“Word 选项”对话框中切换到“高级”选项卡，在“打印”区域可以进一步设置打印选项，选中每一项的作用介绍如下：

● 选中“使用草稿品质”选项，能够以较低的分辨率打印 Word 文档，从而实现降低耗材费用、提高打印速度的目的。

● 选中“后台打印”选项，可以在打印 Word 文档的同时继续编辑该文档，否则只能在完成打印任务后才能编辑。

● 选中“逆序打印页面”选项，可以从页面底部开始打印文档，直至页面顶部。

● 选中“打印 XML 标记”选项，可以在打印 XML 文档时打印 XML 标记。

● 选中“打印域代码而非域值”选项，可以在打印含有域的 Word 文档时打印域代码，而不打印域值。

• 选中“打印在双面打印纸张的正面”选项，当使用支持双面打印的打印机时，在纸张正面打印当前 Word 文档。

• 选中“在纸张背面打印以进行双面打印”选项，当使用支持双面打印的打印机时，在纸张背面打印当前 Word 文档。

• 选中“缩放内容以适应 A4 或 8.5″×11″纸张大小”选项，当使用的打印机不支持 Word 页面设置中指定的纸张类型时，自动使用 A4 或 8.5″×11″尺寸的纸张。

• “默认纸盒”列表中可以选中使用的纸盒，该选项只有在打印机拥有多个纸盒的情况下才有意义。

3.9.2 Word 文档密码设置

在 Microsoft Office System 中，可以使用密码防止其他人打开或修改文档、工作簿和演示文稿。但是 Microsoft 无法找回忘记的密码。在 Word 2010 文档中设置密码若要加密文件和设置打开文件密码，请执行下列操作：

①单击 Office 按钮，指向准备，然后单击加密文档，如图 3.80 所示。

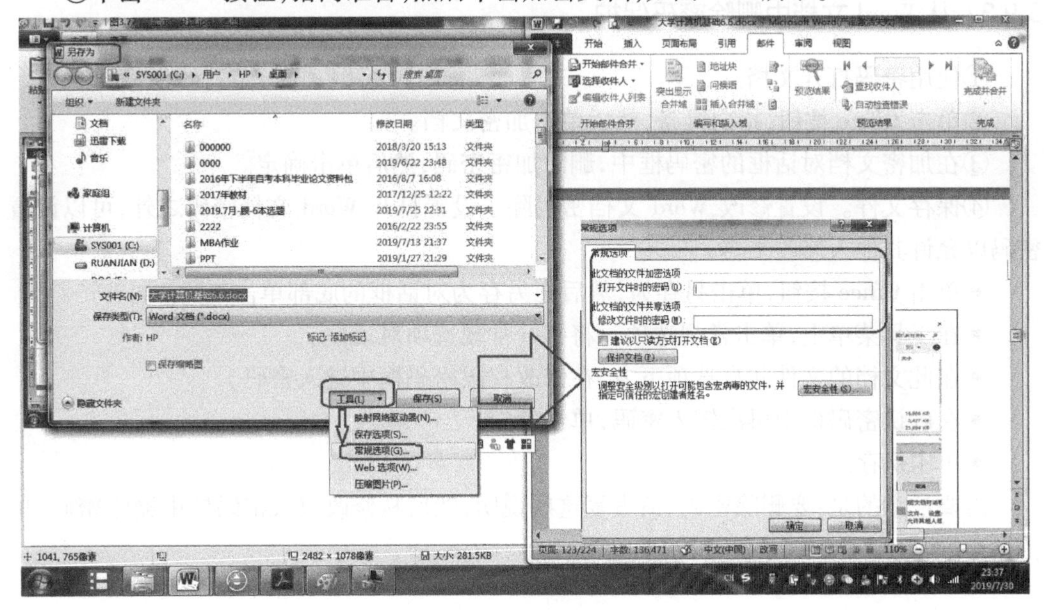

图 3.80 密码设置 1

②在加密文档对话框的密码框中，键入密码，然后单击确定。可以键入多达 255 个字符。默认情况下，此功能使用 AES 128 位高级加密。加密是一种可使文件更加安全的标准方法。

③在确认密码对话框的重新输入密码框中，再次键入密码，然后单击确定，如图 3.81 所示。若要保存密码，请保存文件。

图 3.81　密码设置 2

3.9.3　从 Word 文档中删除密码保护

①使用密码打开文档。

②单击 Office 按钮,指向准备,然后单击加密文档。

③在加密文档对话框的密码框中,删除加密密码,然后单击确定。

④保存文件。设置修改 Word 文档密码除了设置打开 Word 文档密码之外,可以设置密码以允许其他人修改文档。

- 单击 Office 按钮,单击另存为,然后在另存为对话框的底部单击工具。
- 在工具菜单上,单击常规选项。将打开常规选项对话框。
- 在此文档的文件共享选项下方,在修改权限密码框中键入密码。
- 在确认密码框中再次键入密码,单击确定。
- 单击保存。

需要注意的是:要删除密码,请重复这些说明,然后从修改权限密码框中删除密码,单击保存。

第4章 电子表格软件Excel 2010的功能和使用技巧

Excel 2010是Microsoft公司开发的Office 2010办公组件之一，主要功能包括处理各种电子表格（特别是处理数据量大的表格）、设计图表和进行数据分析，使用Excel可以提高工作效率，解决工作中需要进行大数据处理的问题。

教学目标：

通过本章的学习，应掌握以下内容：Excel 2010制表基础、Excel 2010工作表操作、Excel 2010中输入公式和函数、Excel 2010中创建图表、Excel 2010数据基本分析与处理、Excel 2010与其他程序的协同与共享。

知识点：

- 创建基本电子表格，在表格中输入各类数据。
- 对数据及表格结构进行格式化，使之更加美观。
- 对工作表及工作簿进行各类操作。
- 在工作表中使用公式和函数简化计算。
- 对数据进行各类汇总、统计分析和处理。
- 运用图表对数据进行分析。
- 通过宏快速重复执行多个任务。
- 在不同的人员和程序间共享数据。

教学重点：

- 掌握Excel 2010中公式和函数的用法。
- 掌握Excel 2010中创建图表的方法。
- 掌握Excel 2010中数据分析与处理的方法。
- 掌握Excel 2010与其他程序进行协同与共享的方法。

教学难点：

- 掌握Excel 2010中公式和函数的用法。
- 掌握Excel 2010中数据分析与处理的方法。
- 掌握Excel 2010与其他程序进行协同与共享的方法。

4.1 电子表格的基本概念和基本功能

Excel 2010是一款能够快速、有效地比较、整理、分析数据的办公软件。Excel 2010与以前的版本相比，不仅保持了以前版本的强大功能，而且增加了许多方便、实用的操作功能。它集生成电子表格、输入数据、函数计算、数据管理与分析、制作图表等多种功能于一体，借助 Excel 2010 中新增和改进的数据可视化功能，用户可以获取重要的关键信息，并采用便于他人理解的醒目方式呈现这些关键信息，被广泛应用于人力资源管理、文秘办公、财务管理、市场营销和行政管理等工作中。

4.1.1 Excel 2010 的启动

Excel 2010 的启动方法有两种，分别为：

①单击“开始”菜单→“所有程序”→“Microsoft Office”→“Microsoft Excel 2010”，启动 Excel 2010，如图 4.1 所示。

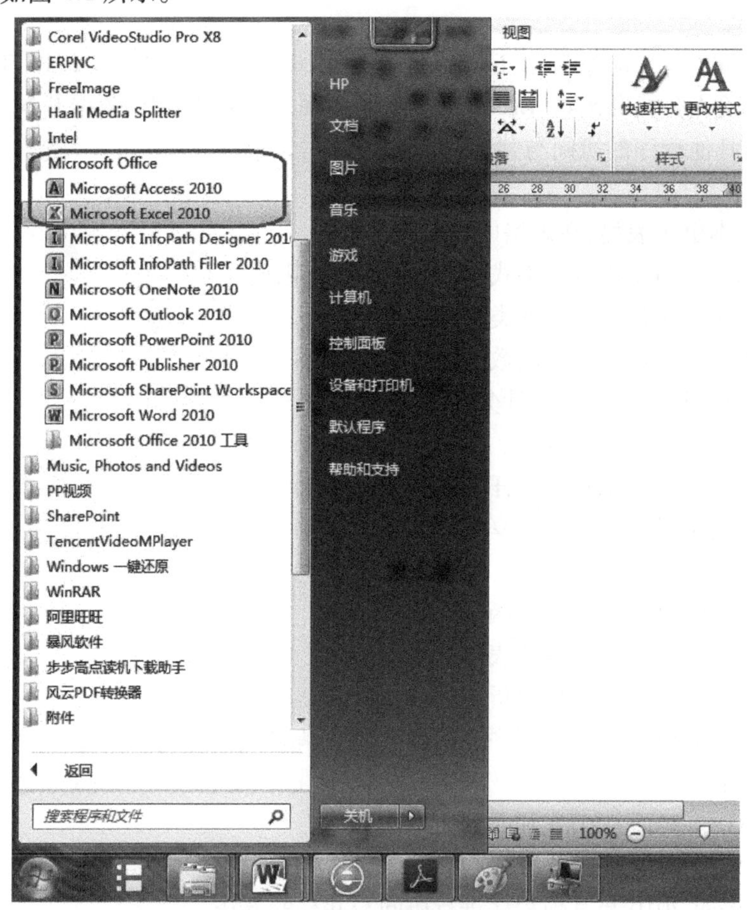

图 4.1 从“开始菜单”中启动 Excel 2010

②双击 Excel 2010 的快捷方式，启动 Excel 2010。

4.1.2 Excel 2010 的操作界面

启动 Excel 2010 后，可以看到如图 4.2 所示的主界面。

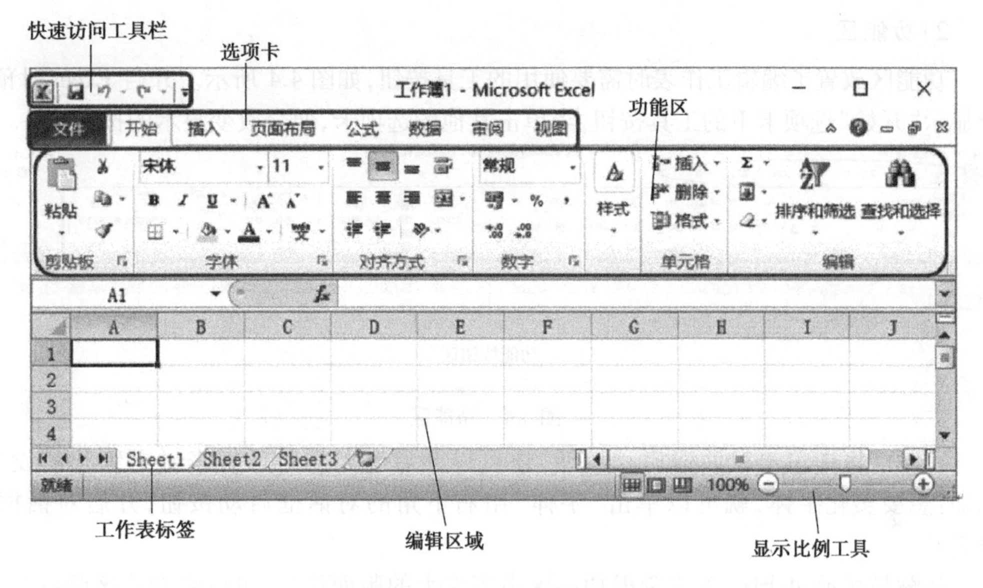

图 4.2　Excel 2010 主界面

1)选项卡

Excel 2010 中所有的功能操作分门别类地放在 8 大选项卡中,即文件、开始、插入、页面布局、公式、数据、审阅和视图。各选项卡中收录相关的功能群组,方便使用者选用。例如:"开始"选项卡中是基本的操作功能,如设置字体、对齐方式等,只要切换到该选项卡即可看到其中包含的内容,如图 4.3 所示。

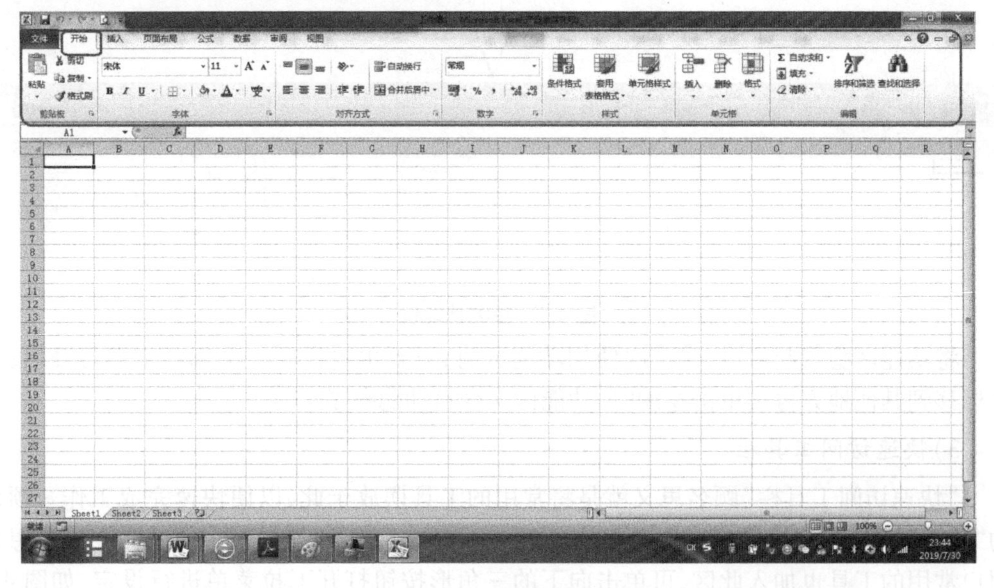

图 4.3　"开始"选项卡

2)功能区

功能区放置了编辑工作表时需要使用的工具按钮,如图 4.4 所示。开启 Excel 时预设会显示“开始”选项卡下的工具按钮,当单击其他的选项卡,便会改变显示的按钮。

图 4.4 功能区

在功能区中单击对话框启动按钮,还可以开启专属的对话框来做更细致的设定。例如:想要美化字体,就可以单击“字体”组右下角的对话框启动按钮,开启对话框来设定。

隐藏与显示功能区:如果觉得功能区占用太大的版面位置,可以将功能区隐藏起来。隐藏功能区的方法如图 4.5 所示,单击“隐藏功能”按钮。

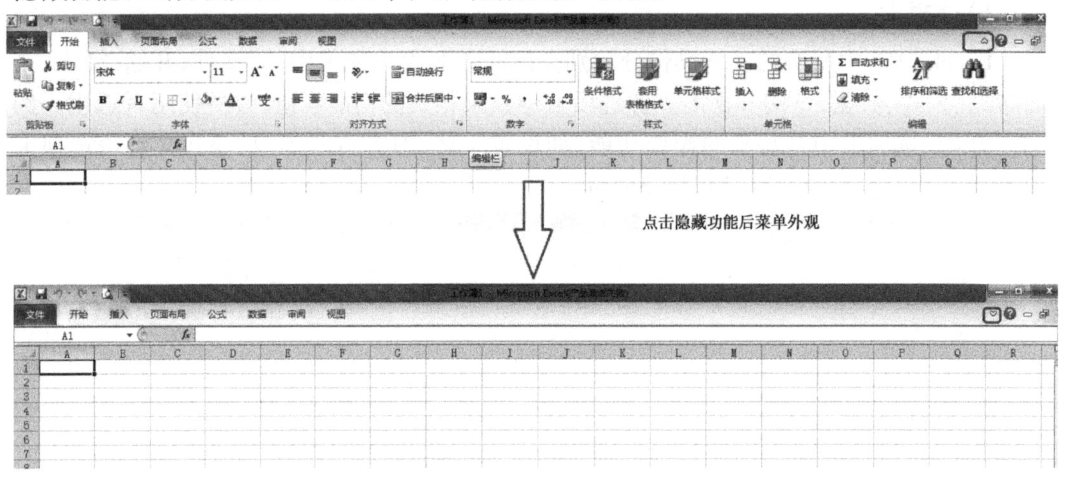

图 4.5 隐藏功能区

将功能区隐藏起来后,要再次使用功能区时,只要单击任意一个选项卡即可开启;当鼠标移到其他地方再按单击左键时,功能区又会自动隐藏了。

3)快速访问工具栏

“快速访问工具栏”顾名思义就是将常用的工具摆放于此,以便快速完成工作。预设的“快速访问工具栏”只有 3 个常用的工具,分别是“保存”“撤销”及“恢复”。如果想将用户常用的工具也加入此区,可单击向下的三角形按钮打开下拉菜单进行设定,如图 4.6 所示,图 4.7 为将“新建”按钮加入快速访问栏后的界面。

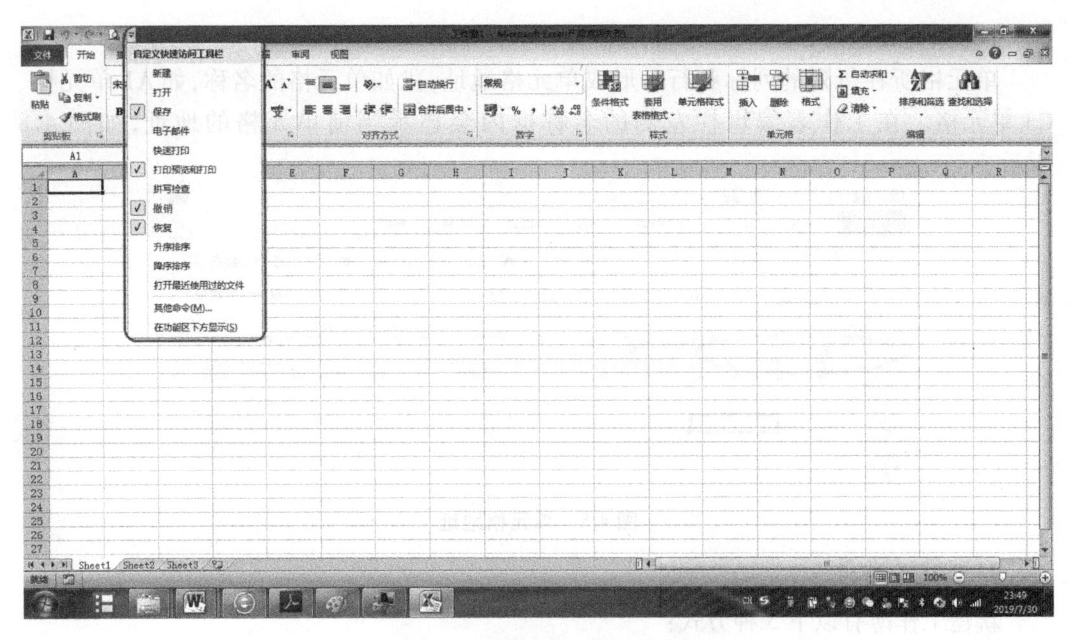

图 4.6 快速访问工具栏

4）状态栏

主界面最下面是状态栏，视窗右下角是“显示比例”区，显示当前工作表的比例，按下⊕按钮可放大工作表的显示比例，每按一次放大 10%；反之，按下⊖按钮会缩小显示比例，每按一次则会缩小 10%，也可以直接拉曳中间的滑动杆来改变显示比例。

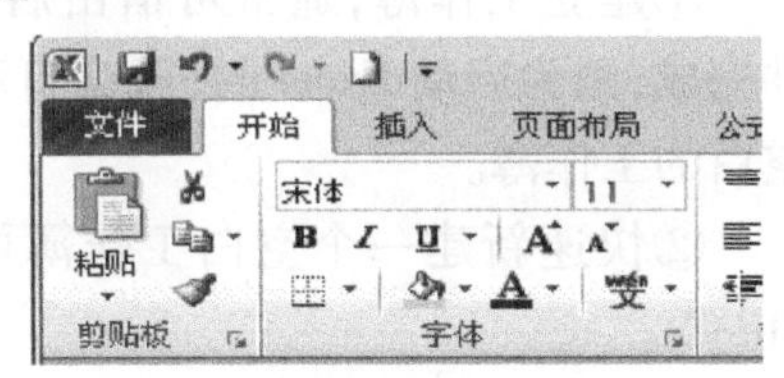

图 4.7 将“新建”按钮加入快速访问工具栏

4.1.3 Excel 2010 工作簿编辑

1）基本概念

（1）工作簿

工作簿是指 Excel 环境中用来储存并处理工作数据的文件，也就是说 Excel 文档就是工作簿。它是 Excel 工作区中一个或多个工作表的集合，其扩展名为.xlsx，每一个工作簿中最多可建立 255 个工作表。默认情况下有 3 个工作表。

（2）工作表

工作表是显示在工作簿窗口中的表格。一个工作表可以由 65 536 行和 256 列构成。行的编号从 1 到 65 536，列的编号依次用字母 A 到Ⅳ表示。行号显示在工作簿窗口的左边，列标显示在工作簿窗口的上边。

（3）单元格

单元格是表格中行与列的交叉部分，它是组成表格的最基本单位，可拆分或者合并。单个数据的输入和修改都是在单元格中进行的。

(4)单元格地址

单元格所在行列的列标和行号形成单元格地址,犹如单元格的名称,如A1单元格、C3单元格。在工作表编辑栏左侧的名称框内会显示当前单元格的地址,如图4.8所示。

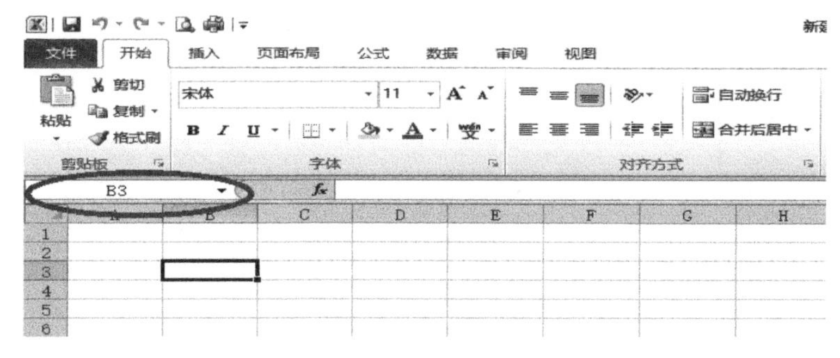

图4.8 单元格地址

2)新建工作簿

新建工作簿有以下3种方式:

①建立工作簿,通常可借由启动Excel一并完成,因为启动Excel时,就会自动开启一份空白的工作簿。

②快速新建一个空白工作簿可按快捷键Ctrl+N。

③单击"文件"选项卡→"新建"按钮→单击"空白工作簿"按钮也可新建一个空白工作簿,如图4.9所示。

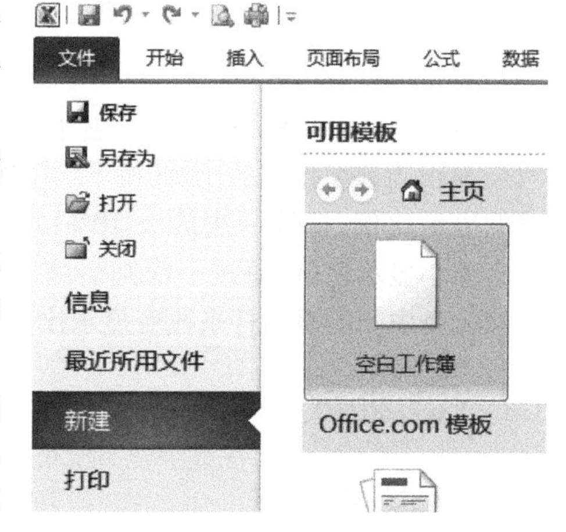

图4.9 新建工作簿

Excel 2010提供了大量内置模板可供选用,也可以自己创建模板并使用。模板也是一种文档类型,它是根据日常工作和生活的需要事先添加的一些日常文本或数据,并进行了适当的格式化,还可以包含公式和宏,并以一定的文件类型保存在特定的位置。

当需要创建类似的文件时,使用模板就可以快速完成,不必从空白页开始,如图4.10所示。

3)保存工作簿

储存文件最快捷的方法是单击快速访问工具栏中的保存按钮。如果是第一次保存,会开启"另存为"对话框,在其中输入文件名,选择保存的位置,单击"保存"按钮即可,如图4.11所示。若想要保留原来的文件,又要储存新的修改内容,请选择"文件"选项卡下的"另存为"选项,以另一个文档名来保存。

在储存时预设会将存档类型默认为Excel工作簿,扩展名是.xlsx,不过此格式的文件无法用Excel 2000/2003等低版本打开,若是需要用Excel 2000/2003版本打开工作簿,建

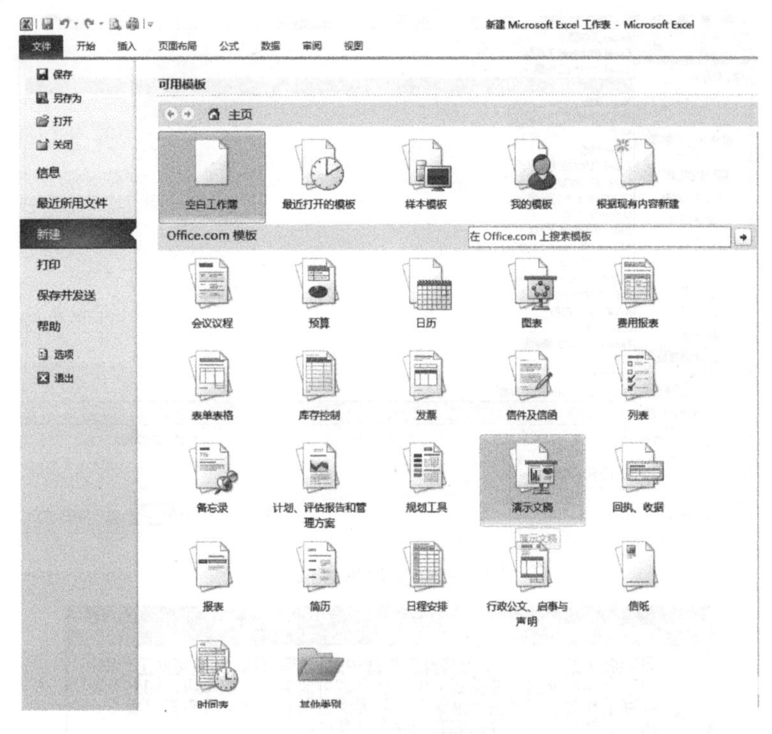

图 4.10　工作簿模板

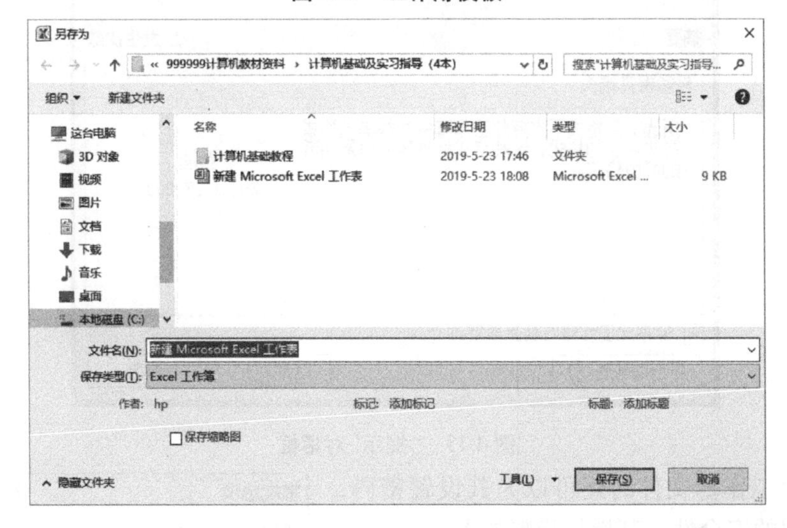

图 4.11　“另存为”对话框

议将存档类型保存为 Excel 97-2003 工作簿，如图 4.12 所示。

不过将文件保存为 Excel 97-2003 工作簿后，若文件中使用了 Excel 2007/2010 版本的新功能，在储存时会显示如图 4.13 所示的提示对话框。若单击“继续”按钮储存，以后打开时可能发生图表无法编辑，或内容不完整等问题。

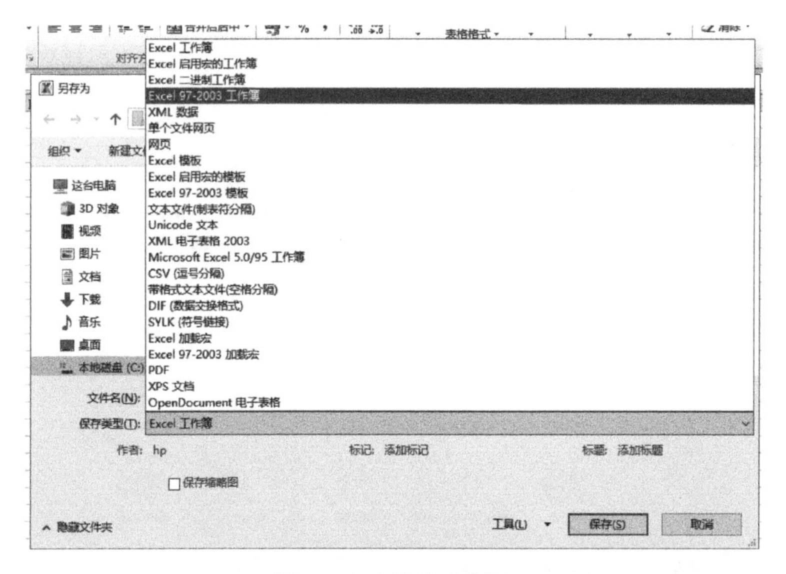

图 4.12　文件格式选择

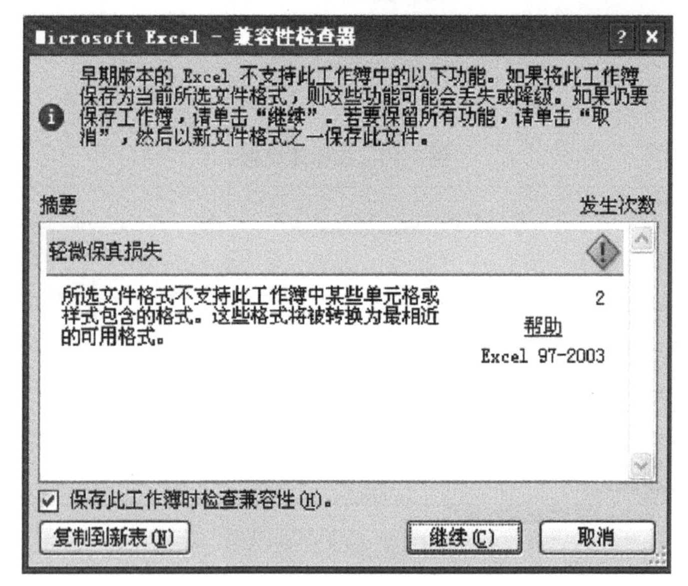

图 4.13　“提示”对话框

在保存工作簿文件时还可以为其设置密码，以保证数据的安全性。其操作步骤如下：

①单击“另存为”对话框右下方的“工具”按钮，从下拉列表中选择“常规选项”选项，打开“常规选项”对话框。

②在相应文本框中输入密码即可，如图 4.14 所示。

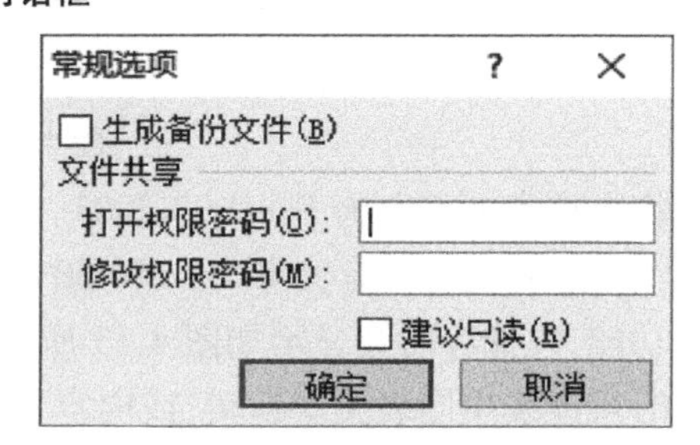

图 4.14　密码设置对话框

4)打开工作簿

打开工作簿的方法有如下3种：

①直接在资源管理器的文件夹下找到相应的Excel文档,双击即可打开。

②启动Excel,单击“文件”选项卡→“最近所用文件”,在右侧的文件列表中显示最近编辑过的Excel工作簿名,单击需要的文件名即可打开。

③单击“文件”选项卡→“打开”,在弹出的“打开”对话框中选择相应文件打开即可。

4.1.4 Excel 2010的退出

若想退出Excel,只要单击主视窗右上角的“关闭”按钮,或单击“文件”选项卡→“退出”即可,如图4.15所示。

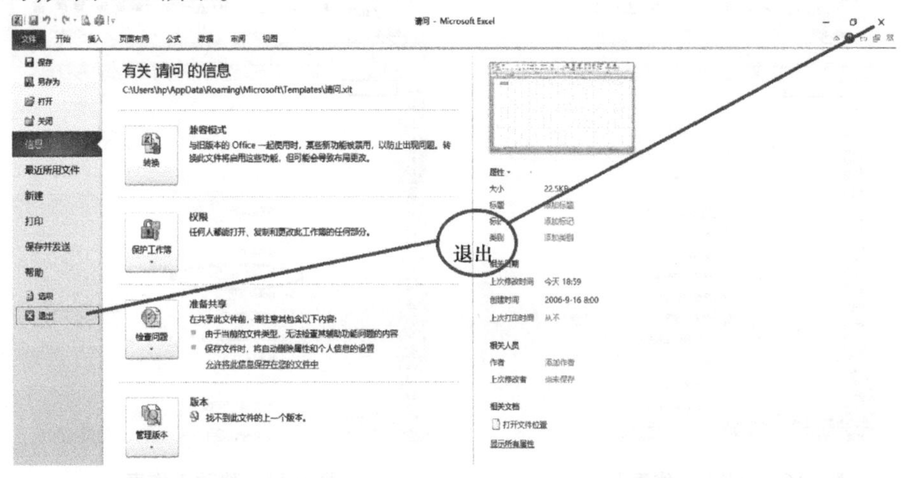

图4.15 退出

4.2 工作簿和工作表的基本概念和基本操作

4.2.1 工作表基础操作

1)新建工作表

一个工作簿预设有3张工作表,若不够用时可以自行插入新的工作表。新建工作表常用的方法有以下两种：

①直接单击界面下方的插入工作表按钮。

②右击工作表标签→选择“插入”命令→在“常用”选项卡中单击“工作表”图标→单击“确定”按钮,如图4.16所示。

当前使用中的工作表,标签会呈白色,如果想要编辑其他工作表,只要单击其他标签,即可切换工作表。

2)复制或移动工作表

复制或移动工作表的操作步骤如下：

①打开 Excel 文档，右击需要移动和复制的工作表标签，在弹出的快捷菜单中选择“移动或复制工作表”命令。

②在打开的“移动或复制工作表”对话框的“将选定表移至”下拉列表中选择工作表移动或复制的位置。

如果是复制工作簿，需要勾选“建立副本”复选框，单击“确定”按钮即可，如图 4.17 所示。

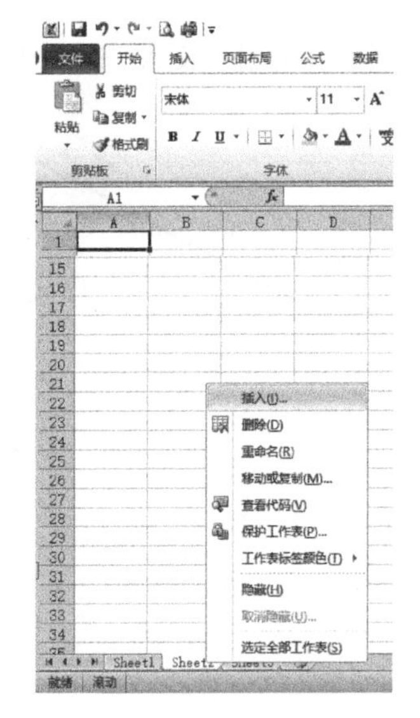

图 4.16　新建“工作表”

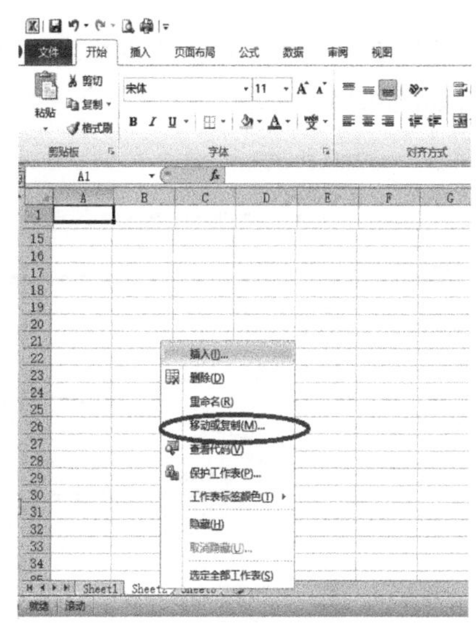

图 4.17　移动工作表

3)删除工作表

如果要删除工作表，可右击工作表标签，在弹出的快捷菜单中选择“删除”命令即可。若工作表中含有内容，还会出现提示窗请用户确认是否要删除。

4)重命名工作表

重命名工作表的方法主要有两种，其基本操作如下：

①双击工作表标签，使其处于可编辑状态，输入名称，如“销售数量”，再按下 Enter 键即可。

②右击工作表标签，在弹出的快捷菜单中选择“重命名”命令也可更改工作表的名称。

4.2.2　录入数据

1)输入文本

文本是指字符、数字及特殊符号的组合。默认情况下，输入的文本数据是左对齐。当

输入的文本超过单元格宽度时,若右侧相邻的单元格没有数据,则超出的文本会延伸到右侧单元格的位置显示;如果右侧单元格已有数据,则超出文本被隐藏,在改变列宽后可以看到全部的文本数据。

当输入纯数字文本时,Excel 会认为是数值,如输入邮政编码“0599”,系统会显示成“599”,如果要保留“0”,应在数字前加一个英文状态下的单引号“'”,此时,单元格左上角会出现一个绿色三角标记,且内容左对齐。

输入完后要按下 Enter 键或是单击编辑栏的输入按钮确认,Excel 会将文本存入单元格并回到就绪模式。

2)输入数字

Excel 的数值数据只能含有以下字符:0~9、+、-、(、)、/、$、%、E、e。默认情况下,数值数据在单元格中自动右对齐。

当数值的数字长度超过 11 位时,将以科学计数法形式表示。

当输入的数字超过列宽时,Excel 会自动采用科学计数法(如 3.1E-12)表示,或者只给出“####”标记。

3)输入日期和时间

输入日期时,年月日间用“/”或“-”分隔。输入时间时,用“:”分隔。同时输入日期和时间时,在日期和时间之间用一个空格分隔。

4)插入符号

选中单元格,单击“插入”选项卡→“符号”组→“符号”按钮,在打开的“符号”对话框中选择符号后单击“插入”按钮即可,如图 4.18 所示。

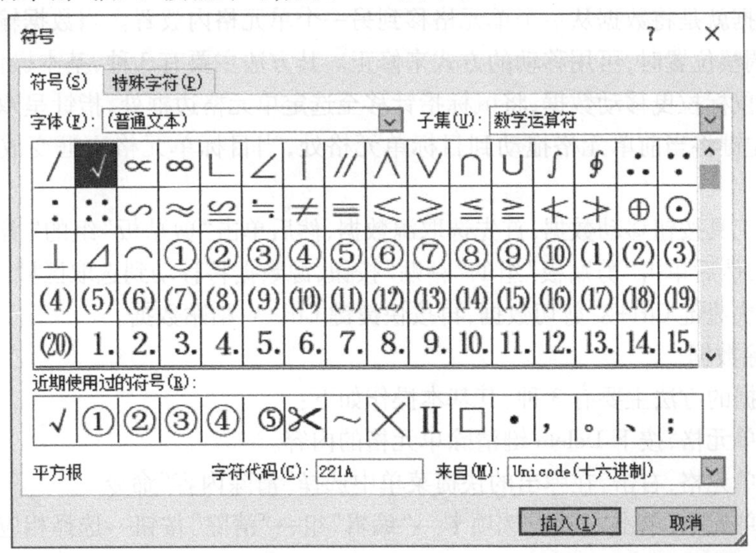

图 4.18　插入符号

4.2.3 数据处理

1)单元格数据编辑

(1)修改单元格数据

修改单元格数据的方法主要有 3 种,其基本操作如下:

①正在输入数据时可按 Esc 键取消输入,然后重新输入。

②双击要修改的单元格→选中错误文本→输入文本→按 Enter 键。

③选中要修改的单元格,在工作表的编辑栏中直接修改数据即可。

(2)复制数据

当工作表中要重复使用相同的数据时,可将单元格的内容复制到目标位置,节省输入的时间。其方法主要有 3 种,基本操作如下:

①选中源数据所在的单元格→单击“开始”选项卡→“剪贴板”组→“复制”按钮→选中目标单元格→单击“粘贴”按钮。

②将鼠标指针移至选定单元格边框处,指针呈双向十字箭头状时,按住 Ctrl 键的同时,在按住左键拖动,在箭头的右上角会出现一个“+”号,将当前单元格拖动到目标单元格处,当目标单元格边框变成虚线时释放即可完成复制操作。

③使用快捷键 Ctrl+C 复制数据,再按快捷键 Ctrl+V 粘贴数据。

数据复制到目标区域后,源数据的虚线框仍然存在,可以继续进行复制。若复制工作已完成,请按下 Esc 键取消虚线框。

(3)移动数据

移动数据就是将数据从一个单元格移到另一个单元格内放置。当数据输入的单元格错误,或要调整位置时,可用移动的方式来修正。其方法主要有 3 种,基本操作如下:

①利用鼠标拉曳移动数据,将鼠标指针移至选定单元格边框处,指针呈双向十字箭头状时,按住左键将当前单元格拖动到目标单元格处,当目标单元格边框变成虚线时释放即可。

②利用工具按钮移动数据,首先选取源数据,然后单击“剪贴板”组的“剪切”按钮;选取粘贴区域,然后单击“剪贴板”组的“粘贴”按钮,源数据将移动到选取区域。

③使用快捷键 Ctrl+X 剪切数据,再按快捷键 Ctrl+V 粘贴数据。

(4)清除数据

清除数据的方法主要有 3 种,其基本操作如下:

①选中单元格,按下 Delete 键清除单元格的内容。

②选中单元格,右击,在弹出的快捷菜单中选择“清除内容”命令。

③选中单元格,单击“开始”选项卡→“编辑”组→“清除”按钮→选择相应选项。

2)数据填充

在输入数据的过程中,当某行或某列的数据有规律或为一组固定的序列数据时,可使用自动填充功能快速完成。使用填充功能最常用的办法是将鼠标指针移动到填充柄处,当鼠标指针形状变为“+”字时，按住鼠标左键拖动，然后可选择填充类型。

在需填充区域的前两个单元格中输入两个不同的数值（如 1 和 2），并选定这两个单元格，拖动填充柄，可完成等差序列的填充。

还可以使用“序列”对话框填充数据序列：单击“开始”选项卡→“编辑”区→“填充”→“序列”，可在“序列”对话框的“序列产生在”栏中设定按行或按列进行填充，在“终止值”文本框中输入终止值。

3）数据的查找与替换

利用查找与替换功能，可以迅速而准确地完成数据的查找和编辑。

①查找：单击“开始”选项卡→“编辑”区→“查找和选择”→“查找”。

②替换：单击“开始”选项卡→“编辑”区→“查找和选择”→“替换”。

4）数据的撤销和恢复

当执行了错误操作时，可通过“撤销”功能来撤销前一操作，从而恢复到误操作之前的状态。当误撤销某些操作时，可通过“恢复”功能取消之前的撤销操作。

①撤销：单击快速访问工具栏中的“撤销”按钮可撤销完成的操作。

②恢复：单击快速访问工具栏中的“恢复”按钮可恢复前一步“撤销”的操作。

4.2.4　编辑单元格

1）选择单元格

（1）选择单个单元格

在单元格内单击，可选取该单元格，并在名称框内显示单元格地址。

（2）选择多个连续单元格

若要一次选取多个相邻的单元格，鼠标选中欲选取范围的第一个单元格，然后按住左键拉曳到欲选取范围的最后一个单元格，最后再放开左键即可。

需要注意是：如果要选取多个不连续的单元格，只需按住 Ctrl 键不放，然后依次单击要选择的单元格即可。若要选取工作表中的所有单元格时，只要单击左上角的“全选按钮”即可。若要取消选取范围，只要在工作表内单击任意一个单元格即可。

（3）选定所有单元格

单击工作表上行标题和列标题的交叉处，就可以快速选中整个工作表中的所有单元格，或按快捷键 Ctrl+A。

（4）选定行和列

选定行和列的方法如下：

①选定整行/列：单击行号或列号即可。

②选定连续的行/列：按住左键并在行/列号上拖动。

③选定不连续的行/列：按住 Ctrl 键并依次单击需要选定的行/列号。

2）合并单元格

合并单元格的操作步骤是：选择要合并的单元格区域，单击“开始”选项卡→“对齐方式”组→“合并后居中”按钮即可,如图4.19所示。

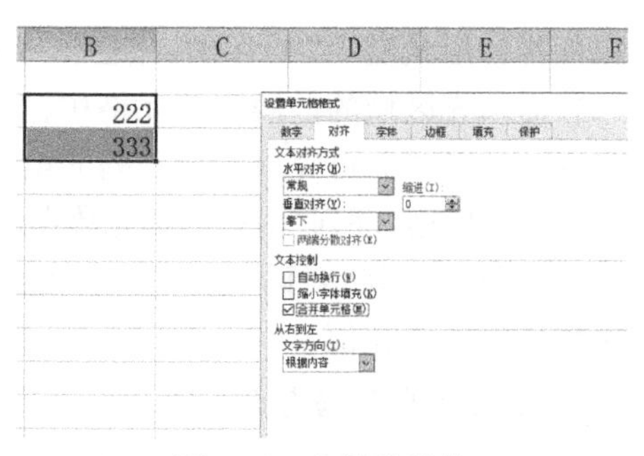

图4.19 合并单元格

3)插入单元格

插入单元格的方法主要有两种,其基本操作如下:

①右击选中的单元格,在弹出的快捷菜单中选择“插入”命令。

②单击“开始”选项卡→“插入”按钮。

4)删除单元格

删除单元格的操作方法是:选中需要删除的单元格或单元格区域,右击,在弹出的快捷菜单中选择“删除”命令,在弹出的“删除”对话框中选中“右侧单元格左移”或“下方单元格上移”选项,最后单击“确定”按钮即可。

5)移动与复制单元格

(1)使用剪贴板移动或复制数据

①移动数据:选中复制的单元格或单元格区域,单击“开始”选项卡→“剪贴板”组→“剪切”按钮,然后在目标位置执行“粘贴”命令即可。

②复制数据:选中移动的单元格或单元格区域,单击“开始”选项卡→“剪贴板”组→“复制”按钮,然后在目标位置执行“粘贴”命令即可。

注意:复制或剪切内容后,在粘贴内容时只需要选定要粘贴区域内左上角的第一个单元格,Excel 2010会自动将粘贴的内容移动或复制到其他对应的单元格内。

(2)使用鼠标拖动移动或复制数据

①移动数据:选中需要移动的单元格,将鼠标指针指向该单元格的边缘,此时鼠标指针将变为形状,按下左键拖动到目标位置即可。

②复制数据:选中需要复制的单元格,在按住Ctrl键的同时,拖动鼠标到目标位置后释放即可。

4.3 工作表的格式化

4.3.1 工作表格式设置

1)设置文本格式

设置文本格式的方法有3种,其基本操作如下:

①选中设置内容,并将鼠标光标放置在选择的字符上,片刻后将出现一个半透明的浮动工具栏,将光标移到上面,在其中可设置字符的字体格式。

②选择要设置格式的单元格、单元格区域、文本或字符,在“开始”选项卡的“字体”组

中可执行相应的操作来改变字体格式。

③单击“字体”组的对话框启动按钮，打开“设置单元格格式”对话框，在“字体”选项卡中根据需要设置字体、字形、字号以及字体颜色等格式，如图4.20所示。

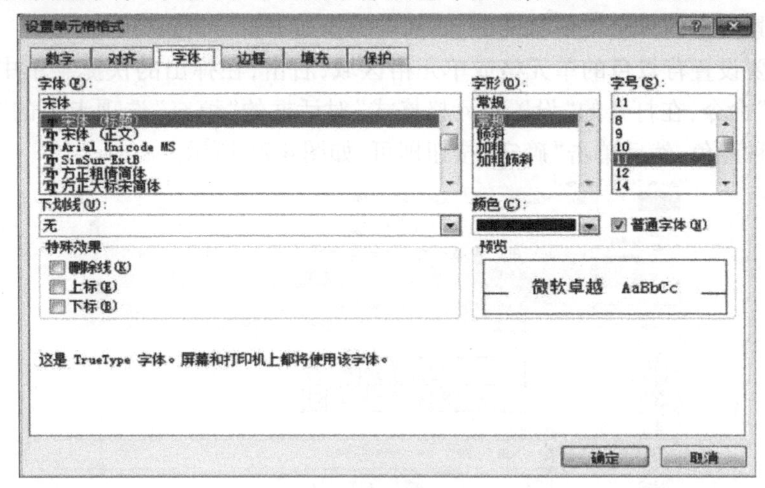

图4.20　字体格设置对话框

2)设置数字格式

设置数字格式的方法主要有两种，其基本操作如下：

①在“开始”选项卡的“数字”组中进行设置。

②单击“开始”选项卡→“数字”组右下角的对话框启动按钮，打开“设置单元格格式”对话框，在“数字”选项卡中根据需要设置数字格式即可。

3)设置对齐方式

Excel单元格中的文本默认为左对齐，数字默认为右对齐。为了保证工作表中数据的整齐性，可以为数据重新设置对齐方法。其方法主要有两种，基本操作如下：

①在“开始”选项卡的“对齐方式”组进行设置。

- “顶端对齐”按钮：数据将靠单元格的顶端对齐。
- “垂直居中”按钮：数据将在单元格中上下居中对齐。
- “底端对齐”按钮：数据将靠单元格的底端对齐。
- “文本左对齐”按钮：数据将靠单元格的左端对齐。
- “居中”按钮：数据将在单元格中左右居中对齐。
- “文本右对齐”按钮：数据将靠单元格的右端对齐。

②单击“开始”选项卡→“对齐方式”组右下角的对话框启动按钮，在弹出的“设置单元格格式”对话框的“对齐”选项卡中也可以设置数据的对齐方式。

4)设置边框、背景色或图案

(1)添加边框

单击“开始”选项卡→“字体”组→“边框”按钮，在打开的下拉菜单中选择“其他边框”选项，在打开的“设置单元格格式”对话框的“样式”列表框中选择一种边框线条样式，然后单击按钮，为表格添加外边框，单击“确定”按钮。

(2)设置背景图案

设置背景图案的方法主要有两种，其基本操作如下：

①选中要设置背景色的单元格或单元格区域，右击，在弹出的快捷菜单中选择“设置单元格格式”命令，在打开的“设置单元格格式”对话框的“填充”选项卡下的“背景色”色板中选择一种颜色，然后单击“确定”按钮即可，如图 4.21 所示。

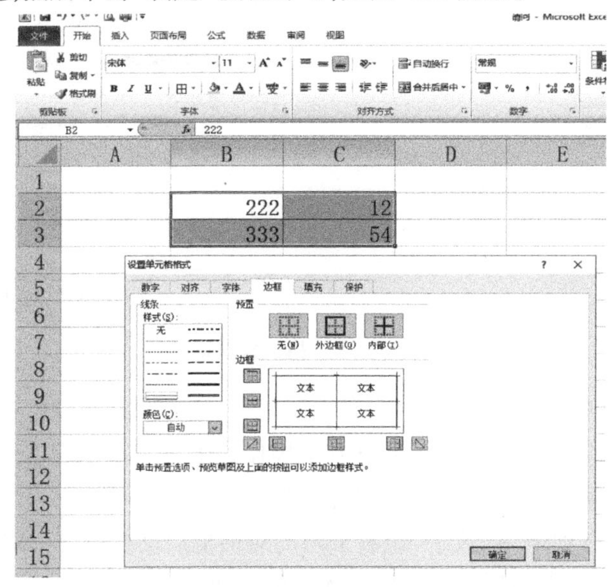

图 4.21 添加边框

需要注意的是：单击“填充效果”按钮，可以为单元格设置渐变填充效果；单击“图案样式”下拉按钮，在打开的下拉列表中可选择一种图案对单元格进行填充。

②单击“页面布局”选项卡→“页面设置”组→“背景”按钮，在打开的“工作表背景”对话框中选中用来作为工作表背景的图片，然后单击“插入”按钮即可。

4.3.2 行与列的基本操作

1)插入行或列

插入行或列的方法主要有两种，其基本操作如下：

①右击某个行号或列标，在弹出的快捷菜单中选择“插入”命令，可以插入一整行或一整列空白单元格。

②选中要插入位置的行或列，单击“开始”选项卡→“单元格”组→“插入”按钮，在弹出的下拉菜单中选择“插入工作表列”选项。

2)删除行或列

删除行或列的方法主要有两种，其基本操作如下：

①选中想要删除的行或列，右击，在弹出的快捷菜单中选择“删除”命令即可。

②选中想要删除的行或列，单击“开始”选项卡→“单元格”组→“删除”按钮，在弹出的下拉菜单中选择“删除工作表行”或“删除工作表列”选项即可，如图 4.22 所示。

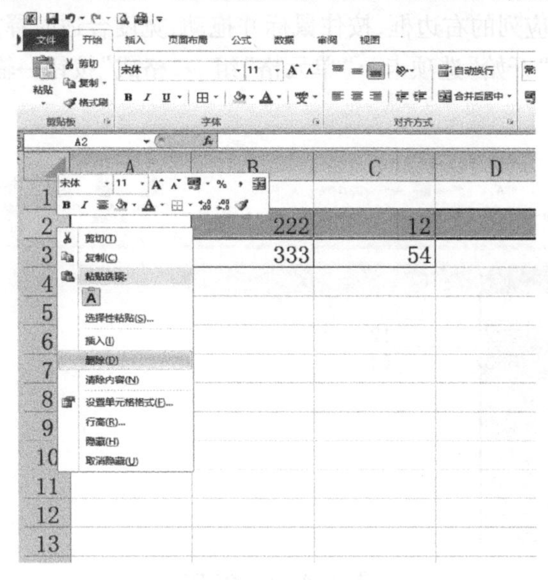

图 4.22　删除行/列

需要注意的是：选中需要删除的多行或多列，然后选择“删除”命令，可以一次性删除多行或多列。

3）调整行高和列宽

（1）调整行高

调整行高的方法主要有 3 种，其基本操作如下：

①将光标移至相应行号的下边框，按住鼠标并拖动，高度合适时释放鼠标即可。

②选定行→单击“开始”选项卡→“单元格”组→“格式”按钮→输入行高的数值，如图 4.23 所示。

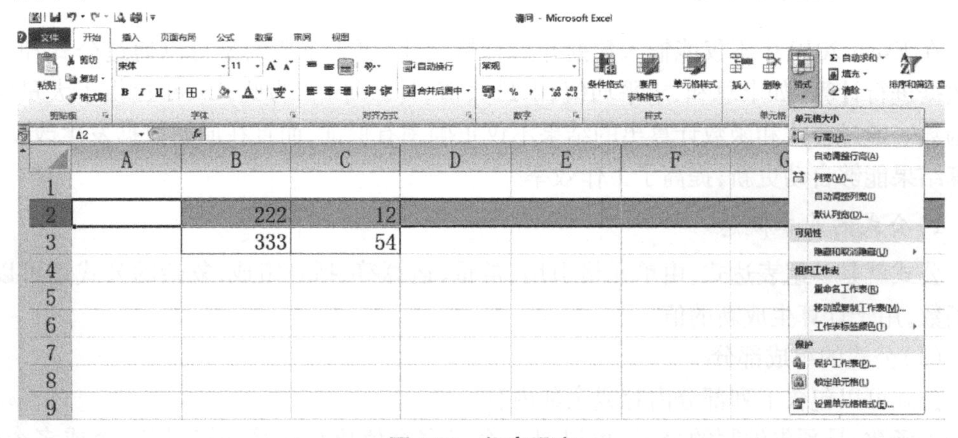

图 4.23　行高设定

③选定行后，右击，在弹出的快捷菜单中选择“行高”命令。

(2)调整列宽

调整列宽的方法主要有3种，其基本操作如下：

①将光标移至相应列的右边框，按住鼠标并拖动，宽度合适时释放鼠标即可。

②选定列→单击“开始”选项卡→“单元格”组→“格式”按钮→输入列宽的数值，如图4.24所示。

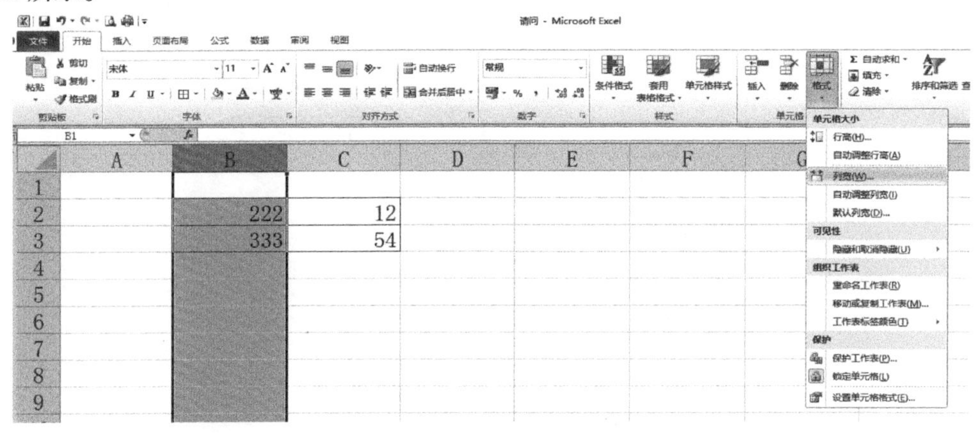

图4.24　列宽设定

③选定列后，右击，在弹出的快捷菜单中选择“列宽”命令。

4)套用单元格样式

选择需要套用单元格样式的单元格，单击“开始”选项卡→“样式”组→“单元格样式”按钮，在打开的库中选择样式即可。

4.4　工作表中公式和常用函数的使用

4.4.1　Excel 公式和函数

在 Excel 2010 中不仅能输入数据并进行格式化，更为重要的是可以通过公式和函数对数据进行计算（如求总和、求平均值、求最大值、计数等）。为此，Excel 提供了大量实用的函数。通过公式和函数计算出的结果不仅正确率有保证，而且在原始数据发生改变后，计算结果能够自动更新，提高了工作效率。

1)公式的基本概念

公式就是一组表达式，由单元格引用、常量、运算符、括号组成，复杂的公式还可以包括函数，用于计算生成新的值。

(1)公式的组成部分

公式可以包含下列部分内容或全部内容。

①函数：是预先编写的公式，可以对一个或多个值执行运算，并返回一个或多个值。

函数可以简化和缩短工作表中的公式,尤其是在用公式进行复杂计算时。

②单元格引用:用于表示单元格在工作表上所处位置的坐标集。例如:显示在第 A 列和第 2 行交叉处的单元格,其引用形式为“A2”。

③运算符:一个标记或符号,指定表达式内执行计算的类型,如算术运算符、字符连接符、关系运算符等。

④常量:在运算中值不变的量。表达式或由表达式计算得出的值不属于常量。例如:数字“210”和文本“姓名”均为常量。

(2)单元格的引用

单元格的引用分为相对引用、绝对引用和混合引用。

①相对引用:是指引用公式中相关联位置的单元格,相对引用的地址表示为“列标行号”,如 A1。默认情况下,在公式中对单元格的引用都是相对引用。

②绝对引用:是指引用工作表中固定位置的单元格,如“位于第 B 列,第 2 行的单元格。”复制公式时,绝对引用单元格将不随公式位置变化而变化。在行号和列标前均加上“ $ ”符号,代表绝对引用,如 $B $2。

③混合引用:当需要固定引用行而允许列变化时,在行号前加入符号“ $ ”,如“=B $ 2”;当需要固定引用列而允许行变化时,在列标前加入符号“ $ ”,如“= $B2”。当公式单元因为复制或插入而引起行列变化时,公式的相对地址部分会随位置变化,而绝对地址部分不会发生变化。

用鼠标双击含有公式的单元格,选择某一单元格进行引用,按 F4 键可以在相对引用、绝对引用、混合引用之间快速切换。

(3)运算符

运算符是构成公式的基本元素,Excel 包括以下 4 种类型的运算符:

①算术运算符:用于完成基本的数学运算(如加法、减法和乘法),连接数字和产生数字结果等。算术运算符的名称与用途见表 4.1。

表 4.1　算术运算符

算术运算符	名　称	用　途
+	加号	加
-	减号	“减”以及表示负数
*	星号	乘
/	斜杠	除
%	百分号	百分比
^	乘幂符	乘方

②比较运算符:用于比较两个值,结果是逻辑值(TRUE 或 FALSE)。比较运算符的名称及用途见表 4.2。

表 4.2　比较运算符

比较运算符	名　称	用　途
=	等号	等于
>	大于号	大于
<	小于号	小于
>=	大于等于号	大于等于
<=	小于等于号	小于等于
<>	不等于号	不等于

③文本运算符:主要有文字串联符(&),用于连接一个或多个字符串来产生一大段文本。

④引用运算符:可以将单元格区域合并起来进行计算。引用运算符的名称与用途见表 4.3。

表 4.3　引用运算符

引用运算符	名　称	用　途	示　例
:	冒号	区域运算符,对两个引用之间包括两个引用在内的所有单元格进行引用	B5:B15
,	逗号	联合操作符将多个引用合并为一个引用	SUM(B5:B15,D5:D15)

需要注意的是:运算符的优先次序。公式中运算符的优先次序从高到低依次为:冒号(:)、逗号(,)、负号(-)、百分号(%)、乘幂(^)、乘和除(* 和/)、加和减(+和-)、文本串联符(&)、比较运算符(=,>,<,>=,<=,<>)。

若公式中多个运算符的优先级别相同,遵从“从左到右”的原则。若要改变某个运算符的运算优先次序,可以使用括号来完成。公式中括号的优先级最高。

2)公式的输入和编辑

(1)输入公式

输入公式的操作步骤如下:

①首先选中要显示公式运算结果的单元格,使其成为活动单元格。

②输入“=”,然后输入常量、单元格引用等。输入结束后按 Enter 键,计算结果会显示在单元格中。

需要注意的是:在公式中所输入的运算符都必须是西文的半角字符。

(2)编辑公式

公式的编辑主要有修改、复制和自动填充 3 种类型。

①修改公式:双击公式所在的单元格进入编辑状态,在单元格和编辑栏内均会显示公式本身,在单元格或编辑栏内进行修改即可,修改完毕后按 Enter 键确认。如果要删除公式,只需要单击选择单元格,然后单击 Delete 键即可。

②复制公式:先选中一个含有公式的单元格,然后单击"开始"选项卡→"剪贴板"组→"复制"按钮,再选中目标单元格,单击"开始"选项卡→"剪贴板"组→"粘贴"按钮,公式就复制到目标单元格中。

③自动填充公式:公式可以像数据一样使用填充柄进行复制,从而实现自动填充。自动填充采用的是单元格的相对引用。

4.4.2　在公式中定义和使用名称

1)名称的类型

所谓名称就是给单元格引用、常量、公式或表格取一个有意义的名字,便于了解和记忆。Excel 的创建和使用名称可分为以下两种类型。

①已定义名称:代表单元格、单元格区域、公式或常量值的名称。

②表名称:工作表的名称。

2)名称的语法规则

创建和编辑名称时需要注意的语法规则如下:

①唯一性原则:名称在其适用范围内必须始终唯一,不可重复。

②有效字符:名称中的第一个字符必须是字母,不能是下画线(_)或反斜杠(\)。名称中的其余字符可以是字母、数字、句点和下画线。

③不允许单元格引用:名称不能与单元格引用相同。

④不允许使用空格:可以使用下画线(_)和句点(.)作为单词分隔符。

⑤不区分大小写:名称可以包含大写字母和小写字母。

3)为单元格或单元格区域定义名称

定义单元格或单元格区域的名称,主要有 3 种方式。

(1)快速定义名称

快速定义名称的操作步骤如下:

①选择要命名的单元格或单元格区域。

②单击编辑栏左端的"名称"文本框,输入引用用户在选定内容时要使用的名称,按 Enter 键。

(2)行和列标签转换为名称

将行和列标签转换为名称的操作步骤如下:

①选择要命名的区域,包括行或列标签。

②单击"公式"选项卡→"定义名称"组→"从所选内容创建"按钮。

③在打开的"以选定区域创建名称"对话框中,通过选择"首行""左列""末列"或"右列"复选框来制订行或列标签的位置。

需要注意的是:使用此过程创建的名称仅引用包含值的单元格,并且不包括现有行和列的标签。

(3)使用“新建名称”对话框定义名称

使用“新建名称”对话框定义名称的操作步骤如下:

①单击“公式”选项卡→“定义名称”组→“定义名称”按钮。

②在打开的“新建名称”对话框的“名称”文本框中输入要用于引用的名称。

③在“适用范围”下拉列表中选择“工作簿”或工作簿中工作表的名称。

④可以选择在“备注”文本框中输入最多255个字符的说明性文字。

4)使用名称

可以在公式中使用选定区域定义的名称,其操作步骤如下:

①键入名称,如作为公式的参数。

②使用“公式记忆式键入”下拉列表,其中自动为用户列出了有效名称。

③单击“公式”选项卡→“定义名称”组→“用于公式”按钮,在下拉列表中选择已定义的名称。

5)管理名称

(1)修改已定义的名称

使用“名称管理器”对话框可以修改工作簿中的所有已定义的名称和表名称,其操作步骤如下:

①单击“公式”选项卡→“定义名称”组→“名称管理器”按钮。

②打开“名称管理器”对话框,查看已定义的名称和表名称。在该对话框中,可以对名称进行编辑或删除,还可以使用“筛选”下拉列表中的命令快速显示名称子集。选择命令可以打开或关闭筛选操作,这样可以很容易合并或删除不同的筛选操作以获得所需的结果。

③在“名称管理器”对话框中单击要更改的名称,然后单击“编辑”按钮,也可以双击该名称。

④在“编辑名称”对话框的“名称”文本框中输入新名称。

⑤在“引用位置”更改框中更改引用,然后单击“确定”按钮。

⑥在“名称管理器”对话框的“引用位置”框中,可更改名称代表的单元格、公式或常量。

⑦若要取消更改,单击“取消”按钮,或者按Esc键。若要保存更改,单击“提交”按钮或按Enter键。

(2)删除已定义的名称

删除一个或多个名称的操作步骤如下:

①在“名称管理器”对话框中选择要删除的名称。若要选择某个名称,则单击该名称。若要连续选择组内的多个名称,单击并拖动这些名称,或者按住Shift键单击组内的个名称。若要选择非连续组内的多个名称,按住Ctrl键单击该组内的每个名称。

②单击“删除”按钮,也可以按 Delete 键。

③单击“确定”按钮确认。

4.4.3　函数的使用

Excel 2010 提供了很多用于计算的函数。函数是预先定义好的内置公式,一般形式为:函数名(参数 1,参数 2)。

不同的函数需要的参数个数和类型不同。参数可以是常量、逻辑值、单元格、区域、已定义好的名称和其他函数等。

输入函数与输入公式相同,必须以等号“=”开始。

1)函数的分类

Excel 2010 按照功能把函数分为:数学和三角函数、统计函数、文本函数、多维数据集函数、数据库函数、日期和时间函数、工程函数、财务函数、信息函数、逻辑函数、查找和引用函数以及与加载项一起安装的用户定义的函数等。

2)函数的输入

函数的输入和公式类似,可以通过“函数库”组或“插入函数”按钮完成。

(1)通过“函数库”组输入函数

通过“函数库”组输入,其操作步骤如下:

①选中要显示公式运算结果的单元格,使其成为活动单元格。

②输入等号“=”,然后单击“公式”选项卡→“函数库”组中选择某一函数类别,如图 4.25 所示。

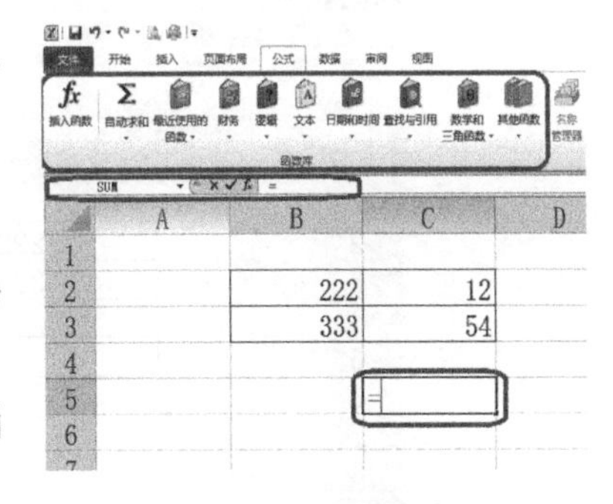

图 4.25　函数种类

③在打开的函数列表中单击所需要的函数,打开如图 4.26 所示的对话框。

④在“函数参数”对话框中设置函数的参数。可以单击对话框左下角的“有关该函数的帮助”链接获得帮助信息。

⑤设置完毕,单击“确定”按钮。

(2)通过“插入函数”按钮输入函数

通过“插入函数”按钮输入函数,其操作步骤如下:

①选中要显示公式运算结果的单元格,使其成为活动单元格。

②输入等号“=”,然后单击“公式”选项卡→“函数库”组→“插入函数”按钮。

③打开“插入函数”对话框,如图 4.27 所示。

④在对话框中选择需要的函数,单击“确定”按钮。

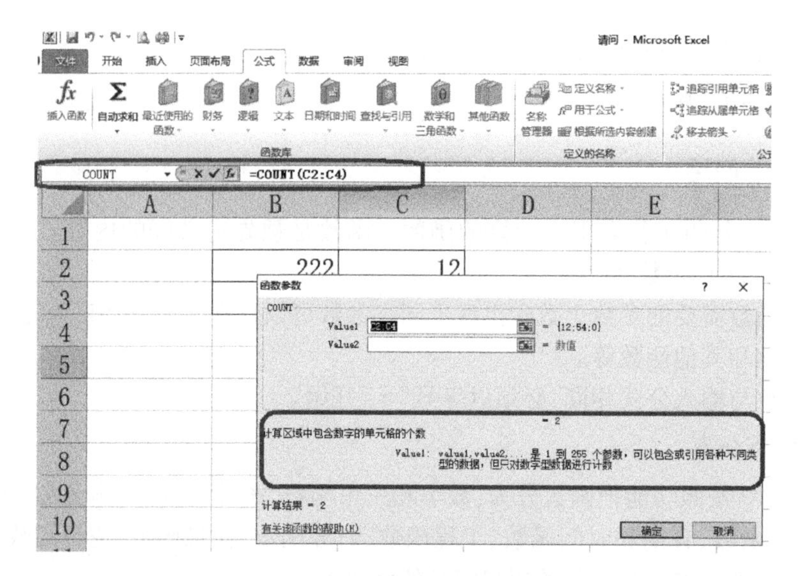

图 4.26 “函数参数”对话框

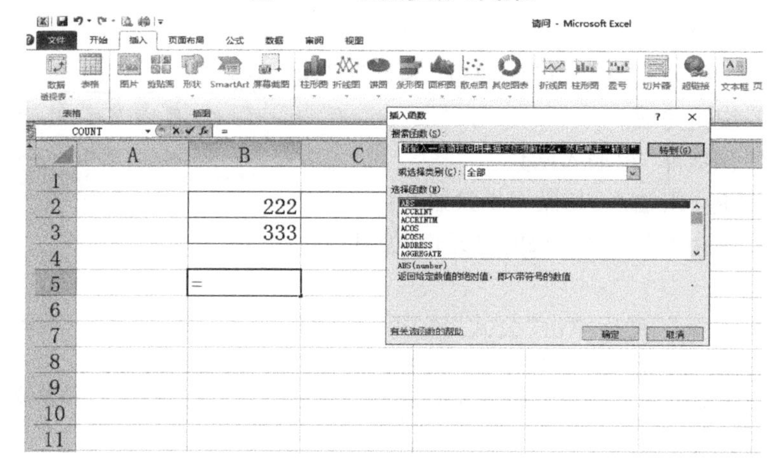

图 4.27 “插入函数”对话框

4.4.4 Excel 中的常用函数

1)常用函数简介

以下是 Excel 中的常用函数，以函数的字母排序。

(1)AVERAGE(number1, number2)

主要功能：求所有参数的算术平均值。

参数说明：number1,number2 表示需要求平均值的数值或引用的单元格区域，参数不超过 30 个。

(2)MAX(number1, number2)

主要功能：求出参数中的最大值。

参数说明：number1，number2 表示需要求最大值的数值或引用的单元格区域，参数不超过 30 个。

(3) MIN(number1，number2)

主要功能：求出参数中的最小值。

参数说明：number1，number2 表示需要求最小值的数值或引用的单元格区域，参数不超过 30 个。

(4) COUNT(Value1，Value2)

主要功能：计算参数中数值类型数据的个数。

参数说明：Value1，Value2 表示需要计算的各类数据参数或各引用的单元格区域，参数不超过 30 个。

(5) COUNTIF(range，citeria)

主要功能：统计单元格区域内符合指定条件的单元格个数。

参数说明：range 表示要进行统计的单元格区域；citeria 为指定条件的表达式。

(6) SUM(number1，number2)

主要功能：计算参数中所有数值的和。

参数说明：number1，number2 表示需要计算的数据或引用的单元格区域，参数不超过 30 个。

(7) SUMIF(range，citeria，sum_range)

主要功能：计算符合指定条件的单元格区域内的数值和。

参数说明：range 用于条件判断的单元格区域；citeria 为指定条件的表达式；sum_range 为求和的单元格区域。

(8) LEN(text)

主要功能：统计文本字符串中的字符个数。

参数说明：text，文本字符串。

(9) IF(logical_test，value_if_true，value_if_false)

主要功能：对指定逻辑表达式进行真假判断，并返回相对应的结果。

参数说明：logical_test：计算结果为 true 或 false 的任何数值或表达式。

value_if_true：条件 logical_test 计算为 true 时函数的返回值。如果 logical_test 为 true 并且省略 value_if_true，则返回 true。value_if_true 可以为某一个公式。

value_if_false：条件 logical_test 为 false 时函数的返回值。如果 logical_test 为 false 并且省略 value_if_false，则返回 false。value_if_false 可以为某一个公式。

2) 函数的应用案例

本小节用 3 种函数输入方式来说明函数的使用方法。

建立如图 4.28 所示的“学生成绩单”表格，并利用函数完成总分的计算。

(1) 使用“自动求和” **Σ** 按钮完成计算

①单击 H3 单元格，然后在“开始”选项卡的“编辑”组中，单击 **Σ 自动求和** ▾按钮，在下拉列表中选中需要的函数“求和”，如图 4.29 所示。

	A	B	C	D	E	F	G	H
1	学生成绩单							
2	学号	姓名	语文	数学	英语	历史	生物	总分
3	20120105001	李海	78	69	78	89	87	
4	20120105002	张澜澜	85	90	82	92	77	
5	20120105003	何鸿宇	90	94	88	93	79	
6	20120105004	杨扬	68	78	80	86	84	
7	20120105005	刘彤盈	79	81	76	87	90	
8	20120105006	赵青林	83	86	92	89	78	
9	20120105007	熊昊	93	79	89	76	86	

图 4.28　学生成绩单

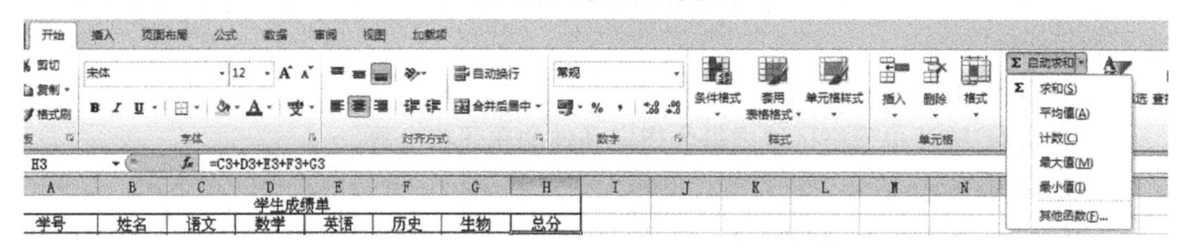

图 4.29　自动求和

②以单元格 H3 为起点，下拉鼠标完成公式的填充，如图 4.30 所示。

H3　=SUM(C3:G3)

	A	B	C	D	E	F	G	H
1	学生成绩单							
2	学号	姓名	语文	数学	英语	历史	生物	总分
3	20120105001	李海	78	69	78	89	87	401
4	20120105002	张澜澜	85	90	82	92	77	426
5	20120105003	何鸿宇	90	94	88	93	79	444
6	20120105004	杨扬	68	78	80	86	84	396
7	20120105005	刘彤盈	79	81	76	87	90	413
8	20120105006	赵青林	83	86	92	89	78	428
9	20120105007	熊昊	93	79	89	76	86	423

图 4.30　公式的填充

(2)用“插入函数”按钮输入函数

①单击 H3 单元格，然后单击编辑栏的 fx 按钮，在弹出的“插入函数”对话框中选择“SUM”函数。

②在“插入函数”对话框中单击“确定”按钮后，在弹出的“函数参数”对话框中设置“Number1”的计算区域，如图 4.31 所示。

③以单元格 F3 为起点，下拉鼠标完成公式的复制。

(3)用编辑栏输入函数

单击 H3 单元格，然后在“编辑栏”输入“=SUM(C3:E3)”，单击“Enter”按钮，完成操作。

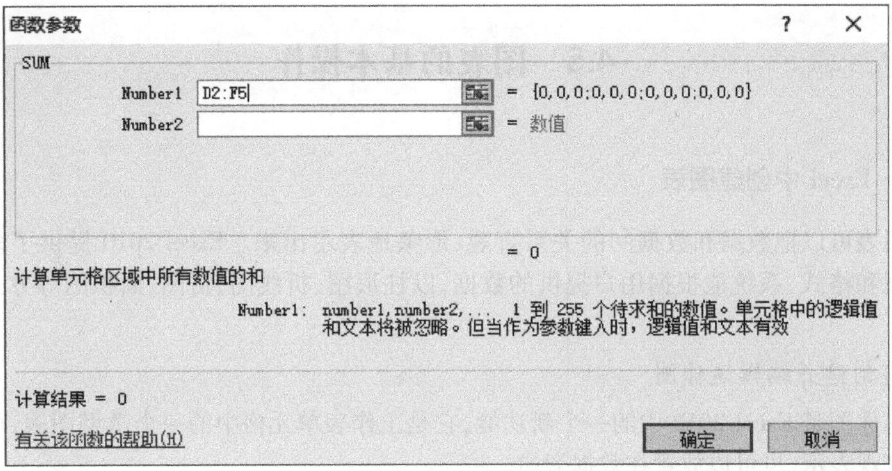

函数参数

SUM

Number1　D2:F5　= {0,0,0;0,0,0;0,0,0;0,0,0}

Number2　　= 数值

= 0

计算单元格区域中所有数值的和

Number1:　number1,number2,...　1 到 255 个待求和的数值。单元格中的逻辑值和文本将被忽略。但当作为参数键入时，逻辑值和文本有效

计算结果 = 0

有关该函数的帮助(H)　　确定　取消

图 4.31　函数参数设置

4.4.5　使用函数后的常见出错信息

单元格中引入公式后，如果公式使用不正确导致无法计算，Excel 就会显示出错误信息。下面列出几种常见的错误信息。

(1)####!

单元格中的内容太长，超出了单元格的宽度。用户对日期计算产生了负值，会出现此类错误信息。

(2)#DIV/0!

除数为零的错误信息。

(3)#VALUE

公式中的参数或运算对象类型引用错误，或当公式自动更正功能不能更正公式时，会出现此类错误信息。

(4)#NULL!

使用了不正确的单元格或单元格区域进行公式引用，会出现此类错误信息。

(5)#N→A

公式中没有可用的数值或者函数中缺少参数，会出现此类错误信息。

(6)#REF!

单元格引用无效，通常是误删除了公式中的引用区域，使函数参数不齐，会出现此类错误信息。

(7)#NAME!

公式中使用了 Excel 不能识别的文本，一般是删除了公式中使用的名称或使用了不正确的名称，会出现此类错误信息。

(8)#NUM!

公式或者函数中的参数出现了错误，一般是数字不能接受，会出现此类错误信息。

4.5　图表的基本操作

4.5.1　Excel 中创建图表

图表可以把数据和数据间的关系直观、形象地表示出来。Excel 2010 提供了多种图表类型和格式，系统能根据用户提供的数据，以柱形图、折线图、饼图、面积图等方式显示出来。

1）创建并编辑迷你图

迷你图是 Excel 2010 中的一个新功能，它是工作表单元格中的一个微型图表，可提供数据直观表示，也可以放置在数据旁边。

（1）迷你图基本概念

与 Excel 2010 工作表的图表不同，迷你图是嵌入在单元格中的一个微型图表，用户可以在单元格中输入文本并使用迷你图作为背景。迷你图可以通过清晰简明的图形显示相邻数据的趋势，而且迷你图只需占用少量空间。

用户可以快速查看迷你图与其基本数据之间的关系，而且当数据发生更改时，可以立即在迷你图中看到相应的变化。除了为一行或一列数据创建一个迷你图之外，还可以通过选择与基本数据相对应的多个单元格来同时创建若干个迷你图。与图表不同，迷你图会随工作表一起打印输出。

（2）创建迷你图

下面以电器三个月销量表为例，插入一个或多个迷你图，其操作步骤如下：

①打开工作簿文件，单击要输入迷你图的单元格，此处单击 F3 单元格。

②单击“插入”选项卡→“迷你图”组→要创建的迷你图类型：“折线图”。

③在“数据范围”文本框中输入迷你图所基于的数据的单元格区域，如图 4.32 所示。

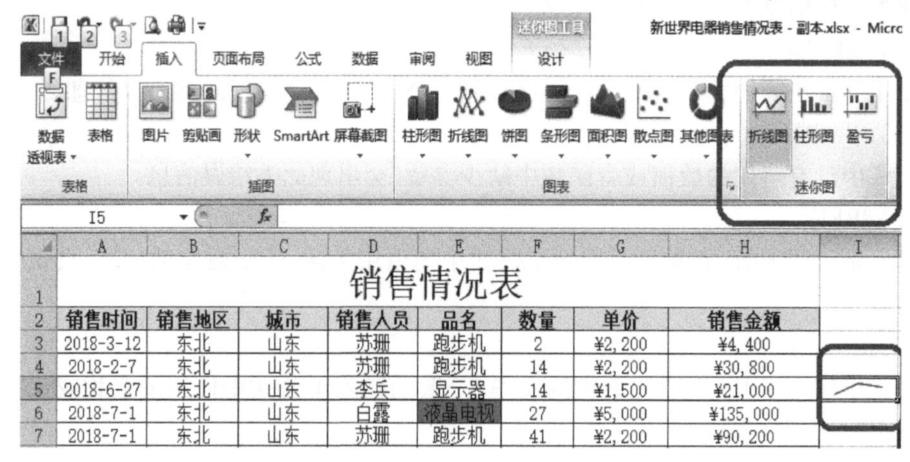

图 4.32　“折线”迷你图

④在“位置范围”文本框中输入存放迷你图的单元格。

⑤单击“确定”按钮，迷你图即插入 F3 单元格。

同时，也可以在含有迷你图的单元格中直接输入文本，并设置文本格式(例如：更改其字体颜色、字号或者对齐方式)，还可以向该单元格应用填充(背景)颜色。

(3)更改迷你图

更改迷你图的样式或格式，其操作步骤如下：

①选择一个迷你图或一个迷你图组。

②若要应用预定义样式，单击“迷你图工具—设计”上下选项卡→“样式”组→某个样式或者右下角的“其他”按钮以查看其他样式，如图 4.33 所示。

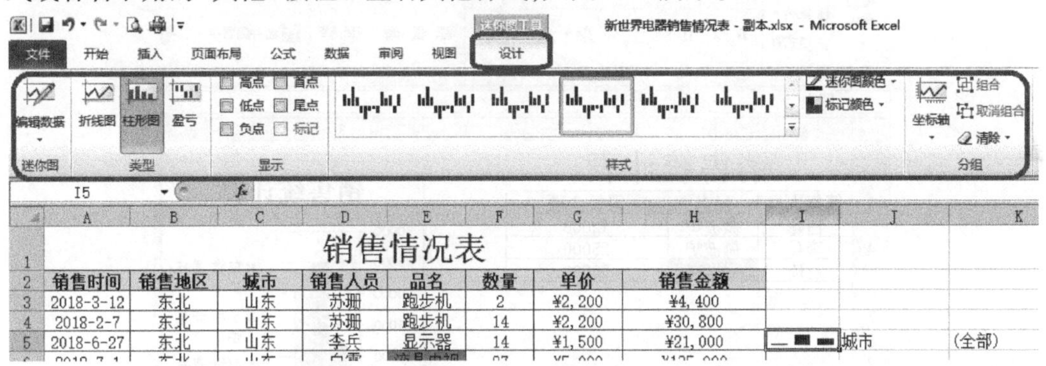

图 4.33 修改“迷你图”

若要更改迷你图或其他标记的颜色，单击“迷你图颜色”或“标记颜色”，然后单击所需选项。

(4)控制显示的数值

通过设置可以突出显示柱形迷你图中的各个数据标记(值)，其操作步骤是：选择要设置格式的一幅或多幅迷你图，然后单击“迷你图工具—设计”上下选项卡→“显示”组→命令按钮。不同的命令按钮的含义为：

- 选中“标记”复选框显示所有数据标记。
- 选中“负点”复选框显示负值。
- 选中“高点”或“低点”复选框显示最高值或最低值。
- 选中“首点”或“尾点”复选框显示第一个值或最后一个值。

(5)处理空单元格或零值

处理空单元格或零值的操作步骤是：在工作表上，选择一个迷你图，单击“迷你图工具—设计”上下选项卡→“迷你图”组→“编辑数据”按钮，从其下拉列表中选择“隐藏和空单元格设置”选项，打开“隐藏和空单元格设置”对话框，即可进行设置，如图 4.34 所示。

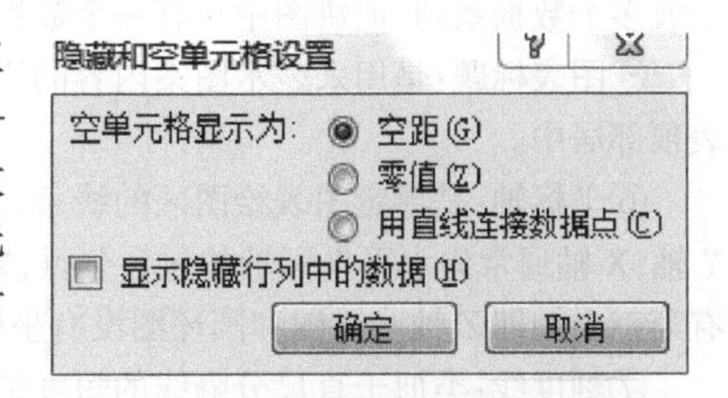

图 4.34 “隐藏和空单元格设置”对话框

2)创建并编辑图表

Excel 2010 图表是指将工作表中的数据用图表的形式表现出来,它可创建柱形图、折线图、饼图、面积图等。

(1)图表的组成

图表一般由图表区、绘图区、数据标志、数据系列、图表标题、坐标轴、网格线、背景墙和基底、图例构成,如图 4.35 所示。

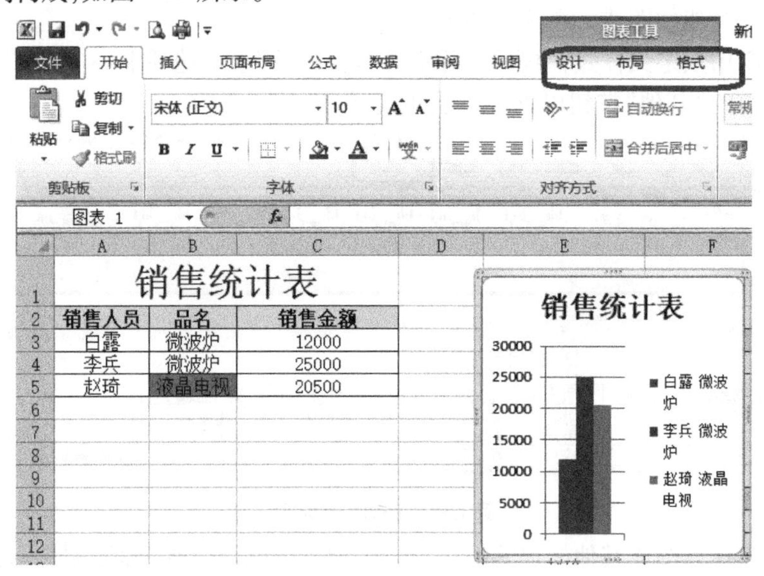

图 4.35　图标的构成元素

①图表区:包含图表中的所有元素。

②绘图区:在二维图表中,绘图区是以坐标轴为界并包含所有数据系列的区域。在三维图表中,绘图区是以坐标轴为界并包含数据系列、分类系列、刻度线标志和坐标轴标题的区域。

③数据标志:是图表中的条形、面积、圆点、扇面或其他符号,代表源于数据表单元格的单个数据点或值。图表中的相关数据标志构成了数据系列。

④数据系列:在图表中绘制的相关数据点,这些数据源自数据表的行或列。图表中的每个数据系列具有唯一的颜色和图案,并且在图表的图像中表示。可以在图表中绘制一个或多个数据系列,但饼图中只有一个数据系列。

⑤图表标题:是用来表示图案内容的说明性文本,它可以自动与坐标轴对齐或者在图表顶部居中。

⑥坐标轴:是界定图表绘图区的线条,是用作度量的参照框架。一般图表都有 X 轴和 Y 轴,X 轴通常为水平坐标轴并包含分类,Y 轴通常为垂直坐标轴并包含数值。三维图表有第三个轴即 Z 轴。饼图和圆环图没有坐标轴。

⑦刻度线:类似于直尺分隔线的短度量线,与坐标轴相交。刻度线标志用于标识图表上的分类、值或系列。

⑧网格线:图表中的网格线是可添加到图表中以便于查看和计算数据的线条。网格线是坐标轴上刻度线的延伸,穿过绘图区。

⑨背景墙和基底:只有在三维图表中才有,它是包围在许多三维图表周围的区域,用于显示图表的维度和边界。绘图区中有两个背景和一个基底。

⑩图例:是一个方框,用来标识图表中的数据系列或分类指定的图案或颜色。

(2)创建图表

在 Excel 2010 的工作表中,既可以创建图表,也可以将图表作为工作表的对象嵌入使用。创建图表的具体操作步骤如下:

①选择要用于创建图表数据的单元格区域。

②单击"插入"选项卡→"图表"组的对话框启动器,打开"插入图表"对话框,如图4.36所示。

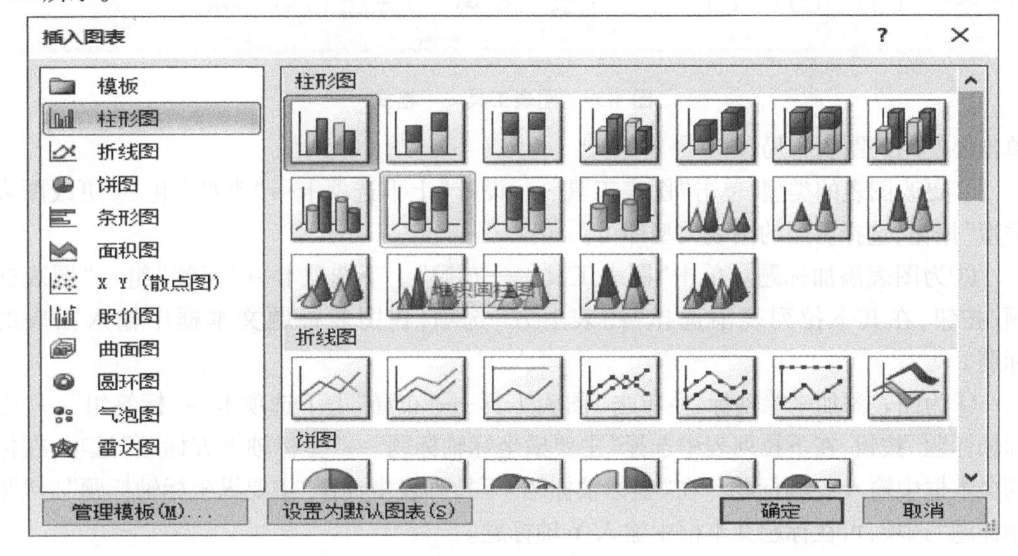

图 4.36　插入图标

③从左边的"模板"列表中选择图标类型,从右边的子图表类型列表中选择需要的类型,单击"确定"按钮即可。

④单击"图表工具—设计"选项卡→"数据"组→"切换行/列"按钮,可交换行列数据。

(3)编辑图表

建好图表后,还可以对图标进行修改,如改变图表的类型、大小等。

Excel 2010 提供了一组"图表工具"选项卡,几乎所有图表的编辑操作都可以通过"图表工具"选项卡来实现。"图表工具"选项卡中包含了"图表工具——设计"上下选项卡、"图表工具——布局"上下选项卡、"图表工具——格式"上下选项卡,如图 4.37—图 4.39 所示。

当用户在插入图表时,"图表工具"选项卡通常会自动弹出。如果这组选项卡没有出现,则单击需要编辑的图表,就可以打开"图表工具"选项卡。

①更改图表的布局或样式:在"图表工具——设计"上下选项卡上的"图表布局"组中

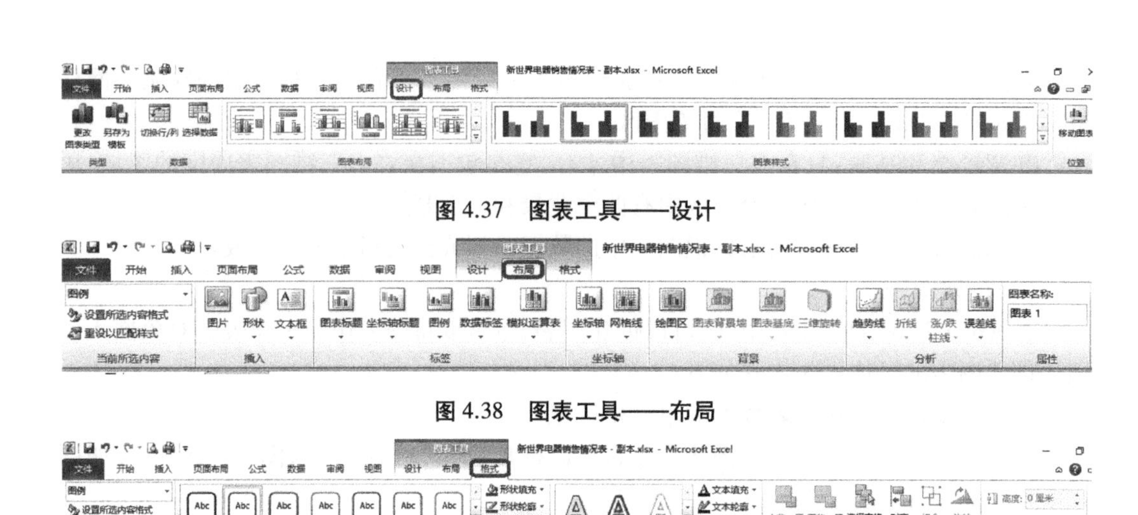

图 4.37　图表工具——设计

图 4.38　图表工具——布局

图 4.39　图表工具——格式

单击要使用的图表布局。

②更改图表的类型：单击"图表工具——设计"上下选项卡→"类型"组→"更改图表类型"按钮，选择要用的图表类型即可。

③为图表添加标题。单击"图表工具——布局"上下选项卡→"标签"组→"图表标题"按钮，在其下拉列表中选择"图表上方"选项，在图表标题文本框中输入图表的标题。

④为图表添加坐标轴标题：单击"图表工具——布局"上下选项卡→"标签组"→"坐标轴标题"按钮，在下拉列表中选择"主要横坐标轴标题"→"坐标轴下方标题"选项，在标题文本框中输入 X 轴标题。在"坐标轴标题"下拉列表中选择"主要纵坐标轴标题"→"竖排标题"选项，可在标题文本框中输入 Y 轴标题。

⑤显示图例及数据标签。单击"图表工具——布局"上下选项卡→"标签"组→"图例"按钮，在其下拉列表中可以选择是否显示图例及图例位置。

单击"图表工具——布局"上下选项卡→"标签"组→"数据表"按钮，在其下拉列表中可以选择图表中是否出现用户所引用的数据表。

⑥显示或隐藏图表坐标轴或网格线。单击"图表工具——布局"上下选项卡→"坐标轴"组→"坐标轴"按钮，然后执行下列操作之一。

- 若要显示坐标轴，单击"主要横坐标轴""主要纵坐标轴"或"竖坐标轴"（在三维图表中），然后单击所需的坐标轴显示选项。
- 若要隐藏坐标轴，单击"主要横坐标轴""主要纵坐标轴"或"竖坐标轴"（在三维图表中），然后单击"无"。
- 若要指定详细的坐标轴显示和刻度选项，单击"主要横坐标轴""主要纵坐标轴"或"竖坐标轴"（在三维图表中），然后单击"其他主要横坐标轴选项""其他主要纵坐标轴选项"或"其他竖坐标轴选项"。

(4)将图表移动到单独的工作表中

在默认情况下,图表作为嵌入图表放在工作表上。如果要将图表放在单独的图表工作表中,则可以通过执行下列操作来完成:单击图表区域中的任意位置以将其激活,单击"图表工具——设计"上下选项卡→"位置"组→"移动图表"按钮,打开"移动图表"对话框。在"选择放置图表的位置"下,单击选中"新工作表",然后在"新工作表"框中输入工作表名称,单击"确定"按钮,新的图表工作表即插入当前数据工作表之前。

4.5.2　打印图表

位于工作簿中的图表将会在保存工作簿时一起保存在工作簿文档中。可对图表进行单独的打印设置。

(1)整页打印图表

当图表单独放置在工作表中时,直接打印该张工作表即可单独打印图表到纸上。

当图表以嵌入方式与数据列表位于同一张工作表上时,首先单击选中该张图表,然后选择"文件"选项卡→"打印"选项进行打印,即可只将选定的图表打印到纸上。

(2)作为表格的一部分打印图表

当图表以嵌入方式与数据列表位于同一张工作表上时,首先选择这张工作表,保证不单独选中图表,此时选择"文件"选项卡上的"打印"选项进行打印,即可将图表作为工作表的一部分与数据列表一起打印在纸上。

(3)不打印工作表中的图表

首先只将需要打印的数据区域(不包括图表)设定为打印区域,再选择"文件"选项卡→"打印"选项→单击"设置"→选择"打印选定区域",即可不打印工作表中的图表。

4.6　数据清单的基本概念和基本操作

4.6.1　数据处理与数据查询

Excel 的另一个功能是数据管理,可实现数据的排序、筛选、分类汇总等。

1)排序

Excel 提供的排序功能可以使用户更容易看懂列表的数据。根据需要,用户可以选择按行或列进行升序或降序的规则排序。下面列出了按递增方式排列时各类数据的顺序,递减排序与递增排序的顺序相反,但空白格仍将排在最后。

- 数字:从小数到大数。
- 文字和包含数字的文本排序:0~9,A~Z。
- 逻辑值:False,True。
- 错误值:所有的错误值都相等。
- 空白:总是排在最后。

(1)单个关键字排序

现在对“学生成绩单”中“总分”进行排序,主要有两种方法:

①方法 1:选中该表“总分”这列的任一单元格,然后单击“开始”选项卡“编辑”组中的“排序和筛选”,在下拉菜单中选择“自定义排序”,如图 4.40 所示。

G	H	I	J	K	L	M	N
学生成绩单							
学号	姓名	语文	数学	英语	历史	生物	总分
20120105001	李海	78	69	78	89	87	401
20120105004	杨扬	68	78	80	86	84	396
20120105005	刘彤盈	79	81	76	87	90	413
20120105007	熊昊	93	79	89	76	86	423

图 4.40　数据排序

②方法 2:选中“学生成绩表”的任一单元格,然后单击“开始”选项卡“编辑”组中的“排序和筛选”,在下拉菜单中选择“自定义排序”,将弹出“排序”对话框,如图 4.41 所示。也可以单击“数据”选项卡“排序和筛选”组中的“排序”,同样可以打开“排序”对话框。

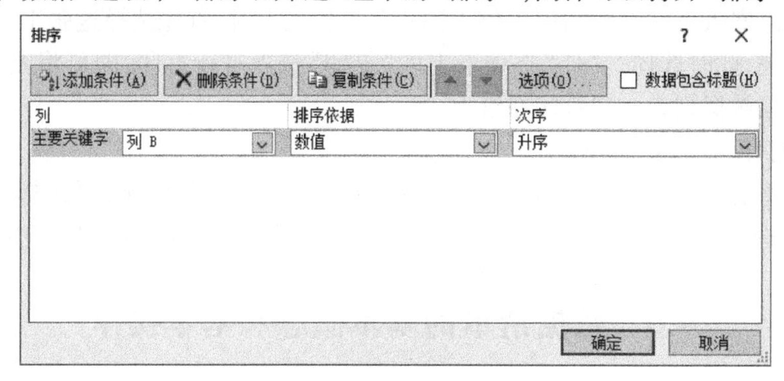

图 4.41　“数据排序”对话框

在“排序”对话框的“主要关键字”下拉列表中选择“列 B”;在“排序依据”下拉列表中选择“数值”;在“次序”下拉列表中选择“升序”。

(2)多个关键字排序

除了以表格中某一数据列的关键字排序外,还可以设置多个关键字进行排序。现在以“总分”为主要关键字进行升序排列,当遇到总分相同的情况,则以“语文”为次要关键字进行升序排列;若语文分数也一样,则以“数学”为次要关键字进行升序排列。

在“排序”对话框中,单击“添加条件(A)”,就可以进行次要关键字的设置。在 Excel 中,排序依据最多可以设置 64 个关键字。

2)筛选

筛选也是 Excel 数据管理中的一个重要功能。通过隐藏不符合条件的信息行,可以更方便地对数据进行查看。Excel 中有两种筛选方式:自动筛选和高级筛选。

(1)自动筛选

自动筛选适用于条件简单的筛选。首先单击表格中的任一单元格,然后单击“开始”选项卡“编辑”组中的“排序和筛选”,在下拉菜单中选择“筛选”,如图4.42所示。此时在表格的所有字段名里都有一个向下的筛选箭头。

单击任一下拉箭头,可以设置需显示的数据特性。设置完成后,系统自动筛选出符合特性的全部数据。

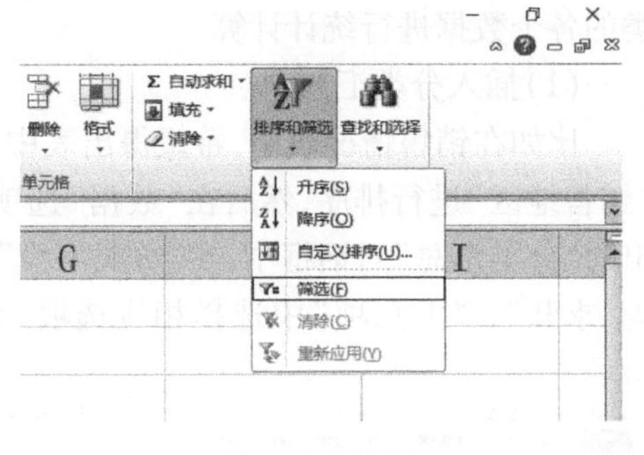

图4.42　筛选

单击成绩表中“数学”旁的下拉箭头,选择“数字筛选”,在弹出的快捷菜单中选择“大于”,此时弹出“自定义自动筛选方式”对话框。在对话框中,设置“数学”大于“80”,单击“确定”按钮。筛选结果将自动显示。

(2)高级筛选

当筛选条件比较复杂时,可以使用高级筛选功能把需要的数据显示出来。例如,需要把“销售人员”为白露的数据显示出来,按下列步骤进行操作。在表格空白处建立条件区域,输入字段名和条件,然后选中表格的任一空白单元格,单击“数据”选项卡中的“排序和筛选”组中的“高级”,在弹出的“高级筛选”对话框中,Excel自动选择了需要筛选的列表区域,单击“条件区域”右侧的选择按钮,选中刚才设置的条件区域,再次单击选择按钮,返回“高级筛选”对话框。确认选择完成后,单击“高级筛选”对话框中的“确定”按钮,筛选出所需数据,如图4.43所示。

	销售时间	销售地区	城市	销售人员	品名	数量	单价	销售金额
6	2018-7-1	东北	山东	白露	液晶电视	27	¥5,000	¥135,000
8	2018-4-17	东北	山东	白露	跑步机	42	¥2,200	¥92,400
9	2018-5-22	东北	山东	白露	显示器	44	¥1,500	¥66,000
19	2018-5-22	华北	北京	白露	微波炉	24	¥500	¥12,000
20	2018-3-12	华北	北京	白露	微波炉	27	¥500	¥13,500
21	2018-6-27	华北	北京	白露	按摩椅	28	¥800	¥22,400
24	2018-2-7	华北	北京	白露	液晶电视	34	¥5,000	¥170,000
27	2018-1-2	华北	北京	白露	液晶电视	43	¥5,000	¥215,000
28	2018-7-1	华北	北京	白露	按摩椅	45	¥800	¥36,000
39	2018-4-17	华北	北京	白露	微波炉	69	¥500	¥34,500
47	2018-7-1	华东	上海	白露	跑步机	17	¥2,200	¥37,400
48	2018-2-7	华东	南京	白露	液晶电视	18	¥5,000	¥90,000
53	2018-5-22	华东	上海	白露	微波炉	24	¥500	¥12,000
54	2018-8-2	华东	杭州	白露	液晶电视	24	¥5,000	¥120,000
61	2018-6-27	华东	杭州	白露	液晶电视	45	¥5,000	¥225,000
65	2018-7-1	华东	南京	白露	显示器	67	¥1,500	¥100,500
66	2018-6-27	华东	南京	白露	液晶电视	68	¥5,000	¥340,000
73	2018-6-27	华东	上海	白露	跑步机	82	¥2,200	¥180,400
76	2018-7-1	华东	杭州	白露	液晶电视	92	¥5,000	¥460,000

图4.43　高级条件筛选

3)分类汇总

分类汇总是在管理数据中快速汇总数据的方法,它能够以某一字段为分类项,对每一类的各个数据进行统计计算。

(1)插入分类汇总

比如在销售情况表中,希望得出表中各地区每个人的销售金额之和。首先把表按照“销售地区”进行排序,然后在“数据”选项卡中“分级显示”组中,单击“分类汇总”,在弹出的“分类汇总”对话框中,在“分类字段”下拉列表中选择“销售地区”,在选择汇总方式为“求和”,“汇总项”中选择相应选项,然后单击“确定”按钮,分类汇总效果如图 4.44 所示。

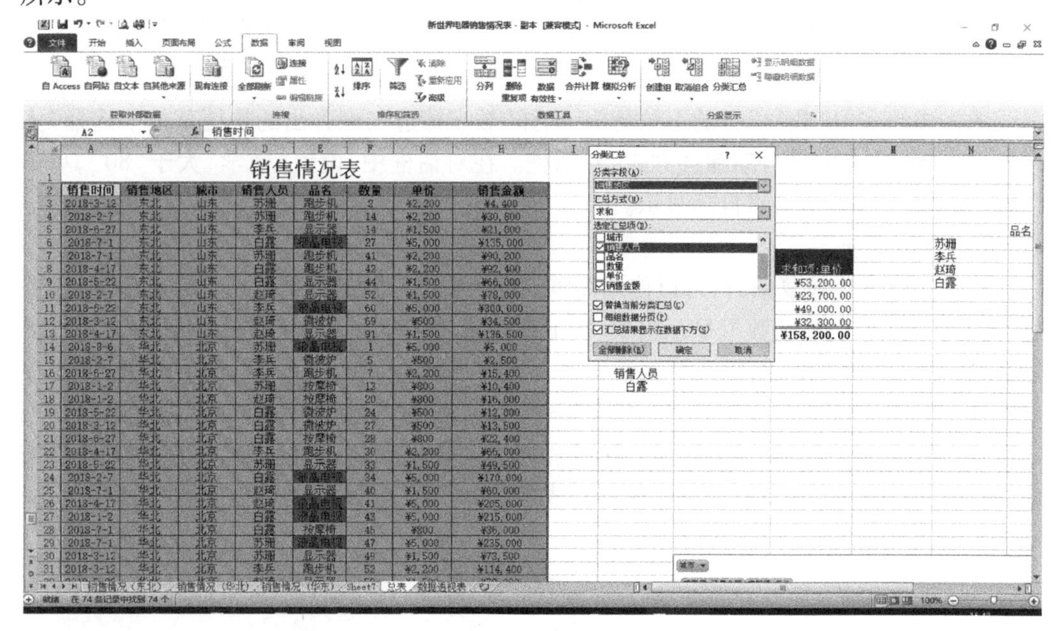

图 4.44　分类汇总

(2)删除分类汇总

删除分类汇总的操作步骤是:在已经进行了分类汇总的数据区域中单击任意一个单元格,单击“数据”选项卡→“分类显示”组→“分类汇总”按钮,在打开的“分类汇总”对话框中,单击“全部删除”按钮即可。

4)数据透视表

数据透视表是一种可以从源数据列表中快速提取并汇总大量数据的交互式表格。使用数据透视表可以汇总、分析、浏览数据,达到深入分析数值数据、从不同角度查看数据,并对相似数据进行比较的目的。

(1)创建数据透视表

创建数据透视表的操作步骤如下:

①打开工作表,选择数据源的数据区域。

②单击“插入”选项卡→“表”组→“数据透视表”按钮,打开“创建数据透视表”对话框,如图 4.45 所示。

③单击“确定”按钮后,进入数据透视表设计窗口,在“数据透视表字段列表”下的“选

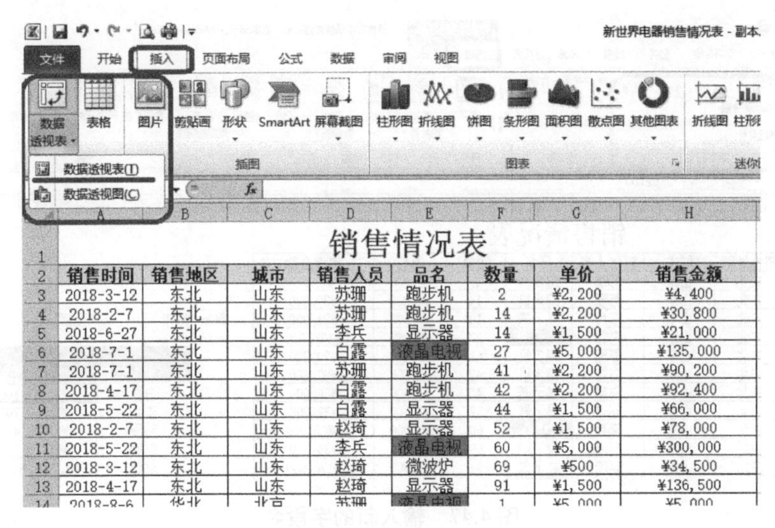

	A	B	C	D	E	F	G	H
1	销售情况表							
2	销售时间	销售地区	城市	销售人员	品名	数量	单价	销售金额
3	2018-3-12	东北	山东	苏珊	跑步机	2	¥2,200	¥4,400
4	2018-2-7	东北	山东	苏珊	跑步机	14	¥2,200	¥30,800
5	2018-6-27	东北	山东	李兵	显示器	14	¥1,500	¥21,000
6	2018-7-1	东北	山东	白露	液晶电视	27	¥5,000	¥135,000
7	2018-7-1	东北	山东	苏珊	跑步机	41	¥2,200	¥90,200
8	2018-4-17	东北	山东	白露	跑步机	42	¥2,200	¥92,400
9	2018-5-22	东北	山东	白露	显示器	44	¥1,500	¥66,000
10	2018-2-7	东北	山东	赵琦	显示器	52	¥1,500	¥78,000
11	2018-5-22	东北	山东	李兵	液晶电视	60	¥5,000	¥300,000
12	2018-3-12	东北	山东	赵琦	微波炉	69	¥500	¥34,500
13	2018-4-17	东北	山东	赵琦	显示器	91	¥1,500	¥136,500

图 4.45 数据透视表

择要添加到报表的字段”中选择所需字段拖动到“列标签”“行标签”“数值”等区域内即可。

(2)更新和维护数据透视表

①刷新数据透视表:在创新数据透视表之后,如果对数据源中的数据进行了更改,那么需要单击“数据透视表工具——选项”上下选项卡→“数据”组→“刷新”按钮刷新显示内容。

②更改数据源:如果源数据有增加或者删除,则需要通过更改数据源反射到数据透视表中,单击“数据透视表工具——选项”上下选项卡→“数据”组→“更改源数据”按钮,在打开的“更改数据透视表数据源”对话框中选择更改后的数据区,如图 4.46 所示。

图 4.46 修改数据透视表

③更改数据透视表名及布局:在“数据透视表工具——选项”上下选项卡→“数据透视表”组→“数据透视表名称”下方的文本框中输入新的透视表名称,可重新命名当前透视表。单击“选项”按钮,在弹出的“数据透视表选项”对话框中可对透视表的布局、行列及数据显示方式进行设定。

④设置活动字体:在“数据透视表工具——选项”上下选项卡的“活动字段”组中可以输入新的字段名,用于更改当前字段名称,如图 4.47 所示。

⑤对数据透视表的排序和筛选:在“数据透视表工具——选项”上下选项卡的“排序和筛选”组中,可以对透视表按行或列进行筛选。通过行标签或列标签右侧的筛选箭头,也可对透视表中的数据按指定字段进行排序及筛选。

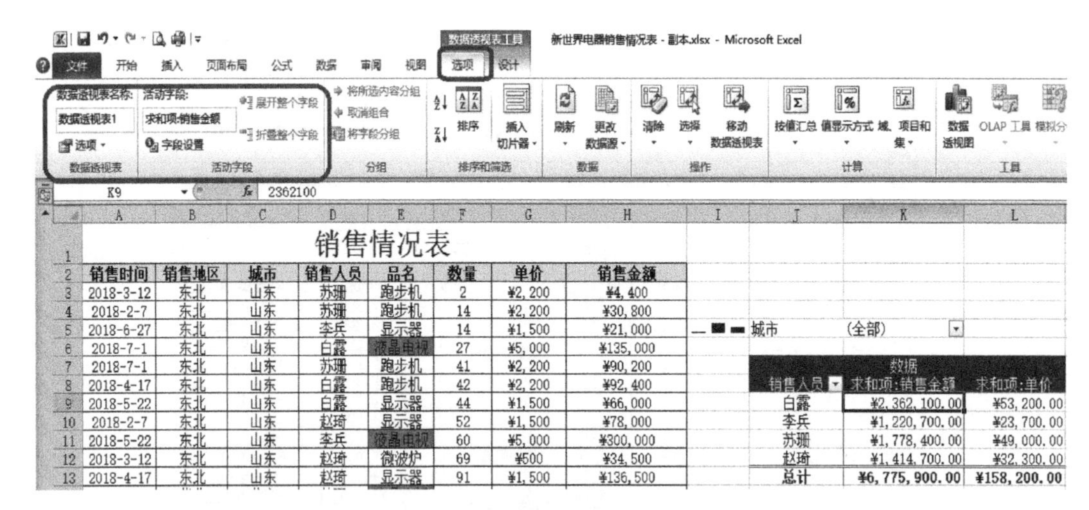

图 4.47　输入新的字段名

(3)设置数据透视表的格式

可以像对普通表格那样对数据透视表进行格式设置,选中数据透视表中的任意单元格,单击“数据透视表工具——设计”上下选项卡→“数据透视表样式”组中的任意样式,相应格式将应用到当前数据透视表中,如图 4.48 所示。在数据透视表中选择需要进行格式设置的单元格区域,可以在“开始”选项卡的“字体”“对齐方式”“数字”以及“样式”等组中进行相应的格式设置。

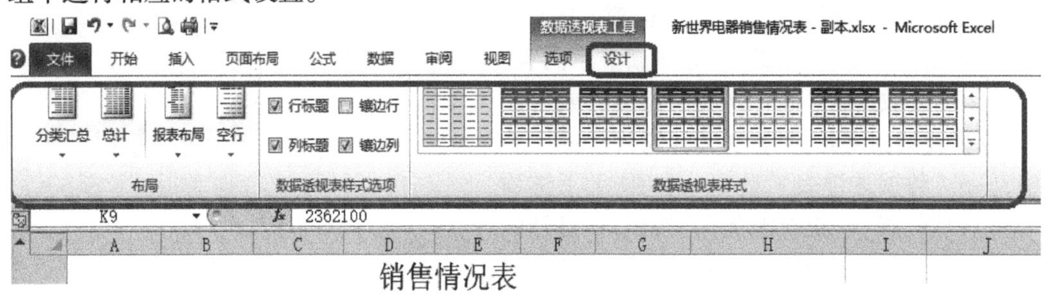

图 4.48　数据透视表样式

5)创建数据透视图

创建数据透视图的操作步骤如下:

①已创建好的数据透视表中单击,该表将作为数据透视图的数据来源。

②单击“数据透视表工具——选项”选项卡→“工具”组→“数据透视图”按钮,如图 4.49 所示,打开“插入图表”对话框。

③与创建普通图表一样,选择相应的图表类型和图表子类型后,单击“确定”按钮,数据透视图插入当前数据透视表中。

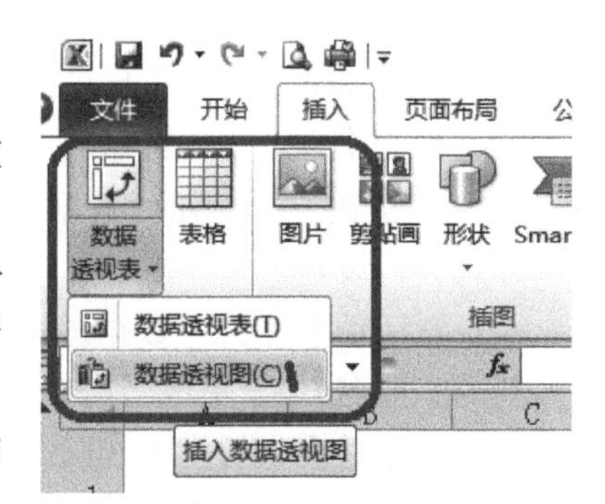

图 4.49　数据透视图

在数据透视图中单击，功能区出现“数据透视图工具”下的“设计”“布局”“格式”和“分析”4 个选项卡，如图 4.50 所示。通过这 4 个选项卡，可以对透视图进行修饰和设置，方法与普通图表相同。

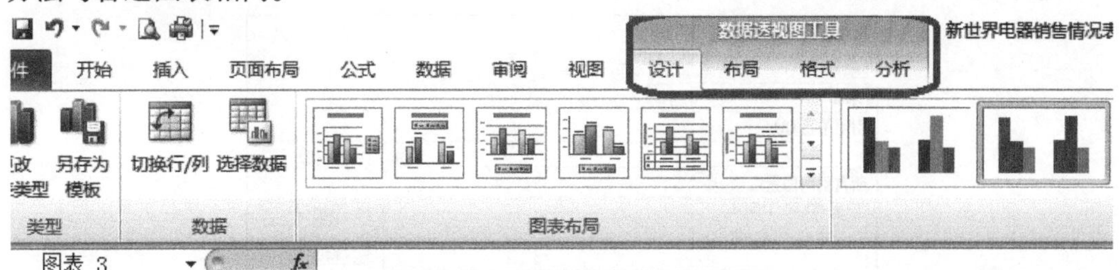

图 4.50　数据透视图的 4 个功能选项卡

6) 删除数据透视表或数据透视图

可以通过下述方法删除数据透视表或数据透视图。

①删除数据透视表：在要删除的数据透视表的任意位置单击，单击“数据透视表工具——选项”上下选项卡→“操作”组→“选择”按钮下方的箭头，从下拉列表中选择“整个数据透视表”选项，按 Delete 键即可。

②删除数据透视图：在要删除的数据透视图中的任意空白位置单击，然后按 Delete 键即可。删除数据透视图不会删除相关联的数据透视表。

7) 合并计算

若要汇总和报告多个单独工作表中数据的结果，可以将每个单独工作表中的数据合并到一个工作表中。所合并的工作表可以与主工作表位于同一工作簿，也可以位于其他工作簿中。如果在一个工作表中对数据进行合并计算，则可以更加轻松地对数据进行定期或不定期的更新和汇总。

合并计算的操作步骤如下：

①主工作表中要显示合并数据的单元格区域中的左上方单击。

②单击“数据”选项卡→“数据工具”组→“合并计算”按钮，如图 4.51 所示，打开“合并计算”对话框。

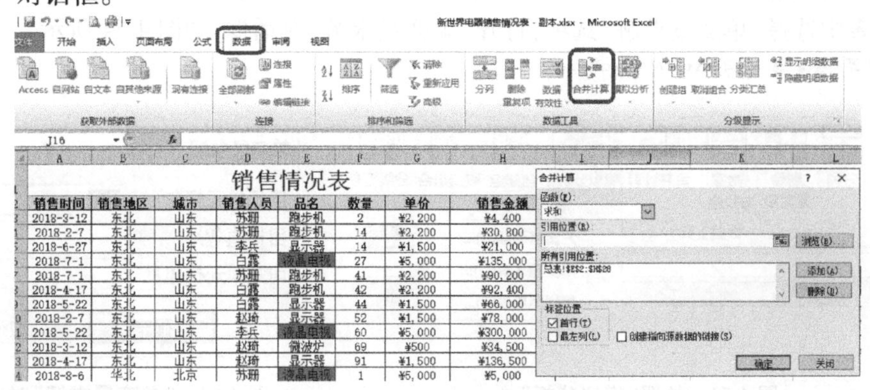

图 4.51　“合并计算”按钮

③在“函数”文本框中,选择希望用来对数据进行合并计算的汇总函数。

④“引用位置”文本框中输入需要合并工作表的文件路径。

⑤单击“添加”按钮,如图 4.52 所示。

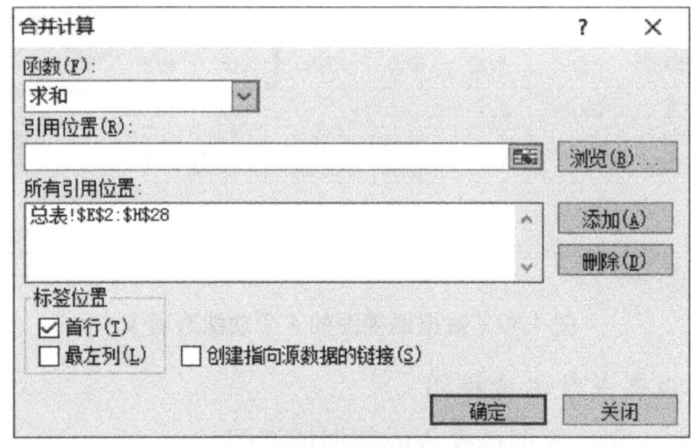

图 4.52 “合并计算”对话框

⑥重复步骤④和步骤⑤以添加所需的所有区域,单击“确定”按钮完成。

4.6.2 模拟分析和运算

模拟分析是指通过更改单元格中的值来查看这些更改对工作表中公式结果的影响过程。Excel 2010 附带了 3 个模拟分析工具:单变量求解、模拟运算表和方案管理器。方案管理器和模拟运算表可获得一组输入值并确定可能的结果。单变量求解则是针对希望获取的结果而确定生成该结果可能的各项值。

1)单变量求解

单变量求解用来解决以下问题:先假定一个公式的计算结果是某个固定值,当其中引用的变量所在单元格应取值为何时该结果才成立。实现单变量求解的基本方法如下:

①首先为实现单变量求解,在工作表中输入基础数据,构建求解公式并输入数据表中。

②单击选择用于产生特定目标数值的公式所在的单元格。

③单击“数据”选项卡→“数据工具”组→“模拟分析”按钮,如图 4.53 所示,从打开的下拉列表中选择“单变量求解”选项,打开“单变量求解”对话框,如图 4.54 所示。

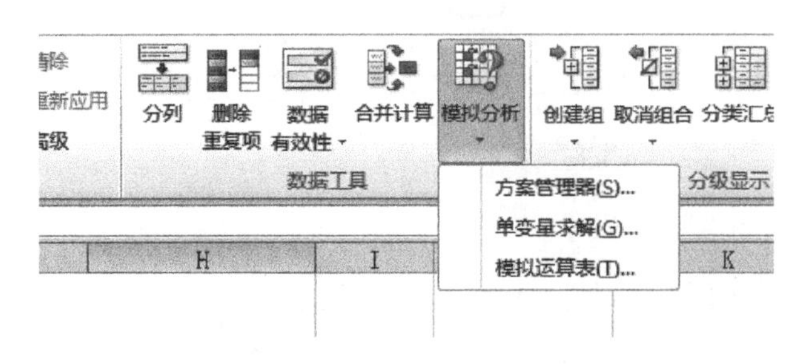

图 4.53 数据“模拟分析”

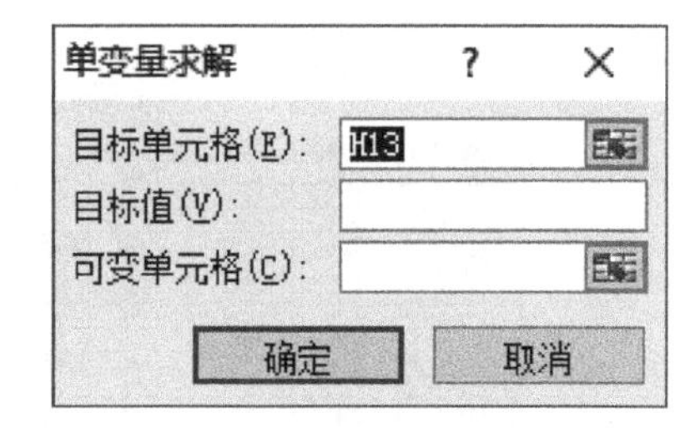

图 4.54 “单变量求解”对话框

④在该对话框中设置用于单变量求解的各项参数。

⑤单击"确定"按钮,弹出"单变量求解状态"对话框,同时数据区域中的可变单元格中显示单变量求解值。

⑥单击"单变量求解状态"对话框中的"确定"按钮,接受计算结果。

⑦重复步骤②~步骤⑥,可以重新测试其他结果。

2)模拟运算表

模拟运算表的结果显示在一个单元格区域中,它可以测算将某个公式中一个或两个变量替换成不同值时对公式计算结果的影响。模拟运算表最多可以处理两个变量,但可以获取与这些变量相关的众多不同的值。模拟运算表依据处理变量个数的不同,分为单变量模拟运算表和双变量模拟运算表两种类型。

(1)单变量模拟运算表

若要测试公式中一个变量的不同取值如何改变相关公式的结果,可使用单变量模拟运算表。在单列或单行中输入变量值后,不同的计算结果便会在公式所在的列或行中显示。其操作步骤如下:

①首先要在工作表中输入基础数据与公式。

②选择要创建模拟运算表的单元格区域,其中第一行需要包含变量单元格和公式单元格。

③单击"数据"选项卡→"数据工具"组→"模拟分析"按钮,从打开的下拉列表中选择"模拟运算表"选项,打开"模拟运算表"对话框。

④指定变量值所在的单元格。如果模拟运算表变量值输入在一列中,应在"输入引用列的单元格"框中选择第一个变量值所在的位置。如果模拟运算表变量值输入在一行中,应在"输入引用行的单元格"框中选择第一个变量值所在的位置。

⑤单击"确定"按钮,选定区域中自动生成模拟运算表。在指定的引用变量值的单元格中依次输入不同的值,右侧将根据设定的公式测算不同的目标值。

(2)双变量模拟运算表

若要测试公式中两个变量的不同取值如何改变相关公式的结果,可使用双变量模拟运算表。在单列或单行中输入变量值后,不同的计算结果便会在公式所在的列或行中显示。其操作步骤如下:

①为了创建双变量模拟运算表,首先要在工作表中输入基础数据与公式,其中所构建的公式至少需要包含两个单元格引用。

②输入变量值。

③选择要创建模拟运算表的单元格区域,其中第一行和第一列需要包含变量单元格和公式单元格,公式应位于所选区域的左上角。

④单击"数据"选项卡→"数据工具"组→"模拟分析"按钮,从打开的下拉列表中选择"模拟运算表"选项,打开"模拟运算表"对话框。

⑤依次指定公式中所引用的行列变量值所在的单元格。

⑥单击"确定"按钮,选定区域中自动生成一个模拟运算表。

3)方案管理

模拟运算表无法容纳两个以上的变量。如果要分析两个以上的变量,则应使用方案管理器。方案管理器作为一种分析工具,每个方案允许建立一组假设条件,自动产生多种结果,并可以直观地看到每个结果的显示过程,还可以将多种结果存放到一个工作表中进行比较。

(1)建立分析方案

①首先需要在工作表中输入基础数据与公式。

②选择可变单元格所在的区域。

③单击“数据”选项卡→“数据工具”组→“模拟分析”按钮,从打开的下拉列表中选择“方案管理器”选项,打开“方案管理器”对话框。

④单击对话框右上方的“添加”按钮,接着弹出 “添加方案”对话框。在“方案名”下的文本框中输入方案名称,在“可变单元格”框中可重新指定显示变量的单元格区域。

⑤在“添加方案”对话框中单击“确定”按钮,继续打开 “方案变量值”对话框,依次输入方案的变量值。

⑥单击“确定”按钮,返回到“方案管理器”对话框。

⑦重复步骤④~步骤⑥,继续添加其他方案。注意,其引用的可变单元格区域始终保持不变。

⑧所有方案添加完毕后,单击“方案管理器”对话框中的“关闭”按钮。

(2)显示并执行方案

①打开包含已制订方案的工作表。

②单击“数据”选项卡→“数据工具”组→“模拟分析”按钮,从打开的下拉列表中选择“方案管理器”选项,打开“方案管理器”对话框。

③在“方案”列表框中单击选择想要查看的方案,单击对话框下方的“显示”按钮,工作表中的可变单元格中自动显示出该方案的变量值,同时公式中显示方案执行结果。

(3)修改或删除方案

①修改方案:打开“方案管理器”对话框,在“方案”列表中选择想要修改的方案,单击“编辑”按钮,在随后弹出的对话框中可修改名称、变量值等。

②删除方案:打开“方案管理器”对话框,在“方案”列表中选择想要删除的方案,单击“删除”按钮即可。

(4)建立方案报表

当需要将所有方案的执行结果都显示出来并进行比较时,可以建立合并的方案报表。其基本操作步骤如下:

①打开已创建方案并希望建立方案报表的工作表,在可变单元格中输入一组变量值作为比较的基础数据,一般可以输入“0”,表示为变化前的结果。

②单击“数据”选项卡→“数据工具”组→“模拟分析”按钮,从打开的下拉列表中选择“方案管理器”选项,打开“方案管理器”对话框。

③单击右侧的“摘要”按钮,打开“方案摘要”对话框。

④在该对话框中选择报表类型，指定运算结果单元格。结果单元格一般指定为方案公式所在单元格。

⑤单击“确定”按钮，将会在当前工作表之前自动插入“方案摘要”工作表，其中显示各种方案的计算结果，可以立即比较各种方案的优劣。

4.7　工作表的页面设置和打印以及建立数据共享和宏

4.7.1　工作表页面设置

选择“页面布局”选项卡，单击“页面设置”右下角的按钮，打开“页面设置”对话框，如图4.55所示。

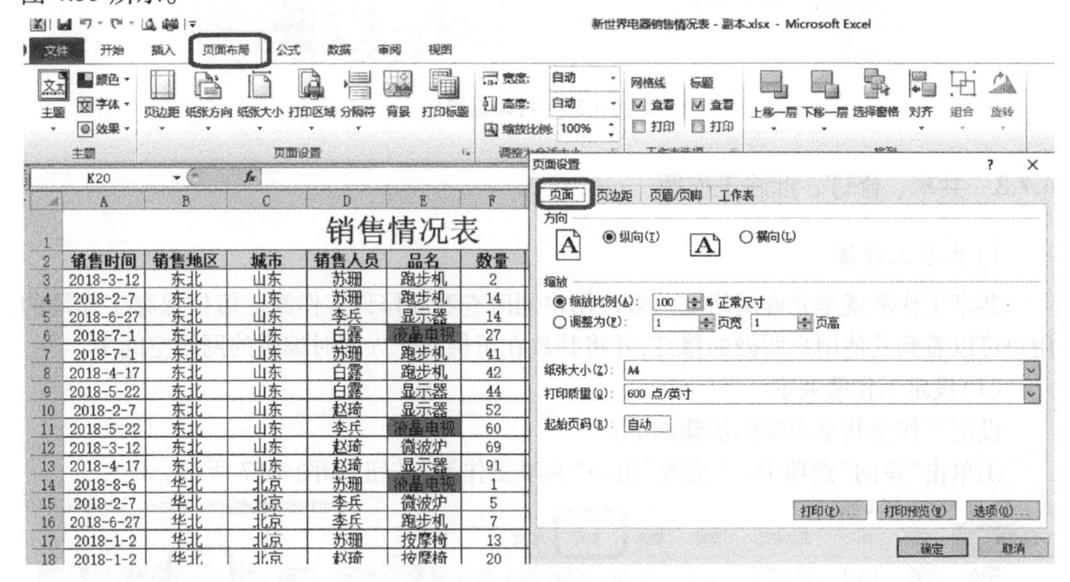

图4.55　“页面设置”对话框

①“页面”选项卡：用来设置打印方向、纸张大小、打印质量等参数。

②“页边距”选项卡：用来设置页面的边距，“水平”和“垂直”复选框用来确定工作表在页面中居中的位置。

③“页眉/页脚”选项卡：用来设置页眉和页脚。

④“工作表”选项卡：在“打印区域”文本框中确定要打印的单元格范围。若希望在每一页中都能打印出相对应的行或列的标题，单击“打印标题”中“顶端标题行”和“左端标题行”，选择或输入工作表中作为标题的行号、列表。

4.7.2　打印

选择“文件”→“打印”，可预览打印效果和对当前工作表进行打印操作。在“设置”按钮下，可以进行“工作表”或“工作簿”的打印设置，如图4.56所示。

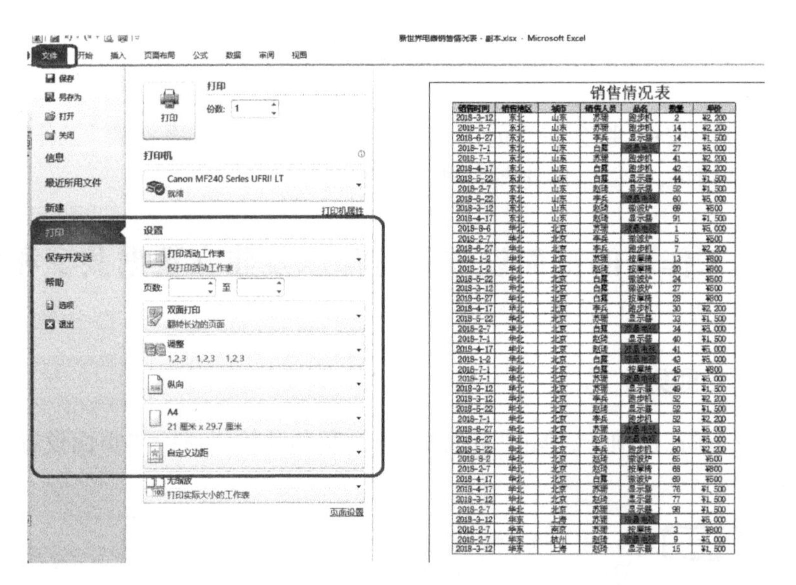

图 4.56　打印设置

4.7.3　共享、修订、批注工作簿

1)共享工作簿

共享工作簿就是允许网络上的多位用户同时查看和修订工作簿。每位保存工作簿的用户可以看到其他用户所做的修订,并将其放在可供几个人同时编辑的网络空间中。

(1)设定工作簿共享

设定工作簿共享的操作步骤如下:

①单击"审阅"选项卡→"更改"组→"共享工作簿"按钮,如图 4.57 所示。

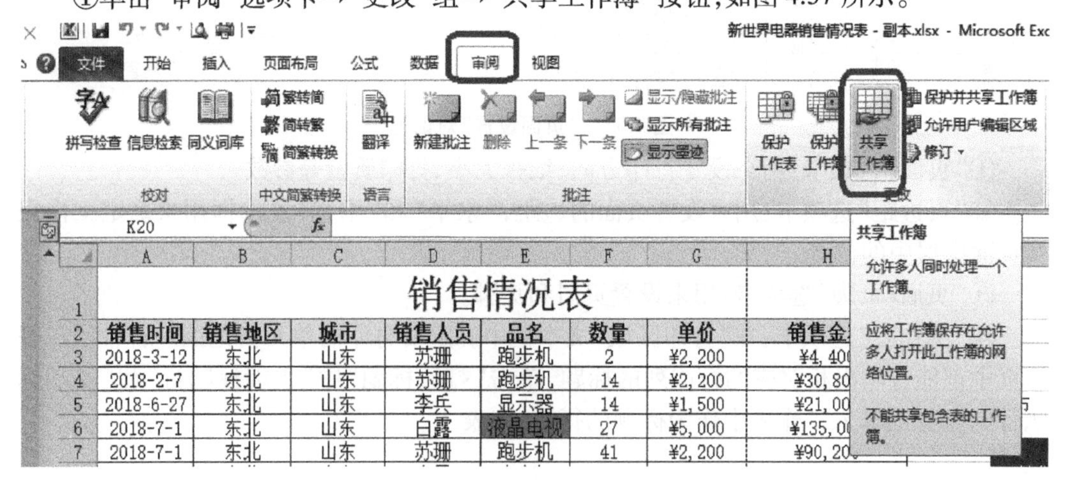

图 4.57　共享工作簿

②在"共享工作簿"对话框中的"编辑"选项卡中勾选"允许多用户同时编辑,同时允许工作簿合并"复选框。

③在“高级”选项卡中选择要用于跟踪和更新变化的选项，然后单击“确定”按钮。

④如果工作簿包含指向其他工作簿或文档的链接，验证链接并更新任何损坏的链接。

⑤把工作簿放在共享的文件夹下。

（2）从共享工作簿中删除某位用户

从共享工作簿中删除某位用户的操作步骤如下：

①单击“审阅”选项卡→“更改”组→“共享工作簿”按钮，打开“共享工作簿”对话框。

②在“编辑”选项卡的“正在使用本工作簿的用户”列表中查看用户名称。

③选择要断开连接的用户的名称，然后单击“删除”按钮。

（3）解决共享工作簿中的冲突修订

当两位用户同时编辑同一共享工作簿并试图保存影响同一个单元格的更改时，就会发生冲突。在“解决冲突”对话框中，若要保留用户的更改或其他用户的更改并继续处理下一个冲突修订，单击“接受本用户”或“接受其他用户”；若要保留用户的其余所有更改或其他用户的所有更改，单击“全部接受本用户”或“全部接受其他用户”。

（4）停止共享工作簿

停止共享工作簿的操作步骤如下：

①单击“审阅”选项卡→“更改”组→“共享工作簿”按钮。

②在“共享工作簿”对话框“编辑”选项卡中，清除“允许多用户同时编辑，同时允许工作簿合并”复选框确保用户是“正在使用本工作簿的用户”列表中列出的唯一用户。

2）修订工作簿

修订功能仅在共享工作簿中才可启用。实际上，在打开修订时，工作簿会自动变为共享工作簿。

①启用工作簿的修订：单击“审阅”选项卡→“更改”组→“共享工作簿”按钮。打开“共享工作簿”对话框，在“编辑”选项卡中，勾选“允许多用户同时选择，同时允许工作簿合并”复选框。然后单击“高级”选项卡，在“修订”区域中的“保存修订记录”框中设定记录保存的天数，单击“确定”按钮即可。

②关闭工作簿的修订：单击“审阅”选项卡→“更改”组→“修订”按钮，在打开的下拉列表中选择“突出显示修订”选项，打开“突出显示修订”对话框，选中“突出显示的修订选项”下的“时间”复选框，然后选择“时间”列表中的“全部”，清除“修订人”和“位置”复选框，选中“在新工作表上显示修订”复选框，单击“确定”按钮。

3）添加或删除批注

在使用Excel表时，可以对某些特定的信息进行批注，这样可以方便其他人理解里面的信息。

（1）添加批注

添加批注的主要步骤如下：

①打开工作簿文件，选中要添加批注的单元格。

②单击“审阅”选项卡→“批注”组→“新建批注”按钮。

③在批注框中输入批注即可。

(2)删除批注

删除批注的主要步骤如下:

①单击含有批注的单元格。

②单击“审阅”选项卡→“批注”组→“删除”按钮即可。

4.7.4　与其他应用程序共享数据

1)获取外部数据

获取外部数据的操作步骤如下:

①单击“数据”选项卡→“获取外部数据”组→“自文本”按钮,如图 4.58 所示,打开“导入文本文件”对话框,双击要导入的文本文件,然后进入向导的第 1 步:指定数据类型。

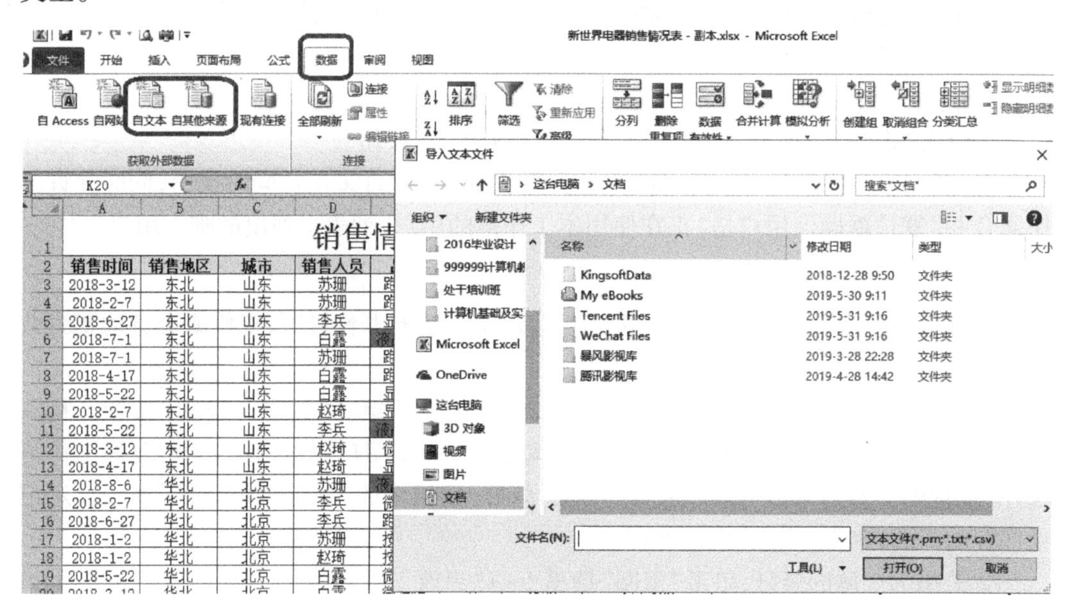

图 4.58　获取外部数据

②单击“下一步”按钮,在向导的第 2 步中设置分割符号。

③单击“下一步”按钮,在向导的第 3 步中设置数据格式。

2)插入超链接

插入超链接的操作步骤如下:

①在工作表上选择插入超链接的对象。

②单击“插入”选项卡→“链接”组→“超链接”按钮,打开“插入超链接”对话框,在该对话框中进行设置即可,如图 4.59 所示。

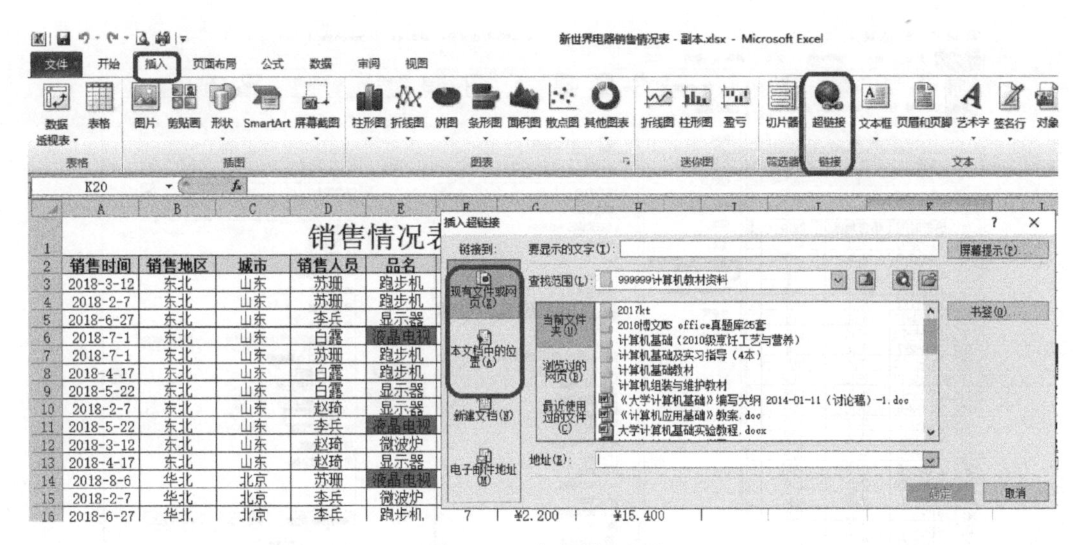

图 4.59　“超链接”设置

4.7.5　宏的简单应用

宏是可用于自动执行某一重复任务的一系列命令，可在用户必须执行该任务时运行。

许多宏都是使用 Visual Basic for Application(VBA)创建并由软件开发人员负责编写的。

1)录制宏

录制宏的操作步骤如下：

①确保功能区中显示“开发工具”选项卡。在默认情况下，不会显示“开发工具”选项卡，执行下列操作可开启开发工具选项卡：单击“文件”选项卡→“选项”→“自定义功能区”类别，在“自定义功能区”的“主选项卡”列表中单击“开发工具”，再单击“确定”按钮，如图 4.60 所示。

②单击“开发工具”选项卡→“代码”组→“录制宏”按钮，再单击“确定”开始录制，如图 4.61 所示。在工作表中执行某些操作。

③单击“开发工具”选项卡→“代码”组→“停止录制”按钮，即可停止录制。

2)运行宏

用户可以通过单击功能区上的“宏”按钮运行宏，也可以在打开工作簿时自动运行宏。

3)删除宏

单击“开发工具”选项卡→“代码”组→“宏”按钮，在“位置”列表中选择含有要删除的宏的工作簿，在“宏名”文本框中单击要删除的宏的名称，单击“删除”按钮即可。

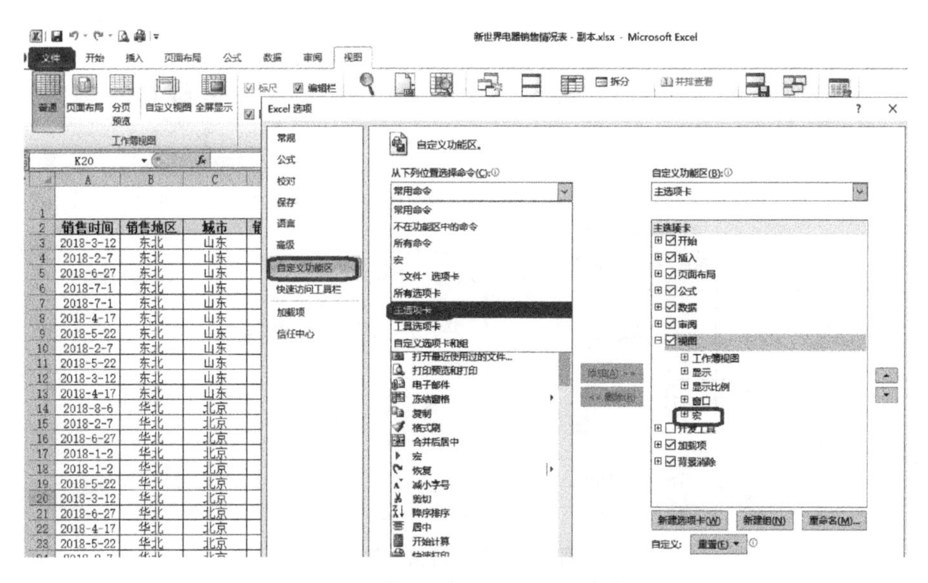

图 4.60　设置“开发工具——宏的启用”

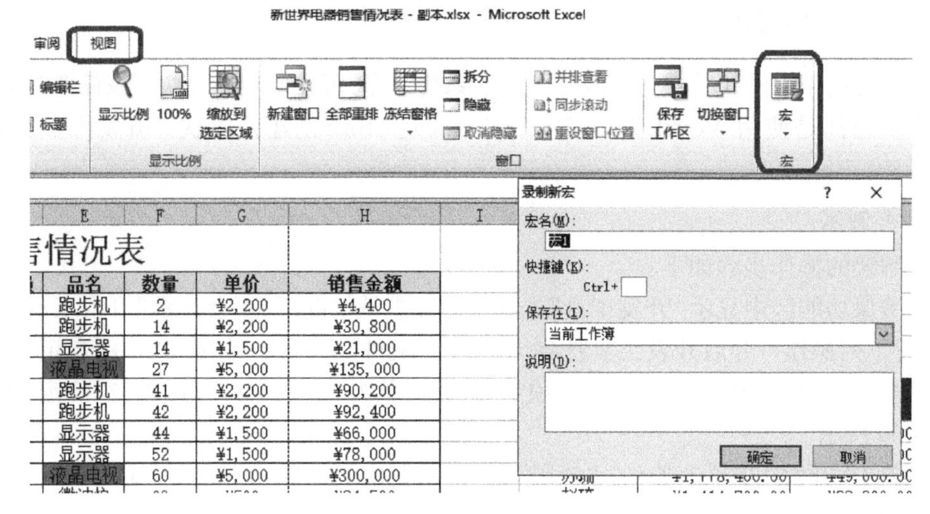

图 4.61　录制“宏”

4.8　隐藏和保护工作簿和工作表

4.8.1　隐藏工作簿

在 Excel 中，如果有我们不希望别人看见的工作簿，在编辑处理完成之后可以对工作簿进行隐藏操作，具体执行如下：

单击“视图”菜单→“隐藏”按钮即可对整个工作簿进行隐藏，同样，也可以对隐藏的工作簿进行“取消隐藏”操作，如图 4.62 所示。

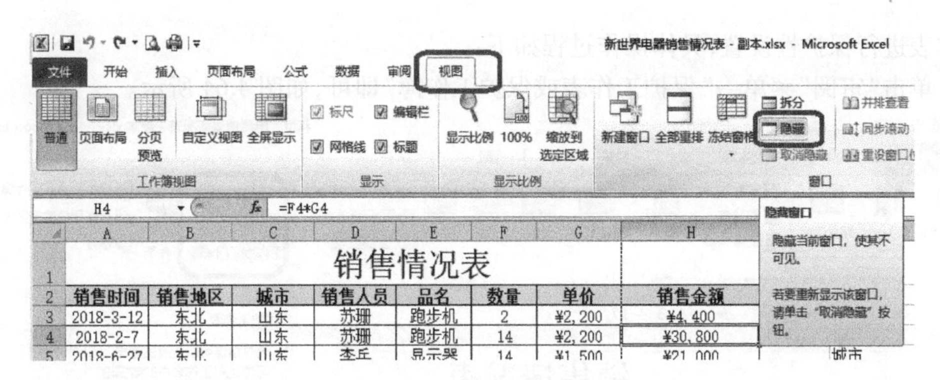

图 4.62　隐藏工作簿

4.8.2　隐藏工作表中部分行、列

与隐藏工作簿类似，如果有我们不希望别人看见的工作表中的部分数据，在编辑处理完成之后可以执行相应的隐藏操作，具体操作如下：

选择目标行或列→单击右键→选择“隐藏”按钮即可，如图 4.63 所示。

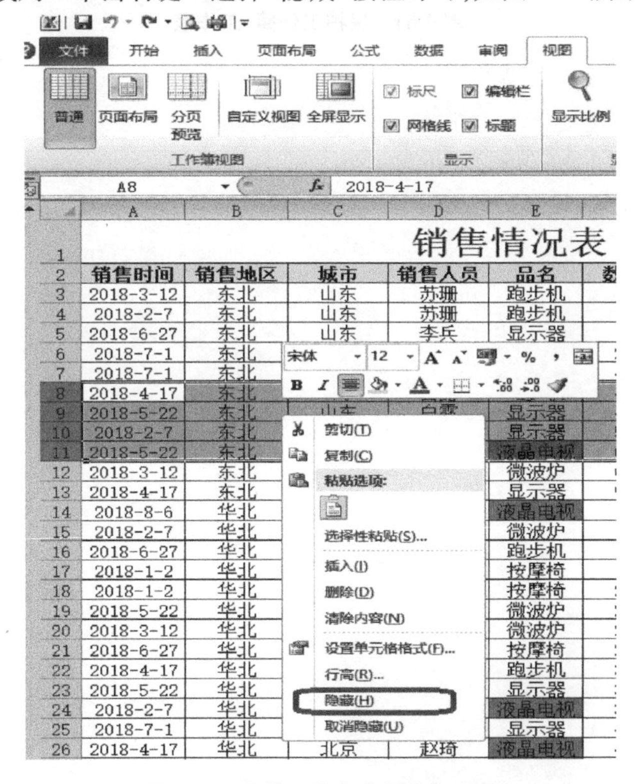

图 4.63　隐藏工作表中部分行或列

4.8.3　工作簿/工作表的保护

在处理完工作表/工作簿后，为了防止不必要的操作错误而致的问题，可以对工作簿/

工作表进行保护性设置，具体操作过程如下：

单击“审阅”菜单→“保护工作表或保护工作簿”即可，如图 4.64 所示。

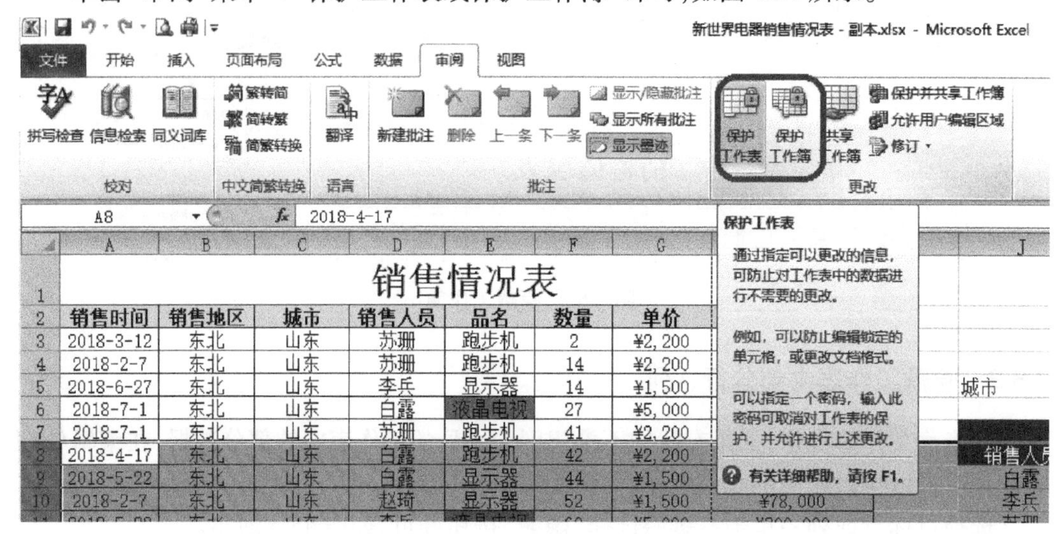

销售时间	销售地区	城市	销售人员	品名	数量	单价
2018-3-12	东北	山东	苏珊	跑步机	2	¥2,200
2018-2-7	东北	山东	苏珊	跑步机	14	¥2,200
2018-6-27	东北	山东	李兵	显示器	14	¥1,500
2018-7-1	东北	山东	白露	液晶电视	27	¥5,000
2018-7-1	东北	山东	苏珊	跑步机	41	¥2,200
2018-4-17	东北	山东	白露	跑步机	42	¥2,200
2018-5-22	东北	山东	白露	显示器	44	¥1,500
2018-2-7	东北	山东	赵琦	显示器	52	¥1,500

图 4.64　保护工作簿/工作表

第 5 章　PowerPoint 2010 的功能和使用技巧

PowerPoint 2010 是最为常用的多媒体演示软件之一。无论是演讲、培训、教学或者做专题报告,只要事先使用 PowerPoint 2010 制作一个演示文稿,就会使阐述过程变得简明而清晰,从而使观众更有效地理解讲述的内容。PowerPoint 2010 的制作核心是精练,而不是 Word 文档内容的直接转换。

教学目标:

通过本章的学习,了解 PowerPoint 2010 的功能及运行环境,熟练掌握 PowerPoint 2010 的启动和退出、演示文档的建立与存储;理解 PowerPoint 2010 中的对象及演示文稿的组成。掌握在幻灯片中录入信息并进行基本美化的方法;理解母版的概念,会改变母版的设置;理解幻灯片的切换效果,掌握切换效果的设置方法和幻灯片的放映方式。

知识点:

- PowerPoint 2010 的界面。
- PowerPoint 2010 的基本操作。
- 幻灯片中添加图片、声音等对象。
- 幻灯片中的动画设置。
- 幻灯片的播放效果设置。

教学重点:

- 掌握演示文稿的建立。
- 掌握演示文稿的编辑。
- 掌握演示文稿的版式应用。
- 掌握幻灯片的切换。

教学难点:

- 掌握幻灯片的动画效果设置。
- 掌握幻灯片的模板和母版设计。

5.1　PowerPoint 2010 的功能与窗口界面

5.1.1　PowerPoint 2010 的简介

PowerPoint 2010 是 Microsoft Office 2010 办公自动化套件之一,是一个功能齐全、使用

方便的演示文稿制作软件。利用 PowerPoint 2010 可以快速制作、编辑、演播具有专业水准的演示文稿,可用于教学、讲演、报告、广告等。PowerPoint 2010 制作的演示文稿是由一张张电子幻灯片组成的,每张幻灯片可以包含文字、图形、图像、表格、声音、动画、视频等多媒体对象,图、文、声、像并茂。通过设置动画、超级链接等功能,可以制作丰富多彩的讲解演示型多媒体课件。

使用 PowerPoint 2010 建立一个生动的演示文稿是容易的,有关演示文稿的制作,有以下几点注意事项:

①明确目标:目标即通过演示试图表达的内容,目标定位要精准,聚焦目标才不会给观众呈现一个支离破碎的演示。

②考虑受众:受众就是演示文稿的观众,受众的情况及受众对演示文稿的主题的了解情况,演讲的时间、地点限制等,都是制作演示文稿时需要注意的因素。

③演示提纲:演示文稿中使用提纲方式来展示,可以使演示层次分明,富有逻辑性,骨架清晰。

④精练词汇:一张幻灯片上放置过多的文字肯定不是一个好的制作,要用简单、生动的词汇。

⑤保证重点:每一张幻灯片突出重点,最好是突出一个主题。

⑥数据可视化:演示文档是用作演示的,尽可能地运用多媒体手段突出重点,刺激观众的感官,给人印象深刻。

⑦画面简洁:花哨的画面并不能使人视觉愉快,不要使用多余的边框、背景和无意义的修饰来分散观众的注意力。

⑧风格统一:整个文稿的幻灯片配色、文字、图片等元素保持风格一致。

5.1.2 中文 PowerPoint 的功能、运行环境、启动和退出

1)*启动* PowerPoint 2010

启动 PowerPoint 2010 主要有 3 种方法。

①方法 1:在 Windows 桌面的任务栏,单击“开始”,打开“程序”→“Microsoft Office”→“PowerPoint 2010”,即可启动 PowerPoint。PowerPoint 2010 会自动创建“演示文稿 1”,在窗口中默认添加了第一张幻灯片,如图 5.1 所示。

②方法 2:如果桌面上有 PowerPoint 2010 的快捷图标,用鼠标双击该图标即可。

③方法 3:在 Windows 桌面右键菜单中,选择“新建”下的“新建 Microsoft PowerPoint 演示文稿”,再双击桌面上的“新建的演示文稿”,也可打开 PowerPoint 软件。

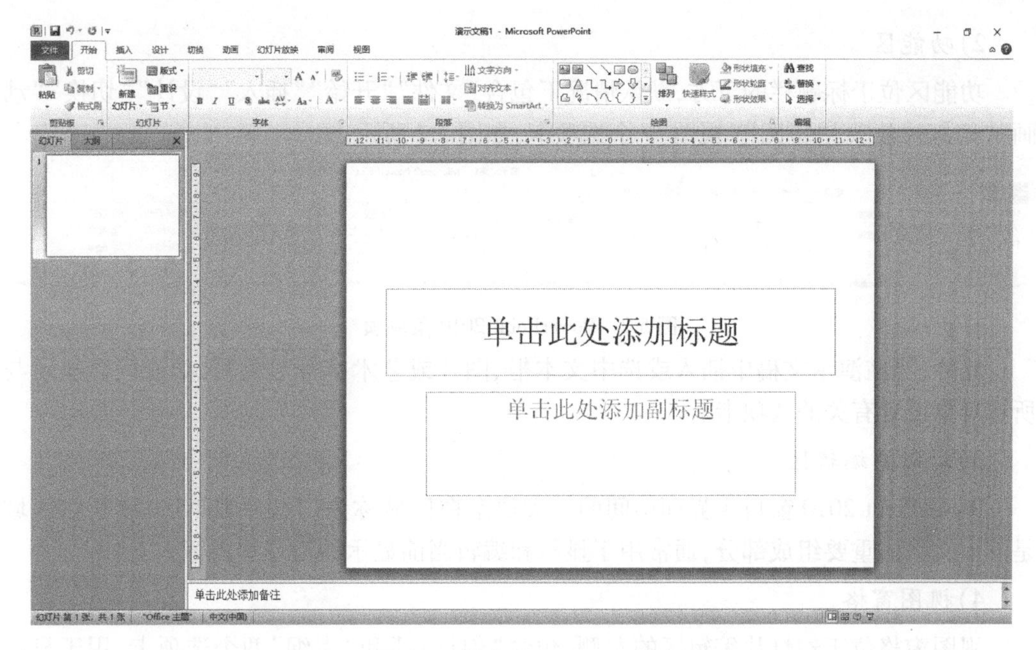

图 5.1　新建 PowerPoint 2010

2) 退出 PowerPoint 2010

退出 PowerPoint 2010 也有 3 种方法。

①方法 1:单击 PowerPoint 2010 窗口右上角的“关闭”按钮。

②方法 2:单击 PowerPoint 2010 窗口“文件”菜单下的“退出”命令。

③方法 3:双击 PowerPoint 2010 窗口左上角的“控制菜单图标”。

5.1.3 PowerPoint 2010 的窗口组成

PowerPoint 2010 采用了全新的操作界面,其界面更加整齐而简洁,便于操作。下面简要介绍 PowerPoint 2010 操作界面或称工作界面的主要区域及功能。

1) 标题栏

标题栏位于窗口的最上方一行,从左到右依次为控制菜单图标、快速访问工具栏、正在操作的演示文稿的名称、应用程序名称和窗口控制按钮。用鼠标双击标题栏可以全屏显示该窗口或恢复窗口大小,拖动标题栏可以移动窗口的位置。

①控制菜单图标:单击该图标,将弹出一个窗口控制菜单,通过该控制菜单可以对该窗口执行还原、最小化和关闭等操作。

②快速访问工具栏:显示常用的工具按钮,默认情况下,显示“保存”“撤销”和“恢复”3 个按钮,单击这些按钮可快速执行相应的操作。

③窗口控制按钮:从左到右依次为“最小化”按钮、“最大化”按钮和“关闭”按钮,单击这些按钮可快速执行相应的操作。

2）功能区

功能区位于标题栏的下方，默认情况下包含“文件”“开始”“插入”“设计”“切换”“动画”“幻灯片放映”“审阅”“视图”9 个选项卡，如图 5.2 所示。

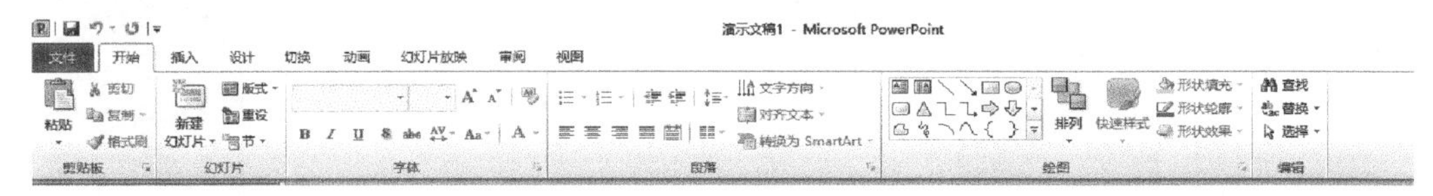

图 5.2　PowerPoint 2010 菜单项

此外，当在演示文稿中插入或选中文本框、图片或艺术字等对象时，功能区会显示与所选对象设置有关的选项卡。

3）幻灯片编辑区

PowerPoint 2010 窗口主界面中间的一大块空白区域称为幻灯片编辑区，该空白区域是演示文稿的重要组成部分，通常用于显示和编辑当前显示的幻灯片内容。

4）视图窗格

视图窗格位于幻灯片编辑区的左侧，包含“幻灯片”和“大纲”两个选项卡，用于显示幻灯片的数量及位置，如图 5.3 所示。视图窗格中默认显示的是“幻灯片”选项卡，切换到该选项卡时，会在该窗格中以缩略图的方式显示当前演示文稿中的所有幻灯片，以便查看幻灯片的最终设计效果；切换到“大纲”选项卡时，会以大纲列表的方式列出当前演示文稿中的所有幻灯片。

图 5.3　PowerPoint 2010 视图模式

5)备注窗格

备注窗格位于幻灯片编辑区的下方,通常用于给幻灯片添加注释说明,例如幻灯片讲解说明等。

6)状态栏

状态栏位于窗口底部,用于显示当前的幻灯片是第几张、演示文稿总张数、当前使用的输入法状态等信息。状态栏的右端有视图切换工具按钮和显示比例调节工具按钮,视图切换工具按钮用于幻灯片模式切换,显示比例调节工具按钮用于调整幻灯片的显示比例,如图5.4所示。

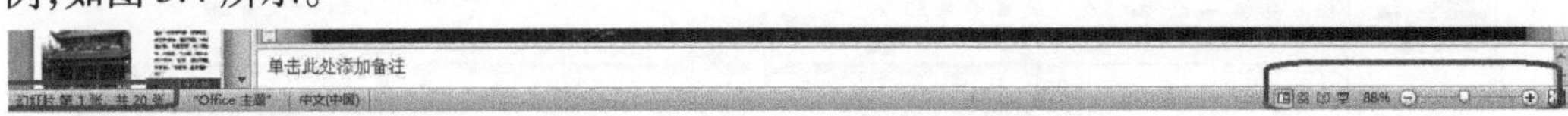

图5.4 PowerPoint 2010 状态栏

5.1.4 PowerPoint 2010 的各项功能

1)演示文稿

演示文稿是通过 PowerPoint 2010 程序创建的文档。一个 PowerPoint 2010 文件被称为一个演示文稿,演示文稿的默认扩展名为".pptx"。

当启动 PowerPoint 时,PowerPoint 会自动新建一个演示文稿。暂时命名为"演示文稿1",当用户编辑完演示文稿进行存盘时,PowerPoint 会提示用户输入文件名。

2)幻灯片

一个演示文稿由若干张幻灯片组成,演示文稿的播放是以幻灯片为单位的。即播放时屏幕上显示的是一张幻灯片而不是整个演示文稿。

3)母版

一般情况下,同一演示文稿中的各个幻灯片应该有着一致的样式和风格。为了方便对演示文稿的样式进行设置和修改,PowerPoint 2010 将所有幻灯片所共用的底色、背景图案、文字大小、项目符号等样式放置在母版中。这样,只需更改母版的样式设计,所有幻灯片的样式都会跟着改变,为修改幻灯片的样式带来了极大方便。PowerPoint 2010 提供的母版分为幻灯片母版、讲义母版、备注母版。

(1)幻灯片母版

幻灯片母版作用于基于幻灯片版式的幻灯片。

(2)讲义母版

在讲义母版上所做的修改,会影响打印出来的讲义效果,如页眉、页脚等,可在幻灯片之外的空白区域添加文字或图形,使打印出来的讲义每页形式都相同。讲义母版上的内容只在打印时显示,不会在放映时显示,不影响幻灯片的内容。

(3)备注母版

在备注修改母版上所做的修改,会影响打印出来的备注页效果。在"视图"→"母版视图”中选择“幻灯片母版”或“讲义母版”或“备注母版”即可打开相应的母版视图，在这些视图中可以对相应的母版进行修改，如图 5.5 所示。

4）幻灯片版式

在“开始”选项卡“幻灯片”组中的“新建幻灯片”和“幻灯片版式”均可以改变本张幻灯片的版式，幻灯片版式提供幻灯片中的文字、图形等的位置排列方案，如图 5.5 所示。

图 5.5　PowerPoint 2010 幻灯片版式

幻灯片版式主要由各种占位符组成，占位符代表准备放置到幻灯片上的各个对象，在新建幻灯片上用带有提示信息的虚线方框表示，和文本框略有不同，如占位符中录入的文字会随录入文字的增多而自动改变字号大小。单击“占位符”即可以添加需要的文字或图像等内容。占位符可分为标题占位符、文本占位符、剪贴画占位符、表格占位符、图表占位符、组织结构图占位符、媒体剪辑占位符等。

5）配色方案

一个画面优美的幻灯片在播放时能够吸引观众的注意力，提高演示效果。颜色搭配是影响幻灯片美观的重要因素，对于非专业的用户来说是比较困难的事，为此，PowerPoint 2010 提供了丰富的配色方案供用户使用。选择“设计”→“主题”→“颜色”，即可选择相应的配色方案。可以挑选某种配色方案用于个别幻灯片或所有幻灯片，如图 5.6 所示。通过这种方式，可以很轻易地更改幻灯片或整个演示文稿的配色方案，并确保新的配色方案和演示文稿中的其他幻灯片相互协调。

图 5.6 PPT 配色方案

5.1.5 演示文稿视图

1)PowerPoint 2010 的 5 种视图模式

PowerPoint 2010 提供了 5 种视图模式:普通视图、幻灯片浏览视图、幻灯片放映视图、备注页视图和阅读视图。同一演示文稿根据不同制作阶段操作者的操作需求,提供了不同的工作环境或者工作页面,也就是不同的视图模式,可以在不同的视图模式下对演示文稿进行编辑、修改和演示。

(1)普通视图

PowerPoint 2010 启动后就直接进入普通视图方式,这是 PowerPoint 2010 默认的视图模式,该视图模式通常用于创建、编辑或设计演示文稿。在该视图模式下,窗口被分成了大纲窗格、幻灯片窗格和备注窗格 3 个部分,拖动窗格分界线,可以调整窗格的大小。

(2)幻灯片浏览视图

在幻灯片浏览视图下,按幻灯片顺序显示全部幻灯片的缩略图。通过该视图可以重新排列幻灯片的顺序,查看演示文稿的整体效果,还可以添加、删除幻灯片以及设置幻灯片切换效果,但不能编辑幻灯片。

(3)幻灯片放映视图

幻灯片放映视图用于查看幻灯片的播放效果,也是实际播放演示文稿的视图。在此视图下,以全屏方式播映,每一屏显示一张幻灯片,可以欣赏幻灯片中的动画和声音等效果。但不能编辑、修改和添加幻灯片。

(4)备注页视图

以上下结构显示幻灯片和备注页,主要用于添加和修改幻灯片的附加信息,如幻灯片的注释、注意事项以及演讲者的提示等备注内容。

(5)阅读视图

阅读视图是 PowerPoint 2010 新增的一款视图方式,它以窗口的形式来查看演示文稿的放映效果。在播放过程中,同样可以欣赏幻灯片的动画和切换效果。

2)PowerPoint 2010 视图模式的切换方式

PowerPoint 视图模式有两种切换方式:

方法 1:切换到“视图”选项卡,在“演示文稿视图”组中,单击某个视图模式按钮即可切换到相应的视图。

方法 2:在 PowerPoint 2010 窗口的状态栏的右侧提供了视图按钮,该按钮有 4 个,分别是“普通视图”按钮、“幻灯片浏览”按钮、“阅读视图”按钮和“幻灯片放映”按钮,单击某个按钮即可切换到对应的视图模式。

5.2 演示文稿的基本操作

启动 PowerPoint 2010 后,用户就需要根据制作演示文稿的需求来创建新的演示文稿。

5.2.1 演示文稿的创建

1)新建空白演示文稿

新建空白演示文稿主要有 3 种方法:

①方法 1:启动 PowerPoint 2010 之后,系统会自动创建一张名为“演示文稿 1”的空白演示文稿,如果再次启动 PowerPoint 2010,系统自动以“演示文稿 2”“演示文稿 3”……以此类推的顺序对新演示文稿命名。

②方法 2:直接按快捷键 Ctrl+N。

③方法 3:用鼠标将窗口切换到“文件”选项卡中,在左侧窗格单击“新建”命令,在右侧窗格的“可用的模板和主题”栏中选择“空白演示文稿”选项,然后单击“创建”按钮。

2)根据系统提供的样本模板创建演示文稿

PowerPoint 系统为用户提供了几百个模板类型文件,利用这些模板文件,用户可以方便快捷地制作各种专业的演示文稿,模板文件的扩展名是“.pot”。例如:要根据“样本模板”中的“项目状态报告”模板新建一篇演示文稿,可按照以下操作步骤:

①在 PowerPoint 2010 窗口中切换到“文件”选项卡,在左侧窗格单击“新建”命令,然后在中间窗格中选择“样本模板”选项。

②在打开的“样本模板”界面中选择需要的模板风格,如选择“项目状态报告”模板即可。

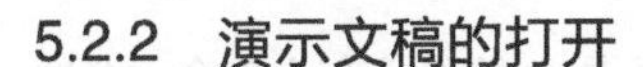

5.2.2 演示文稿的打开

对于已经保存在计算机中的演示文稿，如果要进行修改，需要先将其打开；对演示文稿进行了各种编辑后，确认保存之后关闭。

1）打开演示文稿

切换到“文件”选项卡，然后在左侧窗格中单击“打开”命令，也可以直接按快捷键 Ctrl+O，在弹出的对话框中找到并选中需要打开的演示文稿，然后单击“打开”按钮。

2）关闭演示文稿

在要关闭的演示文稿中，切换到“文件”选项卡，然后单击左侧窗格的“关闭”命令即可关闭当前演示文稿。

5.2.3 演示文稿的保存

保存演示文稿是保障用户创建和编辑的演示文稿部丢失，也是再次编辑和放映该演示文稿的基础，是比较关键的一步。“打包成 CD”也是一种保存演示文稿的方式，将在后面介绍。与 Word 2010 类似，保存演示文稿时，分为新建演示文稿的保存、已有演示文稿的保存和另存演示文稿 3 种情况。

1）新建演示文稿的保存

在新建的演示文稿中，单击快速访问工具栏中的“保存”按钮，在弹出的“另存为”对话框中设置演示文稿的保存位置、保存文件名及保存类型，然后单击“保存”按钮即可。保存的演示文稿扩展名为“.pptx”，如图 5.7 所示。

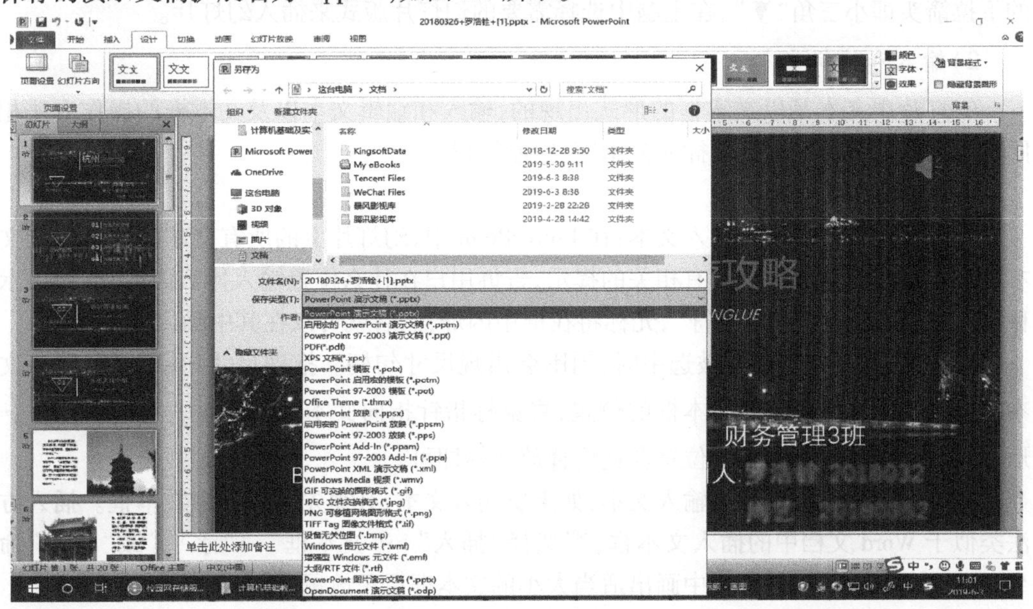

图 5.7 “另存为”对话框

2)已有演示文稿的保存

单击快速访问工具栏中的"保存"按钮,或单击"文件"选项卡中的"保存"命令,或按快捷键 Ctrl+S 都可以将当前文稿按原文件位置和文件名重新保存。已有演示文稿和已经保存过一次的新建演示文稿按上述操作保存不会弹出"另存为"对话框。

3)另存演示文稿

单击"文件"选项卡中的"另存为"命令,在打开的"另存为"对话框中设置演示文稿的保存位置,保存文件名及保存类型,然后单击"保存"按钮,可以将当前编辑的演示文稿以另一个文件的方式备份起来。

5.3 幻灯片制作

通常把一个 PowerPoint 文件称为一个演示文稿,一个演示文稿是由多张幻灯片组成的,每张幻灯片中都可以包含文字、数字、表格、图像、超级链接、动作、声音和动画等信息元素。

5.3.1 幻灯片的基本制作方法

1)插入新幻灯片

当打开一个演示文稿或创建新的演示文稿后,需要制作下一张新幻灯片,在普通视图、幻灯片浏览视图或备注视图中,单击"开始"选项卡的"新建幻灯片"命令,该命令默认是新建幻灯片的版式与上一张幻灯片版式相同。如果要更改幻灯片版式需要单击该命令的下拉箭头即小三角"▼",在主题中选择需要的幻灯片版式来插入幻灯片。

2)输入和编辑文本

幻灯片中文本是以文本框的形式出现的,输入和编辑文本以及文本框的操作方法相同。同样在幻灯片中也可以插入艺术字、绘制图形等。

(1)文本的输入

①在有占位符的地方输入文本:在 PowerPoint 中,幻灯片上的所有文本都要输入到文本框中。每张新幻灯片上都有相关的提示,告诉用户在什么位置输入什么内容,这些提示称为"占位符"。单击"占位符",光标将在框中闪烁,然后就可以在其中输入文本了。

需要注意的是:文本框被选中时,周围会出现尺寸句柄。拖动尺寸句柄,即可改变文本框的大小。如果要改变文本框的位置,将鼠标指针指向文本框的边框,当指针变为✛形状时,按住鼠标左键拖动,位置合适后释放鼠标即可。

②在没有占位符的地方输入文本:如果要输入文本,必须先插入一个文本框。插入方法类似于 Word 文档中的插入文本框,即选择"插入"→"文本框"→"水平"或"垂直"命令,然后拖动鼠标,在幻灯片中画出适当大小的文本框后释放鼠标即可。

(2)文本的编排

输入幻灯片标题时一般不用按 Enter 键(除非有特殊排版要求),当一行不足以放下整个标题时,PowerPoint 会自动换行。正文的缩进层次具有继承性,即输完一段正文后按 Enter 键,插入点将移到与上一段正文对齐的位置,即两段正文属于同一级,具有相同的项目符号或编号。

对于文本框的文本可以像 Word 文档中的文本那样,使用格式工具栏进行格式编排。

(3)文字格式设置

打开一个演示文稿,选中标题文字,单击“开始”选项卡中“字体”组的“字体”列表框旁的下拉箭头,可以看到有多种字体可供选择,如选择“隶书”,则标题文字就变成隶书了。单击“字号”列表框旁的下拉箭头,从中选择文字的字号,比如选择 50,字号就设置为 50 了。单击工具栏上的“加粗”按钮,文字加粗显示;单击“倾斜”按钮,文字变成斜体了。

除了格式工具栏上默认的文本格式设置,单击“开始”选项卡中“字体”组右下角的显示“字体”对话框按钮,弹出“字体”对话框,如图 5.8 所示。在该对话框里可以设置字体、字形、字号,还可以对中、西文的文本字体分别做定义。在字体效果选项中可以对文字进行下画线、阴影、上下标等设置。打开颜色下拉列表框,可以选择不同的颜色设置选定文字的颜色。

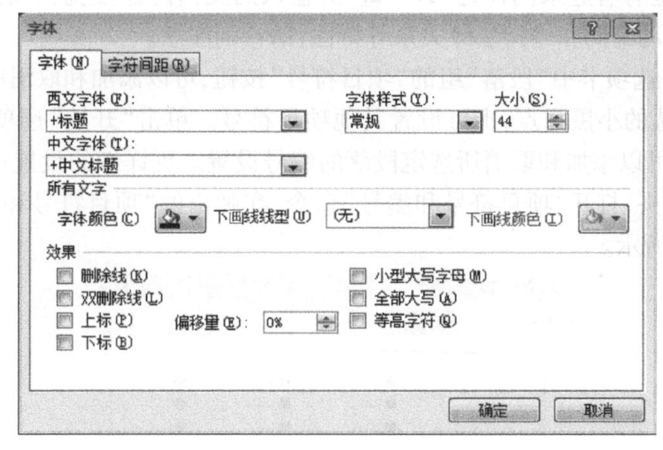

图 5.8　幻灯片的“字体”对话框

(4)段落格式

段落格式就是依附在段落标记符上该段落的格式,包括段落的对齐方式、段落行距和段落间距等。选中几段文字,单击“开始”选项卡中“段落”组的“右对齐”按钮,文字会靠右对齐;单击“居中”按钮,文本会居中排列;单击“分散对齐”按钮,可使每行文字都充满两侧进行排列;单击“对齐方式”下的“两端对齐”命令,可将段落的左、右两边同时对齐。除了对齐方式,还可以改变段落的行间距。行间距是行与行之间的距离,行间距过大或过小都会影响幻灯片的观赏效果。选中需要调整行间距的段落,单击“开始”选项卡中“段落”组的“行距”命令,打开“行距”对话框,可以对行距进行设置,还可以对段前和段后空多少距离进行设置。“段落”对话框设置如图 5.9 所示。

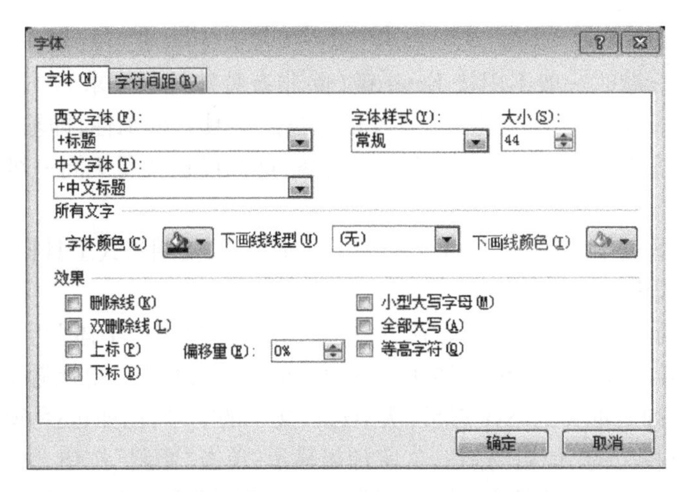

图 5.9 幻灯片的"段落"设置对话框

(5)项目符号和编号

什么是项目符号和编号呢？如果我们在文档中输入"1."然后把光标移动到这一行的末尾,按 Enter 键,下一行就自动出现"2.",这就是项目编号。实际上项目符号是文档格式而非文档内容,也有看起来同样是"1.""2."的输入的文档内容,这就不是项目符号,不会具有项目符号自动编码和维持层级关系等特性,请特别注意。

单击"开始"选项卡中"段落"组的"项目符号"按钮,可以添加和取消所选定段落的项目符号设置,默认的小黑圆点,也可设置其他项目符号。单击"开始"选项卡中"段落"组的"编号"按钮,可以添加和取消所选定段落的编号设置。更详细的设置可以通过两个按钮旁边的下拉箭头,打开"项目符号和编号"命令,在弹出的"项目符号和编号"对话框中设置,如图 5.10 所示。

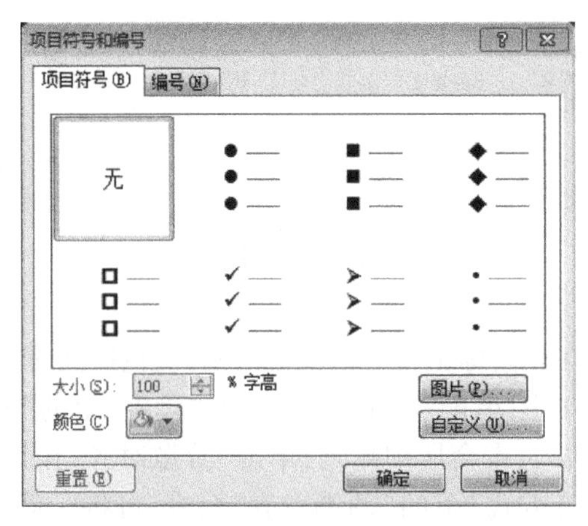

图 5.10 "项目符号和编号"对话框

和 Word 中的设置一样,任意删除和增加一个编号段落,其余的编号段落都会自动重新编号;当设置了多级编号时,在编号段落的编号前按 Tab 键,可以将该编号段落设置为下一级编号段落,在编号段落的编号前按 Backspace 键可以设置到上一级编号段落。

3) 图形的编辑

在幻灯片中可以插入各种图片,包括系统自带的剪贴画、外部的一些图形文件以及艺术字、自选图形和 SmartArt 图形等。通过在幻灯片中插入图片,可以增加幻灯片的可读性,增加视觉效果,使幻灯片更加生动有趣,以提高观众的注意力,给观众传递更多的信息。更重要的是图片能够传达语言难以描述的信息,有时需要长篇大论的问题,也许一幅图片就解决问题了。

(1)插入剪贴画

切换到"插入"选项卡,单击"插图"组中的"剪贴画"按钮,打开"剪贴画"窗格,在"搜索文字"文本框中输入剪贴画类型,然后单击"搜索"按钮,在搜索结果中单击需要插入点剪贴画,即可将其插入到当前幻灯片中,如图 5.11 所示。

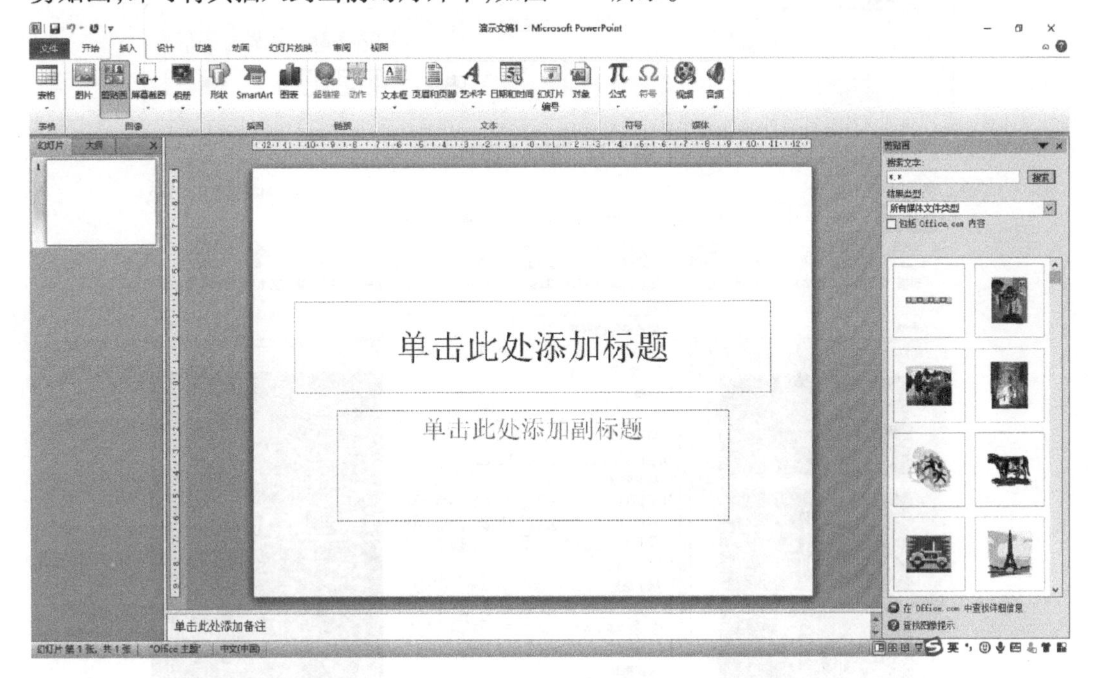

图 5.11 插入"剪贴画"

(2)插入外部的图形文件

在"插入"选项卡中的"图像"组中单击"图片"按钮,在弹出的"插入图片"对话框中选择需要插入的图片,然后单击"插入"按钮即可,如图 5.12 所示。

(3)使用"绘图"工具栏自己绘制图形

除了插入系统自带的剪贴画和一些现成的图形文件之外,还可以利用"插入"选项卡中的"插图"组中单击"形状"按钮,选择适合的图形按钮在幻灯片上直接绘制自己喜欢的图形,如图 5.13 所示。

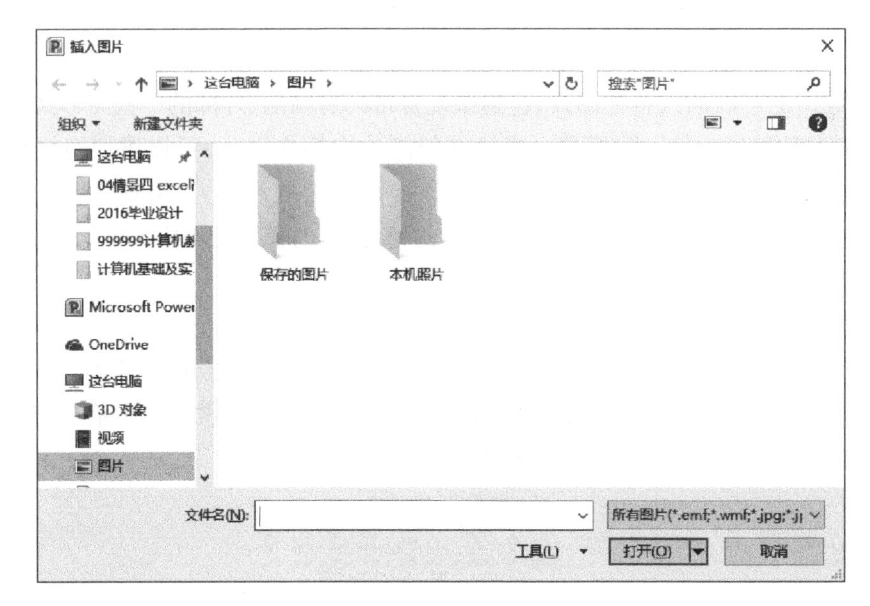

图 5.12　插入“图片”

图 5.13　绘图工具栏可选用的绘图形状

4) 艺术字的编辑

艺术字是具有特殊效果的文字。类似 Word 文档,我们可以在幻灯片中插入艺术字。在“插入”选项卡的“文本”单击“艺术字”按钮,在弹出的下拉列表中选择一种艺术字样式,幻灯片中将出现一个艺术字文本框,直接输入要做成艺术字的文字,并设置文字的字体、字号等格式,最后单击“确定”按钮,艺术字就出现在幻灯片里了。

5) 插入 SmartArt 图形

首先选中欲插入 SmartArt 图形的幻灯片,在“插入”选项卡的“插图”组中单击“SmartArt”按钮,在弹出“选择 SmartArt 图形”对话框中选择一种 SmartArt 图形样式,然后单击“确定”按钮。所选样式的 SmartArt 图形将插入到当前幻灯片中,然后在其中输入具体的文字内容即可。

6) 表格和图表的制作

PowerPoint 2010 具备表格制作功能,如果幻灯片中使用到一些数据实例,使用表格和图表可以让数据更加直观清晰,使制作出的演示文稿更富有创意。

(1)插入表格

选中某张幻灯片,切换到“插入”选项卡,然后单击“表格”组中的“表格”按钮,在弹出的下拉列表中选择“插入表格”,并选择表格的行数和列数,所选表格即插入到当前幻灯片中了。再根据操作需要,将表格移动到合适位置,调整行高列宽,在表格中输入内容并进行格式美化即可。

(2)插入图表

选中某张幻灯片,切换到“插入”选项卡,然后单击“插图”组中的“图表”按钮,在弹出的“插入表格”对话框中选择需要的图表样式,如图 5.14 所示。然后单击“确定”按钮,所

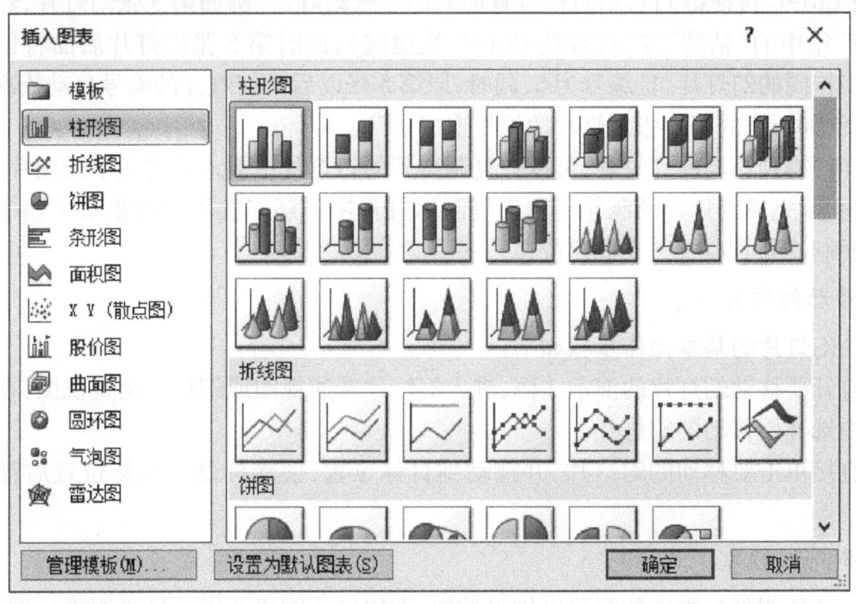

图 5.14 插入图表

选样式的图表将插入到当前幻灯片中，与此同时，PowerPoint 系统会自动打开与图表数据相关联的工作簿，并提供默认数据。根据操作需要，在工作表中输入相应数据，然后关闭工作簿，返回到当前幻灯片，即可看到所插入的图表。

5.3.2 幻灯片的编辑

1）选择幻灯片

插入一组幻灯片后，一般还需要反复修改、编辑或调整顺序等，修改、编辑之前必须选定要修改或编辑的幻灯片为当前幻灯片。选定幻灯片的方法有如下两种：

①方法 1：在普通视图中，单击视图窗格中的“大纲”选项卡的幻灯片标号，或单击视图窗格中的“幻灯片”选项卡中的幻灯片缩略图，即可选定该幻灯片。

②方法 2：在幻灯片浏览视图中选定幻灯片。在幻灯片浏览视图中，单击相应的幻灯片缩略图，即可选定该幻灯片。

如果要选择连续的多张幻灯片，用鼠标选定第一张幻灯片，然后按住 Shift 键，单击要选择的最后一张幻灯片；如果要选择不连续的多张幻灯片，按住 Ctrl 键，然后单击每一张要选择的幻灯片；如果要选择全部幻灯片，按下 Ctrl+A 快捷键，即可选中当前演示文稿中的全部幻灯片。

2）复制幻灯片

复制幻灯片是指创建两张或者多张完全一样的幻灯片，反复使用相同的幻灯片内容、版式和格式。打开要进行编辑的演示文稿，切换到“视图”选项卡，单击“演示文稿视图”组中的“幻灯片浏览”按钮，切换到“幻灯片浏览”模式视图；然后选中需要复制的幻灯片，例如第 2 张幻灯片，切换到“开始”选项卡，然后单击“剪贴板”组中的“复制”按钮进行复制（或按 Ctrl+C 快捷键）；选中目标位置前面的一张幻灯片，例如第 5 张幻灯片，然后单击“剪贴板”组中的“粘贴”按钮（或按 Ctrl+V 快捷键）；此时第 5 张幻灯片后面将创建一张与第 2 张相同的幻灯片，且编号为 6，同时，原第 5 张以后的幻灯片的编号自动依次向后递增一位，例如原来的第 6 张幻灯片的编号变成了 7。

这样便得到相同的幻灯片，可以在复制得到的幻灯片中键入新的文字或图片等，替换原来的内容，完成幻灯片的制作。利用复制幻灯片操作还能在不同的演示文稿中进行幻灯片的复制，不同点在于，光标定位在另一个演示文稿里。

3）移动幻灯片

移动幻灯片的基本操作步骤如下：

①打开要移动幻灯片的演示文稿，进入幻灯片普通视图或幻灯片浏览视图，在幻灯片缩略图中选择要移动的幻灯片。

②直接单击要移动的幻灯片，并拖动到目标位置，使光标落在目标位置后释放鼠标即可。

4）删除幻灯片

幻灯片的删除与文本的删除操作很类似，在幻灯片缩略图中选择要删除的幻灯片，然

后按键盘上的 Delete 键，或单击鼠标右键，在弹出的菜单中单击“删除幻灯片”命令即可。

5）改变幻灯片版式布局

幻灯片版式是幻灯片内容的格式，有时插入的幻灯片版式不适合，需要改换另一种版式，可按下面的操作方法进行。

①方法 1：在“普通视图”或“幻灯片浏览”视图模式下，选中需要更换版式的幻灯片，在“开始”选项卡的“幻灯片”组中单击“版式”按钮，在弹出的下拉列表中选择需要的版式即可。

②方法 2：在视图窗格的“幻灯片”选项卡中，使用鼠标右键单击需要更换版式的幻灯片，在弹出的快捷菜单中单击“版式”命令，在弹出的子菜单中选择需要的版式。

5.4　演示文稿主题选用与幻灯片背景设置

5.4.1　幻灯片设置

1）设置幻灯片的背景

为幻灯片添加合适的背景，既可以美化幻灯片，又对突出显示其他的信息和内容起到衬托的作用。选中某张幻灯片，切换到“设计”选项卡，然后单击“背景”组中的“背景样式”按钮，在弹出的下拉列表中可以选择各种预设的样式，默认是应用于整个演示文稿。也可以在下拉列表中选择“设置背景格式”按钮，在弹出的对话框中对背景进行设置。包括“纯色填充”“渐变填充”“图片或纹理填充”“图案填充”等填充方式，并能对图片进行初步的调整。

设置好图片填充方式后，选择“关闭”，这幅图片只对选中的幻灯片起作用，其他幻灯片的背景保持不变；如果选择“全部应用”，那么这个演示文稿中所有的幻灯片全都采用这个背景了。

2）应用幻灯片母版

在一般视图中，编辑的幻灯片内容和在母版视图中编辑的母版内容，在放映幻灯片时就像两张透明的胶片叠放在一起，上面一张是幻灯片本身，下面一张就是母版。在进行编辑时，一般修改的是幻灯片本身，只有切换到“视图”选项卡，选择“母版视图”组中的“幻灯片母版”“讲义母版”和“备注母版”，进入各个母版视图后，才能对母版进行修改。可用来制作统一标志和背景的内容，设置标题和主要文字的格式，包括文本的字体、字号、颜色和阴影等特殊效果。母版是为该演示文稿所有的幻灯片设置默认的板式和格式的，修改母版就是在创建新的模板。

切换到“视图”选项卡，单击“母版视图”组中的“幻灯片母版”可以进入幻灯片母版视图，在“开始”选项卡的前面会增加“幻灯片母版”选项卡，该选项卡中有“关闭母版视图”按钮，单击可以退出母版视图编辑。

5.4.2 为幻灯片加入徽标

为了美化演示文稿，可以在幻灯片中加入一个徽标，可以利用图片、文本以及绘制图形结合起来创建自己的徽标。对母版进行编辑和插入图片、文字等内容和编辑幻灯片相同，在母版上创建徽标可以使徽标在多张幻灯片的同一位置出现。

5.4.3 添加幻灯片编号及页眉页脚

在 PowerPoint 2010 的幻灯片母版中，可以利用页眉、页脚来为每张幻灯片添加日期、时间、编号和页码等。

切换到“插入”选项卡，然后单击“文本”组中的“页眉页脚”按钮，将会弹出如图 5.15 所示的对话框，包含“日期时间”“幻灯片编号”“页脚”“标题幻灯片不显示”4 个复选框。复选框作用如下：

①“日期和时间”复选框：选中“自动更新”，则所加的日期与幻灯片放映的日期一致。如果要显示固定的日期，选中“固定”，在“固定”文本框中输入信息，否则在幻灯片中不会显示任何内容。

②“幻灯片编号”复选框：选中该选项，会在幻灯片的右下方插入页码编号。

③“页脚”复选框：选中该复选框，可在幻灯片正下方插入一些特定信息，如输入“重庆建筑工程职业学院”为页脚。

④“标题幻灯片不显示”复选框：选中该选项，标题幻灯片（即第一张幻灯片）将不显示设置的日期和时间、页码、页脚等信息。在母版中应用幻灯片页眉、页脚设置会应用到所有幻灯片，但在普通视图中，单击“全部应用”按钮，设置的页眉、页脚信息将在演示文稿中的每一张幻灯片中显示；单击“应用”按钮，设置的页眉、页脚信息只在当前幻灯片上显示。

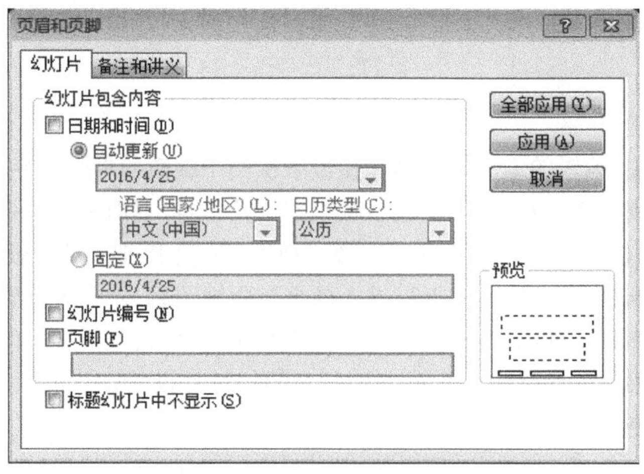

图 5.15 幻灯片的“页眉和页脚”对话框

5.5　演示文稿放映设计

5.5.1　插入声音、影片和动画

为了使幻灯片更加活泼、生动，可以插入影片和声音等多媒体剪辑。插入的声音文件需要是PowerPoint 2010支持的格式，如WAV格式、MIN格式、MP3格式等。

1）插入声音

首先选中准备插入声音的幻灯片，切换到“插入”选项卡，在“媒体组”中单击“音频”按钮下方的下拉按钮，在弹出的下拉列表中单击“文件中的音频”选项；然后在弹出的“插入音频”对话框中选择插入的声音，单击“确定”按钮；插入声音后幻灯片中将出现一个小喇叭图标（或称为声音图标），根据操作需要，可调整该小喇叭的位置和大小。

在幻灯片插入声音后，放映该幻灯片时，单击相应的“小喇叭图标”会播放出声音；选中声音图标后，其下方还会出现一个播放控制条，该控制条可用来调整播放进度及播放音量。

另外，右键单击该声音图标，在弹出的右键快捷菜单中还有对该声音进行剪辑的选项。注意，在选中声音文件后，会增加“音频工具”选项卡，其中有“格式”和“播放”两个子选项卡，“格式”选项卡主要是对小喇叭图标进行修改，而“播放”选项卡是对该声音文件播放的方式进行修改，如图5.16所示。

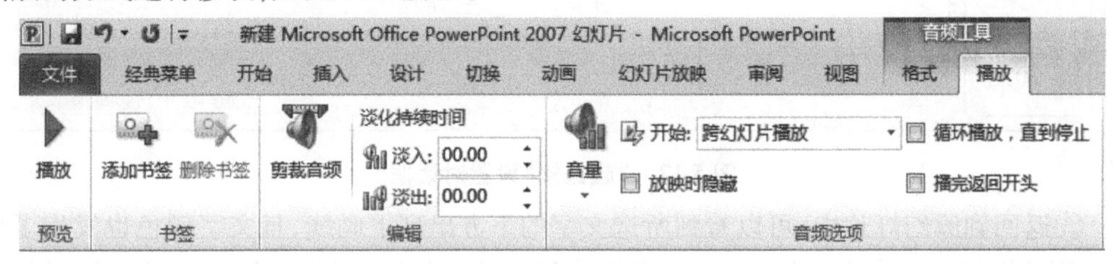

图5.16　声音选项设置

2）插入影片和动画

插入影片（或称为视频）和动画的方法和插入声音的方法非常相似，只需要切换到“插入”选项卡，然后单击“媒体组”中的“视频”按钮即可插入具体的视频。

3）插入超链接

在PowerPoint 2010中，多张幻灯片之间的逻辑关系可以通过超链接来实现。利用超链接，可以实现在幻灯片放映时从某张幻灯片的某一位置跳转到其他位置。

用户可预先为幻灯片的某些文字或其他对象（如图片、图形、艺术字等）设置超链接，并将链接目标指向其他位置，这个位置既可以是本演示文稿内指定的某张幻灯片、一个演示文稿、一个可执行程序，也可以是一个网站的域名地址。

添加超链接的方法如下：

①打开需要操作的演示文稿,在要设置超链接的幻灯片中选择要添加超链接的对象,切换到“插入”选项卡,然后单击“链接组”中的“超链接”按钮。

②弹出“插入超链接”对话框,如图5.17所示,在“链接到”栏中有4种链接位置可供选择:

•“现有文件或网页(X)”:可以在“地址”文本框中输入要链接到的文件名或者域名地址。

•“本文档中的位置(A)”:可以在右边的列表框中选择要链接到的当前演示文稿中的幻灯片。

•“新建文档(N)”:可以在右边“新建文档名称”文本框中输入要链接到的新文档的名称。

•“电子邮件地址(M)”:可以在右边“电子邮件地址”中输入邮件的地址和主题。

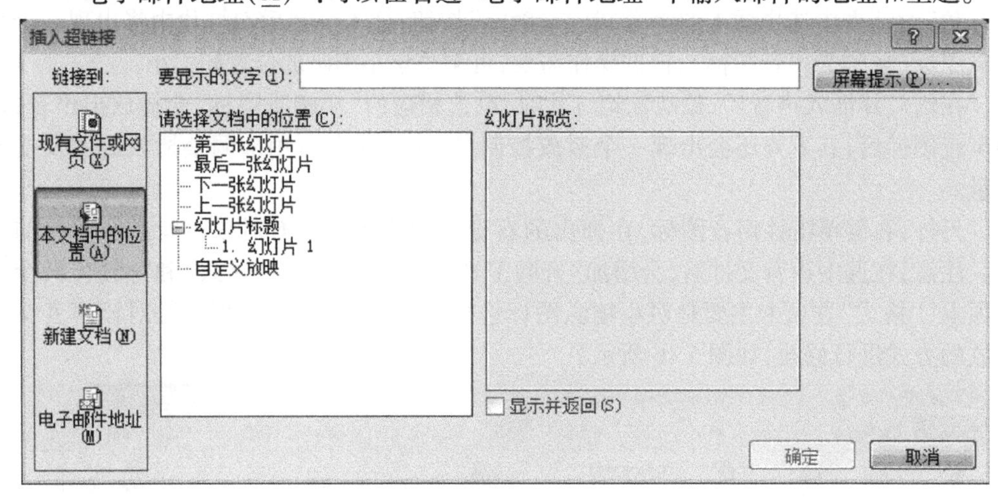

图5.17 “超链接”设置对话框

③返回到原幻灯片中,可以看到所选文字的下方出现下画线,且文字颜色也发生了变化,切换到“幻灯片放映”视图模式。当放映到该幻灯片时,鼠标指针指向该文字时将变成一个小手形状,单击该文字可跳转到指定的目标位置。如果不想让文字变化颜色,可以将文字所在的文本框或占位符作为对象来设置超链接。在有超链接的对象上单击鼠标右键,在弹出的快捷菜单中有“取消超链接”选项,可单击取消超链接。

5.5.2 动画技术

PowerPoint 2010的动画功能是让幻灯片及幻灯片中的对象动起来,将前面编辑的静态的标题、文本、图片以及声音等变成可控的动画,不仅能美化演示文稿,也突出了某些对象,展示幻灯片画面中对象的先后、主次等关系,更好地表达演示者的意图。

PowerPoint 2010的动画分为两种:一种是幻灯片之间的动画,即第一张幻灯片放映结束后如何进入下一张幻灯片;另一种是幻灯片中的各个对象的动态效果,如对象的进入、强调、退出方式等。

1)幻灯片各对象的动画设置

PowerPoint 2010 提供的各类对象的动画放在“动画”选项卡中,通过该选项卡,可以方便地对幻灯片中的对象添加各类动画效果。“动画”选项卡中的动画效果有 4 类,分别是进入式、强调式、退出式和动作路径式。

(1)添加单个动画效果

打开编辑好的演示文稿,在某张幻灯片中选中要添加动画效果的对象,切换到“动画”选项卡,然后在“动画组”单击列表框中的下拉菜单,在弹出的下拉菜单中可看到系统提供的多种动画效果,列入添加进入式动画效果,此时可以在下拉列表的“进入”类别中选择“飞入”效果即可。

需要注意的是:幻灯片某对象被设置了“进入”动画效果后,在放映到该幻灯片时,该对象只有在被允许进入的操作在(如单击或在上一动画前或后)才会播放动画后出现;设置“退出”动画效果也类似,将会在播放动画后消失。这样就可以突出重点,控制信息的流程,提高演示文稿的观赏性。

(2)为同一对象添加多个动画效果

为了使幻灯片中对象的动画效果丰富,可对其添加多个动画效果。

选中要添加动画效果的对象,切换到“动画”选项卡,然后在“动画组”中单击列表框中的下拉按钮,在弹出的下拉列表中选择需要的动画效果,在“动画”选项卡的“高级动画组”中单击“添加动画”按钮,在弹出的下拉列表中选择需要添加的第 2 个动画效果,一般在进入式动画后添加强调式、动作路径式动画,最后添加退出式动画。参照添加的第 2 个动画的操作步骤,可以继续为选中的对象添加其他动画效果。为选中的对象添加多个动画效果后,该对象的左侧会出现编号,该编号是根据添加动画效果的顺序而自动添加的。

(3)编辑动画效果

添加动画效果后,还可以对这些效果进行相应的编辑操作,如选择动画效果、更改动画效果和调整动画效果播放顺序等。

①选择动画效果:选择动画效果有两种方法:一种是在“动画”选项卡的“高级动画组”中单击“动画窗格”按钮,打开“动画窗格”对话框,在该对话框中将显示当前幻灯片中所有对象动画效果,单击某个动画编号,便可选中对应的动画效果。另一种是在幻灯片中选中添加了动画效果的某个对象,此时“动画窗格”中会以灰色边框突出显示该对象的动画效果,对其单击可快速选中该对象对应的动画效果。

②更改动画效果:如果对某个对象设置的动画效果不满意,可以重新更改其动画效果。打开“动画窗格”对话框,选中已经设置好的动画效果,然后在“动画组”列表中重新选中其他动画效果,即可对选中对象的动画效果进行重新设置。

③调整动画效果:在“动画窗格”对话框中选中某一项设置的动画时,动画右边有一个向下的箭头,单击后能展开一个菜单。菜单中“单击开始”“从上一项开始”和“从上一项之后开始”的设置,均会影响该动画播放时的开始条件。单击菜单中的“效果选项”,会弹出该动画的“效果”选项卡,还包括“计时”选项卡和“正文文本动画”选项卡,能对该动

画的效果做更多设置,如"方向""延迟""动画文本"等,"计时"选项卡如图5.18所示。注意不同的动画效果能设置的效果选项会有所不同。

④调整动画效果播放顺序:除了未设动画的对象在放映开始时出现在屏幕上之外,每张幻灯片中的动画效果都是按添加动画时的顺序来依次播放的。根据操作需要可调整动画效果的播放顺序,可以在"动画窗格"对话框中选中需要调整顺序的动画效果,单击向上箭头按钮可实现动画效果上移,单击向下箭头按钮可实现动画效果下移。同样在"动画"选项卡的"计时组"中,单击"对动画重新排序向前移动"和"对动画重新排序向后移动"按钮可以调整动画播放顺序。在"动画窗格"中播放顺序是自上到下的时间轴关系,也可以用鼠标拖动各个对象的动画效果来排列其播放顺序。

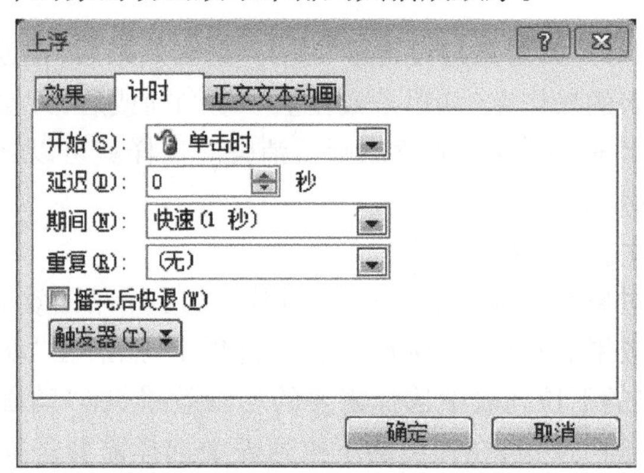

图5.18 "计时"选项卡

⑤删除动画效果:对不需要的动画效果,可通过以下方法删除。在"动画窗格"中选中需要删除的动画效果后,其右侧会出现一个下拉按钮,对其单击,在弹出的下拉列表中单击"删除"选项即可。也可选中要删除的动画效果后直接按Delete键即可。

2)幻灯片切换动画设置

在PowerPoint 2010中,可以设置演示文稿中两张幻灯片之间的换片动画,也就是幻灯片的切换效果。切换到"切换"选项卡,选中要设置切换效果的幻灯片,在"切换到此幻灯片"组中选中需要的效果;再根据需要打开"效果选项"对话框,对效果选项进行修改。在"计时"选项卡中可以对切换声音,切换动画持续时间以及换片方式进行设置。最后这些切换设置将默认应用到该幻灯片,也可以单击"全部应用"按钮应用到该演示文稿的所有幻灯片。

5.6 演示文稿的放映、打包和打印

5.6.1 演示文稿的放映

制作幻灯片的目的就是向观众放映幻灯片。PowerPoint 2010提供了演示文稿的多种放映方式,在演示幻灯片时用户可以根据不同的情况选择合适的演示方式,并对演示

进行控制。

1）重新安排幻灯片放映

单击“视图”选项卡中的“幻灯片浏览”按钮，或者单击状态栏右侧的“幻灯片浏览”按钮，即可切换到幻灯浏览视图。用户可以利用“视图”选项卡中的“显示比例”按钮（或者拖动窗口状态栏右侧的显示比例调节工具条）控制幻灯片的大小，在窗口中显示更多或更少的幻灯片。

在该视图中，要更改幻灯片的显示顺序，可以直接把幻灯片从原来的位置拖到另一个位置。要删除幻灯片，单击该幻灯片并按 Delete 键即可，或者右击该幻灯片，再从弹出的快捷菜单中选中“删除幻灯片”命令。

2）隐藏幻灯片

如果放映幻灯片的时间有限，有些幻灯片将不能逐一演示，用户可以利用隐藏幻灯片的方法，将某几张幻灯片隐藏起来，而不必将这些幻灯片删除。如果要重新显示这些幻灯片，只需取消隐藏即可。

3）设置放映方式

在默认情况下，演示者需要手动放映演示文稿。例如，通过按任意键完成从一张幻灯片切换到另一张幻灯片的动作。此外，还可以创建自动播放演示文稿，用于展示。自动播放幻灯片，需要设置每张幻灯片在自动切换到下一张幻灯片前在屏幕上停留的时间。

切换到功能区中的“幻灯片放映”选项卡，在“设置”选项组中单击“设置幻灯片放映”按钮，弹出“设置放映方式”对话框。

用户可以根据在不同场合运行演示文稿的需要，选择 3 种不同的方式放映幻灯片。

①“演讲者放映（全屏幕）”：这是最常用的放映方式，由演讲者自动控制全部放映过程，可以采用自动或人工的方式运行放映，还可以改变幻灯片的放映流程。

②“自行浏览（窗口）”：这种放映方式可以用于小规模的演示。以这种方式放映演示文稿时，演示文稿出现在小型窗口内，并提供相应的操作命令、允许移动、编辑、复制和打印幻灯片。在此方式中，观众可以通过该窗口的滚动条从一张幻灯片移到另一张幻灯片，同时打开其他程序。

③“展台浏览（全屏幕）”：这种方式可以自动放映演示文稿。自动放映的演示文稿是不需要专人播放幻灯片就可以发布信息的绝佳方式，能够使大多数控制失效，这样观众就不能改动演示文稿的播放。

4）启动幻灯片放映

如果要放映幻灯片，既可以在 PowerPoint 2010 程序中打开演示文稿后放映，也可以在不打开演示文稿的情况下放映。

在 PowerPoint 2010 中打开演示文稿，启动幻灯片放映的操作方法有 3 种：

①方法 1：单击“视图”选项卡上的“幻灯片放映”按钮。

②方法 2：单击“幻灯片放映”选项卡上的“从头开始”或“从当前幻灯片开始”按钮。

③方法 3：按 F5 键。

不打开 PowerPoint 2010 便启动幻灯片放映的方法是：首先要将演示文稿保存为以放映方式打开的类型，该类型扩展名为".PPSX"，打开此类文件时，它会进行自动放映。现打开要保存为幻灯片放映文件类型的演示文稿，单击"文件"选项卡，在弹出的菜单中选择"另存为"命令，出现"另存为"对话框。此时，在"保存类型"下拉列表框中选中"PowerPoint 放映"选项，在"文件名"文本框中输入新名称，最后单击"保存"按钮。

5）控制幻灯片的放映过程

采用"演讲者放映（全屏幕）"方式放映演示文稿时，可以利用快捷菜单控制幻灯片放映的各个环节。在放映的过程中，右击屏幕的任意位置，利用弹出的快捷菜单中的命令，控制幻灯片的放映。另外，在放映过程中，屏幕的左下角会出现"幻灯片放映"工具栏，单击图形按钮，也会弹出快捷菜单。

"下一张"命令可以切换到下一张幻灯片，"上一张"命令可以返回到上一张幻灯片。

"定位至幻灯片"可以在其下拉菜单中选择本演示文稿的任意一张想要展示的幻灯片。用户在根据排练时间自动放映演示文稿时，遇到意外情况（如有观众提问等），需要暂停放映时使用快捷菜单中的"暂停"命令。如果要提前结束放映，则从快捷菜单中选择"结束放映"命令，或直接按 Esc 键。

在幻灯片放映时，右键弹出的快捷菜单中有一个"指针选项"命令，下拉菜单中默认的鼠标指针是箭头，可以选择的有"笔""荧光笔""墨迹颜色"和"箭头选项"等。

6）设置放映时间

用户可通过两种方法设置幻灯片在屏幕上显示时间的长短：一种是人工为每张幻灯片设置时间，再运行幻灯片放映来查看设置的时间是否合适；另一种是使用排练功能，在排练时自动记录时间。

①人工设置放映时间：先选定要设置放映时间的幻灯片，单击"切换"选项卡，在"计时"选项组内选中"设置自动换片时间"复选框，然后在右侧文本框中输入希望幻灯片换片的秒数。如果单击"全部应用"按钮，则该演示文稿所有的幻灯片的换片时间间隔都被设置，否则该换片时间将只会对选中的该幻灯片起作用。不选中换片方式中"单击鼠标时"复选框，幻灯片在放映时单击鼠标左键将不会切换幻灯片。

②使用排练计时：演讲者对于彩排的重要性很清楚，在每次发表演讲之前都要进行多次的演练。演示时可以在排练幻灯片放映的过程中自动记录幻灯片之间切换的时间间隔。

首先打开要使用排练计时的演示文稿，切换到功能区中的"幻灯片放映"选项卡，在"设置"选项组中单击"排练计时"按钮，系统将切换到幻灯片放映视图。

在放映过程中，屏幕上会出现"录制"工具栏。当播放下一张幻灯片时，在"幻灯片放映时间"框中开始记录新幻灯片的时间。前一个时间是本张幻灯片放映的时间，后一个时间是该演示文稿目前共放映了多少的时间。

排练放映结束后，弹出的对话框显示幻灯片放映所需的时间。如果单击“是”按钮，则接受每张幻灯片排练时间，该放映时间将保存在该演示文稿中；如果单击“否”按钮，则放弃保存本次排练时间记录。如果保存了排练时间，在下一次放映幻灯片时，默认设置下，演示文稿会在排练时的每一次换片时间点自动换片。

5.6.2　演示文稿的打包与发布

对制作完成的演示文稿打包，是指包括演示文稿，及其所链接的图片、音频、视频等文件和 PowerPoint 播放器形成一个文件夹，将该文件夹复制到其他计算机或者通过刻录机输出到 CD 中。打包后便于携带到其他计算机上播放，播放时可脱离 PowerPoint 2010 环境，在 Windows 下直接进行演示。如文稿中特有的字体或没有安装 PowerPoint 2010 时，播放时并不受任何影响。

具体打包操作步骤如下：

打开要打包的演示文稿，单击“文件”选项卡，在弹出的菜单中单击“保存并发送”命令，然后选择“将演示文稿打包成 CD”命令，再单击对应按钮，如图 5.19 所示。

图 5.19　将演示文稿打包输出

5.6.3　打印演示文稿

演示文稿可以打印成多种形式，其操作步骤如下：

①打开要打印的演示文稿。

②单击“文件”选项卡中的“打印”命令，打开“打印”下拉菜单。

③在“打印机”下拉列表中选定与计算机相配的打印机。

④在“设置”中可选择“打印全部幻灯片”，则打印全部幻灯片；选择“打印当前幻灯片”则打印当前选定的一张幻灯片；选择“自定义范围”，并在下边的框中输入要打印的幻灯片编号，则打印输入编号的几张幻灯片。

在“打印版式”下拉列表中选择打印内容，默认选择为“整页幻灯片”，也可根据需要选择“备注页”或者“大纲”；通常情况下，选择“讲义”比较节约纸张，每页纸张可以打印1、2、5、7等张不等的幻灯片；选择“备注页”，则在每页纸张中打印出幻灯片和该张幻灯片中录入的备注页内容；选择“大纲”，则打印出在大纲视图中看到的内容，是整个演示文稿的概览。

在进行打印设置之后，可以在右边查看到打印设置后的实际打印效果，通过单击“上一页”“下一页”查看。

确定打印内容后，在份数框中确定打印份数，单击“打印”按钮开始打印。

第 6 章　多媒体技术的概念与应用

多媒体技术是利用计算机、网络等手段对文本、图形、图像、声音、动画、视频等多种信息综合处理、建立逻辑关系和人机交互作用的技术。

目前,随着技术的发展,我们不论是在日常生活还是工作中都会接触或用到多媒体,其重要性不言而喻。本章主要从多媒体技术的基础、分类、主要组成,以及数据特点、媒体工具等方面进行介绍。

教学目标:

通过本章的学习,了解多媒体技术的功能、数据特点及处理方法,掌握常见工具的使用。

知识点:

- 多媒体技术的基本知识。
- 多媒体技术的特点。
- 多媒体计算机的组成。
- 多媒体数据的处理。
- 常见多媒体工具的使用。

教学重点:

- 掌握多媒体计算机的组成。
- 掌握多媒体数据的处理。
- 掌握多媒体数据的处理。
- 掌握多媒体工具的使用。

教学难点:

- 掌握多媒体数据的处理。
- 掌握多媒体工具的使用。

6.1　多媒体技术基础知识

在现代计算机的使用中,越来越多地利用到多媒体技术,如教学、娱乐等。

在多媒体技术中,媒体(Medium)是一个重要的概念,是指传输信息的载体。

国际电报电话咨询委员会(CCITT,目前已被 ITU 取代)将媒体划分为 5 种类型:

(1)感觉媒体

感觉媒体(Perception Medium)指直接作用于人的感觉器官,使人产生直接感觉的媒体,如引起听觉反应的声音、引起视觉反应的图像等。

(2)表示媒体

表示媒体(Representation Medium)指传输感觉媒体的中介媒体,即用于数据交换的编码,如图像编码(JPEG、MPEG)、文本编码(ASCII、GB2312)和声音编码等。

(3)表现媒体

表现媒体(Presentation Medium)指进行信息输入和输出的媒体,键盘、鼠标、扫描仪、话筒和摄像机等为输入媒体;显示器、打印机和喇叭等为输出媒体。

(4)存储媒体

存储媒体(Storage Medium)指用于存储表示媒体的物理介质,如硬盘、磁盘、光盘、ROM 及 RAM 等。

(5)传输媒体

传输媒体(Transmission Medium)指传输表示媒体的物理介质,如电缆、光缆和电磁波等。

在多媒体技术中,我们所说的媒体一般指的是感觉媒体。

6.2 多媒体技术及其特点

所谓多媒体技术就是计算机交互式综合处理多种媒体信息,如文本、图形、图像和声音,使多种信息建立逻辑连接,集成为一个系统并具有交互性。简言之,多媒体技术就是以集成性、多样性和交互性为特征的综合处理声音、文字、图形、图像等信息的计算机技术。

多媒体技术的特性如下:

(1)多样性

多样性主要表现为信息媒体的多样化。多样性使得计算机处理信息的空间范围扩大,不再局限于数值、文本或图形和图像,还可以借助于视觉、听觉和触觉等多感觉形式实现信息的接收、产生和交换。

(2)集成性

集成性主要表现为集成和操作多媒体信息的软件和设备的集成。多媒体信息的集成是将各种信息媒体按照一定的数据模型和组织结构集成为一个有机的整体。

(3)交互性

交互性是多媒体应用有别于传统信息交流媒体的主要特点之一。传统信息交流媒体只能单向、被动地传播信息,而多媒体技术引入交互性后则可实现人对信息的主动选择、使用、加工和控制。

(4)非线性

多媒体技术的非线性特点将改变人们传统的循序性的读写模式。以往的读写方式大

都采用章、节、页的框架，循序渐进地获取知识，而多媒体技术将借助超文本链接的方式，将内容以一种更灵活、更具变化的方式呈现给读者。

(5)实时性

实时性是指在人的感官系统允许的情况下进行多媒体处理和交互。当人们给出操作命令时，相应的多媒体信息都能够得到实施控制。

(6)方便性

用户可以按照自己的需要、兴趣、任务要求、偏爱和认知特点很方便地使用信息，并采用图、文、声等信息表现形式。

(7)动态性

动态性是指信息结构的动态性，用户可以按照自己的目的和认知特征重新组织信息，即增加、删除或修改节点，重新建立链接等。

6.3　多媒体计算机系统组成

多媒体计算机系统是指支持多媒体数据，并使数据之间建立逻辑连接，进而集成为一个具有交互性能的计算机系统。一般说的多媒体计算机是指具有多媒体处理功能的个人计算机，简称 MPC(Multimedia Personal Computer)。MPC 与一般的个人计算机并无太大的差别，只不过是多了一些软硬件配置而已，如图 6.1 所示。其实，目前市面上的个人计算机大多具有了多媒体应用功能。从系统组成上讲，与普通的个人计算机一样，多媒体计算机系统(图 6.2)也是由硬件系统和软件系统两大部分组成的。

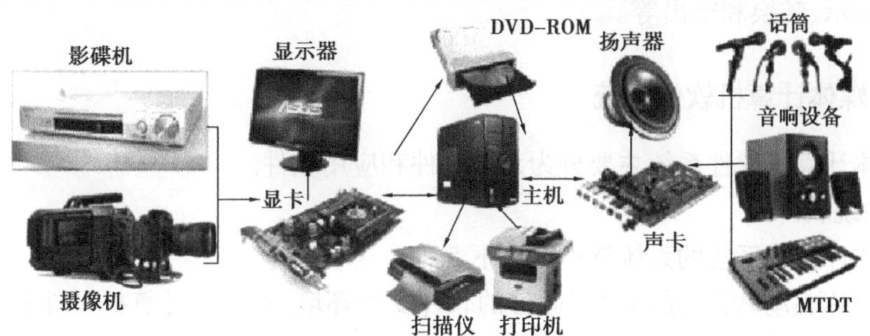

图 6.1　多媒体计算机的组成

图 6.2　多媒体计算机

6.3.1 多媒体计算机硬件系统

多媒体计算机硬件系统除了需要较高配置的计算机主机外，还包括表示、捕获、存储、传递和处理多媒体信息所需要的硬件设备。

(1)多媒体外部设备

多媒体外部设备按其功能又可分为以下4类：

①人机交互设备：如键盘、鼠标、触摸屏、绘图板、光笔及手写输入设备等。

②存储设备：如U盘、光盘等。

③视频、音频输入设备：如摄像机、扫描仪、数码相机和话筒等。

④视频、音频播放设备：如音响、电视机和大屏幕投影仪等。

(2)多媒体接口卡

多媒体接口卡是根据多媒体系统获取、编辑音频或视频的需要而插接在计算机上的接口卡。常用的接口卡有声卡、视频卡等。

①声卡：也称音频卡，是MPC的必要部件，它是计算机进行声音处理的适配器，用于处理音频信息。它可以将话筒、唱机(包括激光唱机)、录音机、电子乐器等输入的声音信息进行模/数转换、压缩处理，也可以将经过计算机处理的数字化声音信号通过还原(解压缩)、数/模转换后用扬声器播放。

②视频卡：是一种统称，有视频捕捉卡、视频显示卡(VGA卡)、视频转换卡(如TV Coder)以及动态视频压缩卡和视频解压缩卡等。它们完成的功能主要包括图形图像的采集、压缩、显示、转换和输出等。

6.3.2 多媒体计算机软件系统

多媒体计算机软件系统主要分为系统软件和应用软件。

(1)系统软件

多媒体计算机系统的系统软件有以下5种：

①多媒体驱动软件：是最底层硬件的软件支撑环境，直接与计算机硬件相关，完成设备初始化、基于硬件的压缩/解压缩、图像快速变换及功能调用等。

②驱动器接口程序：是高层软件与驱动程序之间的接口软件。

③多媒体操作系统：实现多媒体环境下实时多任务调度，保证音频、视频同步控制及信息处理的实时性，提供多媒体信息的各种基本操作和管理，具有对设备的相对独立性和可操作性。各种多媒体软件要运行于多媒体操作系统(如Windows)上，故操作系统是多媒体软件的核心。

④多媒体素材制作软件：为用户提供所需的多媒体信息，主要是多媒体数据采集软件。

⑤多媒体创作工具、开发环境：主要用于开发特定领域的多媒体应用软件，是在多媒体操作系统上进行软件开发的工具。

(2)应用软件

多媒体应用软件是在多媒体创作平台上设计开发的面向特定应用领域的软件。

6.4　多媒体及媒体的数字化

媒体是信息的载体,也可以是信息的表现形式。人类利用视觉、听觉、触觉、嗅觉和味觉来感受各种信息。因此,媒体也可分为视觉类媒体、听觉类媒体、触觉类媒体、嗅觉类媒体和味觉类媒体,其中嗅觉类媒体和味觉类媒体目前在计算机中尚不能方便地实现。本节介绍文字、声音、图形、图像、动画、视频等媒体的特性,以及这些媒体在计算机中的表示(即数字化)。

6.4.1　文字

1)英文

在计算机中,英文采用 ASCII 码。

2)汉字

①汉字的输入编码是汉字编码方案的一种,主要有数字编码、拼音码、字形编码等类型。

②汉字内码:汉字内码是用于汉字信息的存储、交换、检索等操作的机内代码,一般采用两个字节表示,最高位规定为“1”。

③汉字字模码:字模码是用点阵表示的汉字字形代码,它是汉字的输出形式。根据汉字输出的要求不同,点阵的数量也不同。简易汉字为 16×16 点阵,提高型汉字为 24×24 点阵、32×32 点阵,甚至更高。

汉字的输入编码、汉字内码、字模码是计算机中用于输入、内部处理、输出 3 种不同用途的编码,不要混为一类。

6.4.2　声音

声音亦音频(Audio),常常作为“音频信号”或“声音”的同义语,是属于听觉类媒体,其频率为 20 Hz~22 kHz。声音具有音调、音强、音色三要素。音调与频率有关,常见频带:电话音频是 200~3 400 Hz、调幅广播是 50~7 000 Hz、调频广播是 20~15 000 Hz、CD 激光唱盘是 20~22 000 Hz。音强与幅度有关,振幅一般为 20~195 dB。音色是由混入基音的泛音所决定的。

1)声音信号的数字化

声音信号是一种模拟信号,计算机要对它进行处理,必须将它转换成为数字声音信号,即用二进制数字的编码形式来表示声音。最基本的声音信号数字化方法是取样——量化法,它有采样、量化和编码 3 个步骤。

2）声音文件的格式

数字声音在计算机中存储和处理时，其数据必须以文件的形式进行组织，所选用的文件格式必须得到操作系统和应用软件的支持。

①WAVE：扩展名为 WAV，Microsoft 公司的音频文件格式，它来源于对声音模拟波形的采样。该格式记录声音的波形，故只要采样率高、采样字节长、机器速度快，利用该格式记录的声音文件就能够和原声基本一致，质量非常高，但这样做的代价就是文件容量太大。

②MOD：扩展名为 MOD，ST3，XT，S3M，FAR 等，该格式的文件里存放乐谱和乐曲使用的各种音色样本，具有回放效果佳、音色种类无限等优点。但它也有不少弱点，以致现在已经逐渐被淘汰，目前只有 MOD 迷及一些游戏程序中尚在使用。

③MPEG-3：扩展名为 MP3，现在最流行的声音文件格式。因其压缩率大，在网络可视传播和网络通信方面应用广泛，但和 CD 唱片相比，音质不能令人满意。

④Real Audio：扩展名为 RA，这种格式具有强大的压缩量和极小的失真，使其在众多格式中脱颖而出。和 MP3 相同，它也是为了解决网络传输带宽有限而设计的，因此主要设计目标是更好的压缩比和容错性，其次才是音质。

⑤MIDI：扩展名为 MID，是目前最成熟的音乐格式，实际上已经成为一种产业标准，其科学性、兼容性、复杂程度等各方面的优势都超过前面介绍的所有标准（除交响乐 CD、Unplug CD 外，其他 CD 往往都是利用 MIDI 制作出来的），它的 General MIDI 就是最常见的通行标准。作为音乐工业的数据通信标准，MIDI 能指挥各音乐设备的运转，而且具有统一的标准格式，能够模仿原始乐器的各种演奏技巧甚至无法演奏的效果，而且文件的长度非常小。

⑥CD Audio：扩展名为 CDA，唱片采用的格式，又称“红皮书”格式，记录的是波形流，音质效果好。但缺点是无法编辑，文件容量太大。

⑦WAV 文件：Microsoft 公司的音频文件格式，它来源于对声音模拟波形的采样。用不同的采样频率对声音的模拟波形进行采样可以得到一系列离散的采样点，以不同的量化位数（8 位或 16 位）把这些采样点的值转换成二进制数，然后存入磁盘，这就产生了声音的 WAV 文件，即波形文件。

⑧MIDI 文件：Musical Instrument Digital Interface（乐器数字接口）的缩写，它是由世界上主要电子乐器制造厂商建立起来的一个通信标准，以规定计算机音乐程序、电子合成器和其他电子设备之间交换信息与控制信号的方法。MIDI 文件中包含音符、定时和多达 16 个通道的乐器定义，每个音符包括键通道号、持续时间、音量和力度等信息。所以 MIDI 文件记录的不是乐曲本身，而是一些描述乐曲演奏过程的指令。

⑨AIF 文件：Apple 计算机的音频文件格式。Windows 的 Convert 工具可以把 AIF 格式的文件换成 Microsoft 的 WAV 格式的文件。

6.4.3 图像信号的数字化

在计算机中，图形、图像、视频必须用数字化形式描述，其数字化处理过程同声音数字化一样,也要进行采样、量化,形成数字化的图形、图像和视频文件。

(1)图形

图形是一种矢量图,矢量图是用数学的方式来描述一幅图形,它的基本元素是图元,即图形的指令。矢量图形的描述包括形状、色彩、位置等。例如,指令 Rect(0,0,200,200)表示从坐标(0,0)开始,水平移动 200 个像素点,再垂直移动 200 个像素点,最后形成一个正方形,该指令描述中所用字符数不到 20 个字节。矢量图形本身就用数字化形式来表述,其特点是存储量小,且图形的大小变换时不失真,但是对于一幅复杂的彩色照片,是很难用数字来描述的,因此也难以用矢量图来表示。

(2)图像

图像是一种位图。位图是用像素点来描述一幅图像,它的基本元素是像素,即像素阵列。位图图像的描述包括图像分辨率和颜色深度(灰度)。位图图像文件一般没有经过压缩,它的存储量大,适合于表现含有大量细节的画面。与矢量图形相比,位图放大时,放大的是其中每个像素的点,所以有时看到的是失真的模糊图片。在 Windows 附件中,画图软件生成的 bmp 文件就属于位图图像格式的文件。图像的主要参数为分辨率、色彩模式和颜色深度。

①图像的分辨率:是指图像在水平与垂直方向上的像素个数,即组成一幅图像的纵向和横向的像素的个数。例如,1 024×768 的图像是指该图像水平方向上有 1 024 个像素,垂直方向上有 768 个像素。

②色彩模式:是指图像所使用的色彩描述方法,如 RGB(红、绿、蓝)色彩模式、CMYK(青、橙、黄、黑)色彩模式等。

③颜色深度:位图图像中每个像素点的颜色信息用若干数据位来表示,这些数据位的个数称为图像的颜色深度。

④图像深度:表示每个像素信息的位数。

⑤图像颜色数:如图像深度为 24,则颜色数为 224。

通常,图像的分辨率越高、颜色深度越深,则数字化后的图像效果越逼真,图像数据量也越大,图像数据容量(Byte)=(图像水平像素点数×图像垂直像素点数×颜色深度)/8。

例如,一幅 1 024×768 分辨率,24 位真彩色图像的数据容量需要多少 MB 的存储空间。

图像数据容量=(1 024×768×24 bit)/8=2 359 269B/1 024=2.25 KB/1 024=2.25 MB

(3)图形图像的文件格式

①BMP 格式:英文 Bitmap(位图)的简写,它是 Windows 操作系统中的标准图像文件格式,能够被多种 Windows 应用程序所支持。随着 Windows 操作系统的流行与丰富的 Windows 应用程序的开发,BMP 位图格式理所当然地被广泛应用。这种格式的特点是包含的图像信息较丰富,几乎不进行压缩,但由此导致了它与生俱生来的缺点——占用磁盘空间过大。所以,目前 BMP 在单机上比较流行。

②GIF 格式:英文 Graphics Interchange Format(图形交换格式)的简写,顾名思义,这种格式是用来交换图片的。

GIF 格式的优点是压缩比高，磁盘空间占用较少，所以这种图像格式迅速得到了广泛的应用。最初的 GIF 只是简单地用来存储单幅静止图像(称为 GIF87a)，后来随着技术发展，可以同时存储若干幅静止图像进而形成连续的动画，使之成为曾经为数不多的支持 2D 动画的格式之一(称为 GIF89a)。此外，考虑到网络传输中的实际情况，GIF 图像格式还增加了渐显方式。也就是说，在图像传输过程中，用户可以先看到图像的大致轮廓，然后随着传输过程的继续而逐步看清图像中的细节部分，从而适应了用户的"从朦胧到清楚"的观赏心理。目前，Internet 上大量采用的彩色动画文件多为这种格式的文件。

GIF 的缺点是不能存储超过 256 色的图像。

③TIFF 格式：是 Mac 中广泛使用的图像格式，它由 Aldus 和微软联合开发，最初是出于跨平台存储扫描图像的需要而设计的。它的特点是图像格式复杂、存储信息多。正因为它存储的图像细微层次的信息非常多，图像的质量也得以提高，故非常有利于原稿的复制。TIFF 现在是微机上使用非常广泛的图像文件格式之一。

④PCX 格式：是 PC Paintbrush(PC 画笔)的图像文件格式。PCX 的图像深度可选为 1 位、4 位、8 位，对应单色、16 色及 256 色，不支持真彩色。PCX 文件采用 RLE 编码，文件体中存放的是压缩后的图像数据。因此，将采集的图像数据写成 PCX 格式文件时，要对其进行 RLE 编码；而读取一个 PCX 文件时首先要对其进行解码，才能进一步显示和处理。

⑤PNG 格式：是作为 GIF 的替代品开发的，它能够避免使用 GIF 文件所遇到的常见问题。它从 GIF 那里继承了许多特征，增加了一些 GIF 文件所没有的特性。存储灰度图像时，灰度图像的深度可达 16 位；存储彩色图像时，彩色图像的深度可达 48 位。在压缩数据时，它采用了一种 LZ77 派生无损压缩算法。

⑥JPEG 格式：也是常见的一种图像格式，它由联合照片专家组(Joint Photographic Experts Group)开发并被命名为"ISO 10918—1"，JPEG 只是一种俗称而已。JPEG 文件的扩展名为.jpg 或.jpeg，其压缩技术十分先进，它用有损压缩方式去除冗余的图像和彩色数据，在获得极高的压缩率的同时能展现十分丰富生动的图像。换句话说，就是可以用较少的磁盘空间得到较好的图像质量。由于 JPEG 格式的文件尺寸较小，下载速度快，也就顺理成章地成为网络上最受欢迎的图像格式。

⑦Targe 文件：用于存储彩色图像，可支持任意大小的图像，最高彩色数可达 32 位。专业图形编辑用户经常使用 TGA 点阵格式保存具有真实感的三维有光源图像。

⑧WMF 文件：只使用在 Windows 中，它保存的不是点阵信息，而是函数调用信息。它将图像保存为一系列 DDI(图形设备接口)的函数调用，在恢复时，应用程序执行源文件(即执行多个函数调用)在输出设备上面画出图像。WMF 文件具有设备无关性、文件结构好等优点，但是解码复杂，其效率比较低。

⑨EPS 文件：是用 PostScript 语言描述的 ASCII 图形文件，在 PostScript 图形打印机上能打印出高品质的图形，能够表示 32 位图形格式和图像格式。

⑩DIF 文件：是 AutoCAD 中的图形，它以 ASCII 方式存储图像，在表现图形的尺寸大

小方面十分精确，可以被 CorelDraw、3D Studio Max 等软件调用编辑。

⑪PSD 格式：这是著名的 Adobe 公司出品的图像处理软件 Photoshop 的专用格式。PSD 其实是 Photoshop 进行平面设计的一张“草稿图”，它里面包含各种图层、通道、遮罩等设计的样稿，以便下次打开文件时可以修改上一次的设计。

6.5 数据压缩

多媒体数据，特别是音频、视频的数据量很大，需要很大的存储空间。在现代通信中，基于因特网上的各种应用，数据传输速率是一项非常重要的指标。例如，用户的数据传输速率为 56 kbit/s，则理想情况下，传输一幅分辨率为 640×480 的 6.5 万色的未经压缩的图像需要 1～2 min。因此，需要采用压缩数码技术，减少音频、视频的数据量，提高网络传输速度。

目前，常用的数据压缩编码方法分为两种类型：一种是冗余压缩法，也称为无损压缩法；另一种是有损压缩法。

6.5.1 无损压缩

无损压缩利用数据的统计冗余进行压缩，可以保证在数据压缩和还原过程中，图像信息没有损耗或失真，图像还原（解压缩）时完全恢复，即重建后的图像与原始图像完全相同。一个常见的例子是键盘文件的压缩存储，它要求解压缩后能保证百分之百地恢复原始数据。根据目前的技术水平，无损压缩可以将数据压缩到原来的 1/4～1/2，压缩率比较低。

一些常用的无损压缩算法有哈夫曼（Huffman）算法和 LZW 压缩算法。

6.5.2 有损压缩

有损压缩适用于重构信号不一定非要与原始信号完全相同的场合。

例如，对于图像、视频影像和音频数据的压缩就可以采用有损压缩，这样可以大大提高压缩比（可达 10∶1甚至 100∶1），而人的感官仍不至于对原始信号产生误解。这种方法会减少信息量，而损失的信息是不能再恢复的，因此这种压缩是不可逆的。

计算机中的图像压缩编码方法有多重国际标准和工业标准，目前使用广泛的编码即压缩标准有 JPEG、MPEG 和 H.261。

①JPEG：是静态和数字图像数据压缩编码标准，既可用于灰度图像，又可用于彩色图像。JPEG 标准是由 ISO 和 IEC 两个组织机构联合组成的一个专家组负责制定的，目前已成为国际上通用的标准。

②MPEG（Moving Pictures Group）：是动态图像压缩标准，由 ISO 和 IEC 两个组织机构联合组成的一个活动图像专家组制订的标准草案，MPEG 标准分成 MPEG 视频、MPEG 音

频和视频音频同步 3 个部分。MPEG-1 是针对传输率为 1～1.5 Mbit/s 的普通电视质量的视频信号的压缩；MPGE-2 是对每秒 30 帧的 720×572 分辨率的视频信号进行压缩，在扩展模式下，可以对分辨率达 1 440×1 152 的高清晰度电视（HDTV）信号进行压缩。目前还有 MPEG-4 多媒体应用标准、MPEG-7 多媒体内容描述接口标准等。

③H.261：视频通信编码标准也称为 PX64K 标准，是由国际电话电报咨询委员会（IT-TCC）于 1998 年提出的电话/会议电视的建议标准。其中 P 的取值为 1～30 的可变参数，当 P=1 或 2 时，支持 1/4 通用中间格式（Quarter Common Intermediate Format，QCIF）的帧率较低的视频电话传输；当 P≤6 时，支持通用中间格式（Common Intermediate Format，CIF）的帧率较高的电视会议数据传输。

6.6 多媒体处理工具简介

多媒体处理工具软件是实现用户需求的应用程序及验收软件，是直接面向用户或信息发送和接收的软件。这类软件直接与用户接口，用户只要根据应用软件所给出的操作命令，通过最坚定的操作便可使用这些软件。例如，特定的专业信息管理系统：语音/Fax/数据传输调制管理应用系统、各种多媒体计算机辅助教学软件、游戏软件等。多媒体处理工具软件有面向终端用户而开发的应用软件，有面向某一个用户领域开发的应用软件系统，还有面向大规模用户开发的系统产品，如多媒体会议系统、点播电视服务（VOD）系统等。

6.6.1 媒体创作工具

媒体创作工具用于建立媒体模型、产生媒体数据。它介于多媒体工作平台与应用软件之间，是支持设计人员进行多媒体信息创作的工具。例如，Macromedia 公司的用于图形图像视觉空间的设计和创作的软件 Extreme 3D，Autodesk 公司的 2D Animation、3D Animation 等，这些软件提供建模、动画制作以及渲染等功能。

6.6.2 多媒体写作工具

多媒体写作工具提供不同的编辑、写作方式。通常有基于脚本语言、基于流程图以及基于时序的 3 种写作工具。例如，基于脚本语言帮助创造者控制各种媒体设备的播放或录制的典型软件 Toolbook，其中 OpenScript 语言允许对 Windows 的 MCI（媒体控制接口）进行调用，控制各种媒体的播放或录制。基于流程图的写作工具有 Authorware 和 IconAuther，它们通过使用流程图来安排节目，每个流程图由许多图标组成，这些图标扮演脚本语言的角色，并与一个对话框对应，在对话框输入相应的内容即可。基于时序的写作工具 Action 通过将元素和时长沿时间轴线安排来实现同步控制多媒体内容演示。

6.6.3　媒体播放工具

媒体播放工具用来播放音频和视频文件，如爱奇艺播放器、暴风影音、Windows Media Player 等。

6.6.4　其他各类媒体处理工具

除了以上介绍的媒体工具，还有其他处理工具。例如，多媒体数据库管理系统、VideoCD 制作工具、视频编辑软件等。

第7章　计算机病毒的概念、特征、分类与防治

计算机网络已经不是一个新的名词,它广泛应用于人们的工作、学习、生活、娱乐等方方面面,正在逐渐改变着人们的生活和工作方式,改变着整个世界的产业结构。在信息化社会的今天,计算机网络应用已全方位覆盖于各行各业,掌握一定的计算机网络基础知识,具有计算机网络操作的基本技能已成为学习和工作的基本要求。

本章主要介绍计算机网络的基础知识、Internet 网络相关理论知识;Internet Explorer 网络浏览器及计算机网络在工作与学习中的主要应用;网页的设计与制作等基本知识。

教学目标:

通过本章的学习,了解计算机网络基础知识和 Internet 网络相关理论知识。熟练操作 Internet Explorer 浏览器软件及计算机网络在工作与学习中的主要应用;了解网页的设计与制作基本知识。

知识点:

- 多媒体技术的基本知识。
- 多媒体技术的特点。
- 多媒体计算机的组成。
- 多媒体数据的处理。
- 常见多媒体工具的使用。

教学重点:

- 掌握多媒体计算机的组成。
- 掌握多媒体数据的处理。
- 掌握多媒体工具的使用。

教学难点:

- 掌握多媒体数据的处理。
- 掌握多媒体工具的使用。

7.1　计算机病毒

7.1.1　计算机病毒的概念

计算机病毒是人为编制的一种计算机程序,它具有破坏计算机信息系统、毁坏数据、影响计算机正常使用的能力。它不是独立存在的,需依附于其他的计算机程序,就如同生物病毒一样,具有破坏性、传染性、寄生性、潜伏性和隐蔽性。

7.1.2　计算机病毒的特征

计算机病毒的主要特征有破坏性、传染性、寄生性、潜伏性和隐蔽性5种。

(1)破坏性

计算机系统一旦感染了病毒程序，就会占用系统资源，影响计算机运行速度，降低计算机工作效率，更有甚者会使用户不能正常使用计算机，破坏用户计算机的数据及硬件。

一般情况下，计算机病毒发作时，由于其连续不断地自我复制，大部分系统资源被占用，从而减缓了计算机的运行速度，使用户无法正常使用。严重者，可使整个系统瘫痪，无法修复。

(2)传染性

传染性是病毒的基本特征，一旦病毒被复制或产生变种，其传播速度之快令人难以防范。例如，计算机的一个文件感染病毒后，不久整个计算机中的大部分文件都会被病毒感染。

(3)寄生性

病毒大多寄生于其他程序中，当执行这个程序时，病毒就产生破坏作用，而在未启动这个程序之前，它是不易被人发觉的。

(4)潜伏性

计算机感染病毒后，大部分病毒不会立即发作，它们隐藏在系统中，有些病毒就像“定时炸弹”一样，只有在满足其特定条件时才启动，让其什么时间发作是预先设计好的。例如，“黑色星期五”病毒就不易被觉察，等到条件具备的时候会突然爆发，对系统进行破坏。

(5)隐蔽性

计算机病毒具有很强的隐蔽性，一般隐藏在程序、磁盘的隐秘地方，或使用透明图标、注册表内的相似字符等来隐藏，而且也不发作，因此根本就无法察觉它。有的病毒可以被杀毒软件检查出来，但有的病毒不会被发现，这类病毒处理起来通常很困难。

7.1.3　计算机病毒的表现形式

计算机受到病毒感染后，会表现出以下不同的症状。

(1)机器不能正常启动

通电后机器根本不能启动，或者可以启动，但所需要的时间比原来的启动时间长。有时计算机会突然出现黑屏现象。

(2)运行速度降低

如果发现在运行某个程序时，读取数据的时间比原来长，存储文件或调用文件的时间都增加了，那就可能感染了病毒。

(3)磁盘空间迅速变小

由于病毒程序要进驻内存，而且还会繁殖，因此使内存空间变小甚至变为“0”，用户所需的信息也调不进去。

(4)文件内容和长度有所改变

一个文件存入磁盘后，本来它的长度和其内容都不会改变，但由于病毒的干扰，文件长度可能改变，文件内容也可能出现乱码。有时文件内容无法显示或显示后又消失了。

(5)经常出现“死机”现象

正常的操作是不会造成“死机”现象的，即使是初学者，命令输入错误也不会“死机”。如果机器经常死机，那可能是系统感染了病毒。

(6)外部设备工作异常

因为外部设备受系统的控制，如果机器中有病毒，外部设备在工作时可能会出现一些异常情况，即出现一些用理论或经验无法解释的现象。

7.1.4 计算机病毒的分类

计算机病毒种类繁多且复杂，按照不同的方式以及计算机病毒的特点及特性，可以有多种不同的分类方法。同时，根据不同的分类方法，同一种计算机病毒也可以属于不同的计算机病毒种类。

(1)按破坏性分

按照病毒造成的破坏性分类，可将病毒分为：良性病毒、恶性病毒、极恶性病毒、灾难性病毒。

(2)按传染方式分

按照病毒的传染方式分类，可将病毒分为：

①引导型病毒：主要通过软盘在操作系统中传播，感染引导区，蔓延到硬盘，并能感染到硬盘中的“主引导记录”。

②文件型病毒：是文件感染者，也称为寄生病毒。它运行在计算机存储器中，通常感染扩展名为 COM、EXE、SYS 等的文件。

③混合型病毒：具有引导型病毒和文件型病毒两者的特点。

④宏病毒：是指用 BASIC 语言编写的病毒程序寄存在 Office 文档上的宏代码。宏病毒影响对文档的各种操作。

(3)按连接方式分

按照病毒的连接方式分类，可将病毒分为：

①源码型病毒：它攻击高级语言编写的源程序，在源程序编译之前插入其中，并随源程序一起编译、连接成可执行文件。源码型病毒较为少见，也难以编写。

②入侵型病毒：可用自身代替正常程序中的部分模块或堆栈区，因此这类病毒只攻击某些特定程序，针对性强。一般情况下也难以被发现，清除起来也较困难。

③操作系统型病毒：可用其自身部分加入或替代操作系统的部分功能。因其直接感染操作系统，这类病毒的危害性也较大。

④外壳型病毒：通常将自身附在正常程序的开头或结尾，相当于给正常程序加了一个“外壳”。大部分的文件型病毒都属于这一类。

7.1.5 计算机病毒的传播途径

目前,病毒主要通过以下途径进行传播。

①通过移动存储介质传播,包括光盘、U 盘和移动硬盘等,用户之间在互相复制文件的同时也造成了病毒的扩散。

②通过计算机网络进行传播,计算机病毒在 Internet 中无时不存在,附着在正常文件中通过网络进入一个又一个系统,而且以很快的速度产生、变异、传播,其传播速度呈几何级数增长,打开一个网页或下载一个程序都可能感染上病毒。网络传播是目前病毒传播的首要途径。

③通过电子邮件传播,在人人使用电子邮件的今天,以发送邮件的方式传播计算机病毒是非常快速的传播方式。

④一部分病毒通过特殊的途径传播,如通过不可移动的计算机硬件设备进行传播,这类病毒虽然极少,但破坏力却极强,目前尚没有较好的检测手段。

7.1.6 计算机病毒的防治与消除

目前,计算机病毒的防治与消除的方法主要有:

(1)将 Guest 账号禁用

许多黑客是通过 Guest 账号进一步获得管理员密码或者权限的,因此将其禁用会给计算机带来安全保障,其方法如下:

打开控制面板,双击“用户账户”图标,在“用户账户”窗口中,选择 Guest 账号,单击“禁用来宾账户”图标即可。

(2)关闭端口

黑客主要是通过计算机的开放端口连接系统,入侵对方的计算机。关闭一些危险的端口能使计算机减少系统的漏洞。用户计算机的端口开得越多,被外界入侵系统的途径就越多。因此,为使系统正常运作,关闭一些无用的端口,尽量保证更少的端口打开是十分必要的。

(3)关闭共享

不要将打印机与文件共享同网络协议随意捆绑,若在局域网中要将打印机与文件共享,应该设立非 Internet 网络协议,这样才更安全。发现黑客攻击时,立即断线,重新连接上网,这样 IP 地址改变了,黑客要浪费很多时间去重新搜寻 IP,可以阻止黑客的攻击。

(4)设置 Internet 防火墙

上网时尽量打开病毒防火墙。在 Windows 7 系统中,自带一个 Internet 防火墙,它能够在某种程度上确保系统不会受到恶意的攻击。设置方法如下:

打开控制面板,单击“安全中心”链接,单击“Windows 防火墙”图标,单击“启用”按钮,则可启用 Windows 防火墙。

(5)及时安装各种补丁程序

尽快为系统漏洞打上最新的补丁,可以有效防止病毒的入侵。使用系统中自带的"Windows Update"功能或防病毒软件,即可下载安全补丁。

(6)Internet 安全设置

在使用 IE 浏览器浏览网页时,如果 IE 的安全级别低,将会威胁计算机系统的安全性。

设置 IE 的安全级别的方法如下:

执行"工具 Internet 选项"命令,打开"Internet 选项"对话框,选择"安全"选项卡,单击"自定义级别"按钮,选择安全级别,完成后依次单击"确定"按钮。

(7)选择适用的杀毒软件

购买正版的杀毒软件,而且最好选择知名厂商的产品,因为知名厂商的产品质量比较有保障,更新病毒库的速度及时,能查杀最新出现的病毒。

(8)保障邮件安全的措施

防范邮件传播病毒的方法如下:

①打开垃圾邮件过滤器。可以防止大批的垃圾邮件进入收件箱。

②遵守电子邮件的相关规范。

③不要轻易透露电子邮件的地址。

(9)网络密码安全防范

在网络中主要涉及的密码有银行账号密码、信用卡密码、邮箱密码以及 QQ 密码等。

要确保这些密码的安全,当然需要有足够的防范措施。网络密码设定要求如下:

①重要的密码尽量采用数字与字符相混合的方式。

②定期修改上网密码及其他各类密码,重要的密码在一个月内至少更改一次。

③不要向任何人透露密码,在登录或者使用各种应用程序时不选"记住密码"选项。

(10)做好数据文件的备份

当计算机被病毒感染后,若做了数据备份,查杀完病毒后,可以将数据还原,减少损失。

备份还包括系统备份,若系统瘫痪,不需要重新安装,直接恢复备份即可。

7.2 常用的杀毒软件

目前,常用的杀毒软件主要有:

(1)金山毒霸

金山毒霸提供了实时监控与防御功能,包括文件实时防毒、邮件监控、网页挂马、恶意行为拦截、主动升级、主动漏洞修补等功能。

(2)瑞星杀毒软件

瑞星杀毒软件针对流行的网络病毒和黑客攻击在不断研制开发新产品,采用全新的模块化设计,增加了反病毒引擎,对未知病毒、黑客木马、恶意网页程序、间谍程序快速杀

灭的能力大大增强。

(3)360 杀毒软件

奇虎 360 拥有 360 安全卫士、360 安全浏览器、360 保险箱、360 杀毒、360 软件管家、360 手机卫士等一系列软件,是中国较大的互联网安全公司之一。

(4)卡巴斯基

卡巴斯基反病毒软件是世界上拥有尖端科技的杀毒软件之一,总部设在俄罗斯首都莫斯科,全名"卡巴斯基实验室",是国际著名的信息安全领导厂商,创始人为俄罗斯人尤金·卡巴斯基。

公司为个人用户、企业网络提供反病毒、防黑客和反垃圾邮件产品。经过十几年与计算机病毒的战斗,卡巴斯基获得了独特的知识和技术,使得卡巴斯基成为病毒防卫的技术领导者和专家。该公司的旗舰产品——著名的卡巴斯基安全软件,主要针对家庭及个人用户,能够彻底保护用户计算机不受各类互联网威胁的侵害。

(5)McAfee

McAfee 官方中文译名为"迈克菲"。公司总部设在加利福尼亚州的圣克拉拉市,是网络安全和可用性解决方案的领先供应商。所有 McAfee 产品均以著名的防病毒研究机构(如 McAfee AVERT)为后盾,该机构可以保护 McAfee 消费者免受最新和最复杂病毒的攻击。McAfee 杀毒软件是全球非常畅销的杀毒软件之一,McAfee 防毒软件,除了操作界面更新外,也将该公司的 WebScanX 功能合在一起,增加了许多新功能!除了侦测和清除病毒,它还有 VShield 自动监视系统,会常驻在 System Tray,当你从磁盘、网络上、E-mail 夹文件中开启文件时便会自动侦测文件的安全性。

(6)诺顿

诺顿杀毒软件是赛门铁克公司研发的杀毒软件。诺顿杀毒软件免费版能有效地防御黑客、病毒、木马、间谍软件和蠕虫等攻击,并且具有最为先进的智能病毒分析技术,通过它大家能有效地保护计算机系统不被破坏。

(7)趋势杀毒软件

趋势科技——网络安全软件及服务领域的全球领导者,以卓越的前瞻性和技术革新能力引领了从桌面防毒到网络服务器和网关防毒的潮流,以独特的服务理念向业界证明了趋势科技的前瞻性和领导地位。总部位于日本东京和美国硅谷,在 38 个国家和地区设有分公司,拥有 7 个全球研发中心,员工总数超过 4 000 人,是一家高成长性的跨国信息安全软件公司。

第 8 章　计算机网络的基础知识和应用

计算机网络是计算机技术和通信技术密切结合的产物,代表了当代计算机体系结构发展的一个极其重要的方向,尤其是进入 21 世纪以来,人类的很多活动都必须依靠网络。

教学目标:

通过本章的学习,了解计算机网络的基础知识;掌握收发电子邮件的常用方法;掌握主流浏览器的使用;掌握搜索引擎的使用方法;掌握文件下载的方法和常见杀毒软件的使用。

知识点:

- 计算机网络的定义。
- 计算机网络的功能。
- 计算机网络的分类。
- 局域网中的常见设备。
- 局域网的组建。
- IP 地址的划分。
- 电子邮件的收发。

教学重点:

- 掌握计算机网络的定义、功能与分类。
- 了解局域网的组建。
- 了解 Internet 的主要服务功能。
- 掌握邮箱的申请。

教学难点:

- 掌握计算机网络的定义、功能与分类。
- 了解局域网中的常见设备。
- 了解 Internet 的主要服务功能。

8.1　计算机网络基础知识

8.1.1　计算机网络概述

多年来,计算机网络一直没有统一的严格定义,而且随着计算机技术和通信技术的发展,其内容也在不断地发生变化。

一般认为,计算机网络是将处于不同地理位置且互相功能独立的计算机或设备(如

打印机、传真机等)，在网络协议和网络操作的控制下，利用传输介质和通信设备连接起来，以实现信息传输和资源共享为主要目的的系统的集合。图 8.1 为计算机网络结构图。

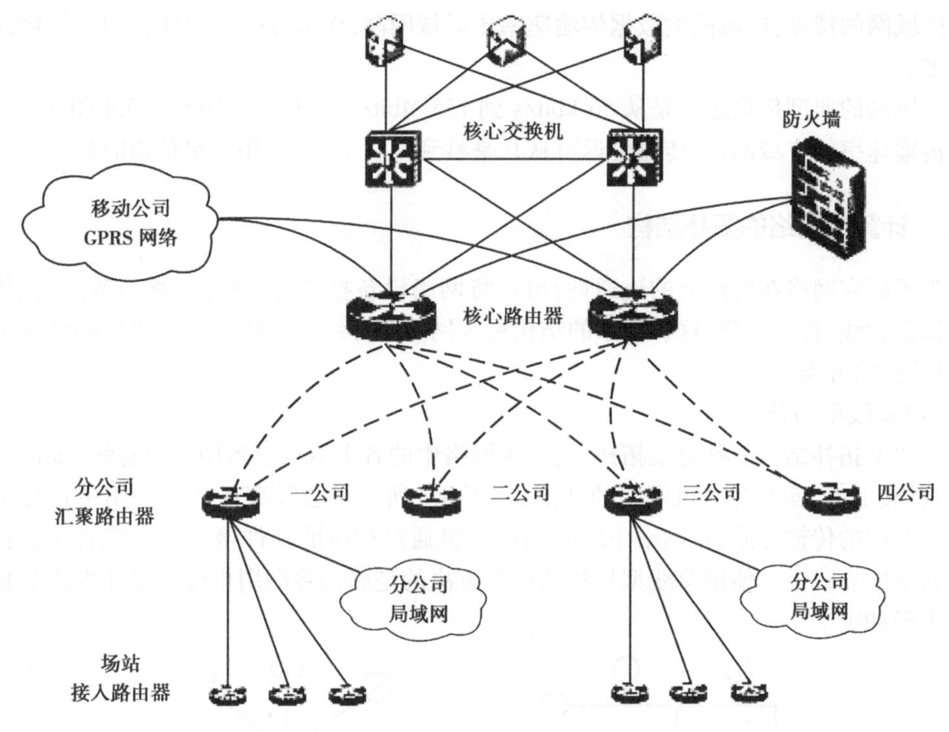

图 8.1　计算机网络机构

8.1.2　计算机网络的分类

计算机网络的分类标准有很多种，如按拓扑结构划分、按交换式网络划分、按数据传输媒体划分、按数据传输速率划分等，但是这些分类标准只给出了网络某一方面的特征，并不能反映网络技术的本质。按网络覆盖范围划分是一种比较客观地反映网络技术本质的划分标准。

按网络覆盖范围的大小，可将计算机网络分为局域网、城域网和广域网。

(1)局域网

局域网(Local Area Network, LAN)的地理覆盖范围一般为几百米到 10 千米的办公室或建筑群，计算机局域网被广泛应用于学校、政府以及企业的个人计算机或工作站及各种外围设备，便于设备之间的资源共享和数据通信。

局域网的特点:数据传输速率高、传输距离短、误码率低。

(2)城域网

城域网(Metropolitan Area Network, MAN)的地理覆盖范围可从几十千米到上百千米，可以覆盖一个城市或是一个地区，是一种中等规模的网络。其在性能上要优于 LAN。

(3)广域网

广域网(Wide Area Network, WAN)的地理覆盖范围一般是几千米甚至上万千米,可以横跨大洲,是最大型的网络,能实现大范围的资源共享,Internet 就是典型的广域网。

广域网的特点:广域网的数据传输速率比局域网高,而信号的传输延迟却比局域网要大得多。

广域网的典型传输速率是从 56 kbit/s 到 155 Mbit/s,已有 622 Mbit/s、2.4 Gbit/s 甚至更高传输速率的广域网;其传输延迟可从几毫秒到几百毫秒(使用卫星信道时)。

8.1.3 计算机网络的拓扑结构

为了研究网络在物理上的连通性,可以将网络设备抽象为一些点,称为节点,把传输媒体抽象为线,称为链路,这种抽象的结构称为网络拓扑结构。接下来按照拓扑结构的特点,讨论网络分类。

(1)总线型拓扑

总线型拓扑结构简称总线拓扑,它是将网络中的各个节点设备用一根总线(如同轴电缆等)挂接起来,实现计算机网络的功能,如图 8.2 所示。总线型拓扑是采用单根传输总线作为共用的传输介质,将网络中所有的计算机通过相应的硬件接口和电缆直接连接到这根共享的总线上。使用总线型拓扑结构需解决的是确保终端用户使用媒体发送数据时不能出现冲突。

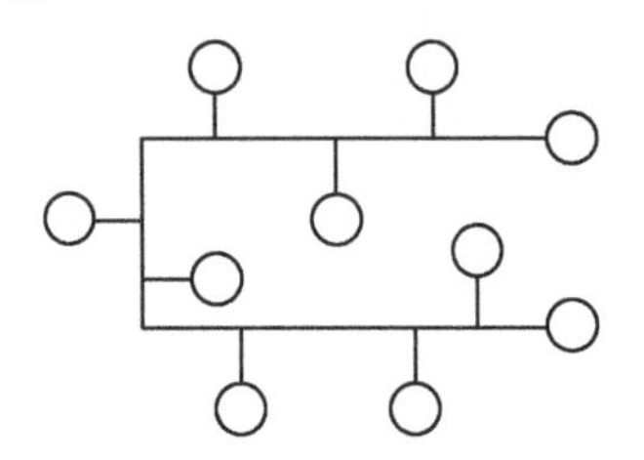

图 8.2 总线型拓扑

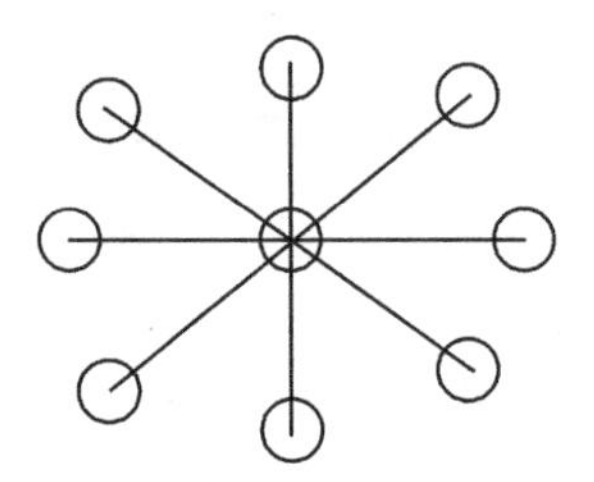

图 8.3 星型拓扑

总线型拓扑结构的优点:网络结构简单,节点的插入、删除比较方便,易于网络扩展;设备少、造价低,安装和使用方便;具有较高的可靠性。其缺点:总线传输距离有限,通信范围受到限制;故障诊断和隔离比较困难;易发生数据碰撞,线路争用现象比较严重;分布式协议不能保证信息的及时传送,不具有实时功能,站点必须有介质访问控制功能,从而增加了站点的硬件和软件开销。

(2)星型拓扑

星型拓扑结构是指网络中心的各节点通过点到点的方式连接到一个中心结点(又称中央转接站,通常是交换机或 Hub)上,中心节点控制全网的通信,向目的结点传送信息,如图 8.3 所示。

星型拓扑结构相对简单,便于管理,建网容易,是局域网普遍采用的一种拓扑结构。采用星型拓扑结构的局域网,一般使用双绞线或光纤作为传输介质,符合综合布线标准,能够满足多种宽带需求。

(3)环型拓扑

如图 8.4 所示,将总线的首尾相连,就形成环形拓扑结构。为了避免环路上同时发送数据引起的冲突,在网络中要运行一种特殊的指令信号——令牌,令牌按顺时针方向传输。

与总线拓扑结构相似,这种网络实现简单,且传输介质适合采用光纤,以实现高速链接,但这种结构也存在着致命的弱点:网络中任何一个节点出了故障,都会导致整个网络瘫痪。

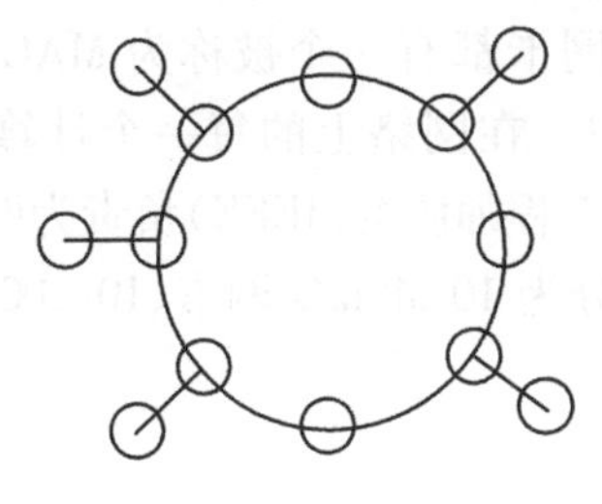

图 8.4　环型拓扑

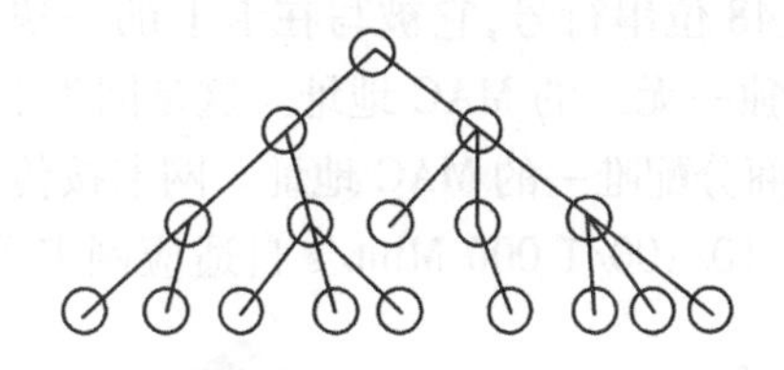

图 8.5　树型拓扑

(4)树型拓扑

树型拓扑结构是星型拓扑结构的拓展,采用层次化结构,具有一个根节点和多层分支节点,如图 8.5 所示。树型网络中除了叶子节点外,所有分支节点都是转发节点,数据的交换主要在上下节点间进行,相邻的节点之间一般不进行数据交换。

树型拓扑结构的优点:结构比较简单,搭建成本低,扩充节点方面。其缺点:对根节点的依赖性大,一旦根节点出现故障,整个网络将瘫痪。

(5)网状拓扑

网状拓扑结构如图 8.6 所示,其特点就是任意一个节点至少有两条线路与其他节点相连,或是说每个节点至少有两条链路与其他节点相连。

网状拓扑结构的优点:不受瓶颈问题和时效问题的影响,由于节点之间有许多路径相连,传输可靠性高;数据传输时便于选择最佳路径,减少时延,改善流量分配,提高网络性能。其缺点:这种结构复杂,不易维护和管理,线路搭建成本高。

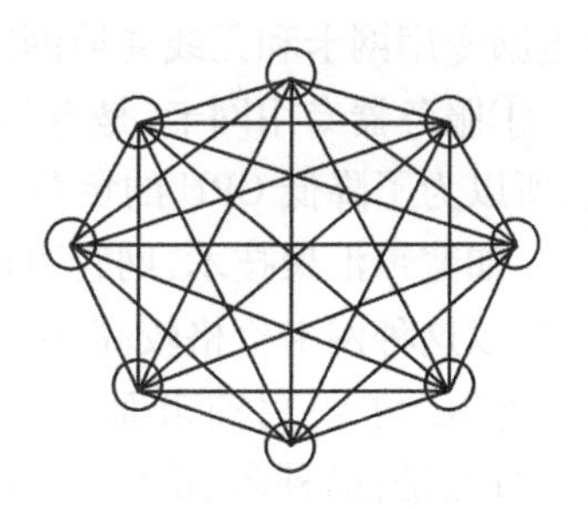

图 8.6　网状拓扑

8.2　局域网中常见硬件与局域网的组建

8.2.1　计算机局域网常见硬件简介

自 20 世纪 70 年代以后,随着计算机硬件设备、网络通信设备价格的下降,以及计算机网络软件日渐丰富,计算机局域网得到了飞速发展,同时也推出了大量运行在计算机局域网上的应用系统。进入 20 世纪 80 年代后，计算机局域网技术已日趋成熟，已建立起一系列与计算机局域网有关的国际标准。计算机局域网的典型特点为：数据传输速率为 0.1～10 000 Gbit/s，传输距离为 0.1～25 km。组成局域网的硬件种类非常多，下面介绍局域网中经常用到的硬件。

(1)网卡

网卡，即网络接口板，又称网络适配器或 NIC(网络接口控制器)，是一块被设计用来允许计算机在计算机网络上进行通信的计算机硬件，如图 8.7 所示。它使得用户可以透过有线传输介质或无线传输介质相互连接。每一个网卡都有一个被称为 MAC 地址的独一无二的 48 位串行号，它被写在卡上的一块 ROM 中。在网络上的每一个计算机都必须拥有一个独一无二的 MAC 地址。这是因为电气电子工程师协会(IEEE)负责为网络接口控制器销售商分配唯一的 MAC 地址。网卡按传输速率分为 10 Mbit/s 网卡、10/100 Mbit/s 自适应网卡、10/100/1 000 Mbit/s 自适应网卡等类型。

图 8.7　网卡

根据其工作对象的不同，局域网中的网卡可以分为：服务器专用网卡、PC 网卡、笔记本电脑专用网卡和无线局域网网卡 4 种。

①服务器专用网卡：是专门为了网络中的服务器而设计的，它的特点是数据流量非常大，所以为了降低 CPU 的负荷，要求这种网卡自带控制芯片。另外，还必须提供其他一些技术，如宽带汇聚技术，网管可以通过增加网卡来提高系统的可靠性。也正是因为这些特点，所以这种网卡价格较高，一般都是用在网络服务器上，普通家庭用户很少使用。

②PC 网卡：目前市面上较为常见的基本上都是用在 PC 上的普通网卡，俗称兼容网卡。特点是：品种多、价格低、工作稳定，故现在已被广泛应用在家用、办公等除了服务器的环境当中。

③笔记本电脑专用网卡：从功能上来看，笔记本网卡和普通 PC 网卡没有什么差异。只是在结构上有区别，为了适应笔记本本身小巧的特点故这种网卡比较小。随着计算机技术的不断发展，出现了将笔记本、PDA、数码相机、收发传真集于一体的 PCMCIA 卡，笔记本通常都支持这种卡而台式机不支持。

无线网卡的作用、功能跟普通电脑网卡一样，是用来连接到局域网上的。它只是一个信号收发的设备，只有在找到上互联网的出口时才能实现与互联网的连接，所有无线网卡只能局限在已布有无线局域网的范围内。

无线网卡就是不通过有线连接，采用无线信号进行连接的网卡。无线网卡根据接口

不同,主要有 PCMCIA 无线网卡、PCI 无线网卡、MiniPCI 无线网卡、USB 无线网卡、CF/SD 无线网卡几类产品。

(2)传输介质

局域网中常用的传输介质通常分为有线传输介质和无线传输介质。有线传输介质主要有双绞线、光纤以及同轴电缆等。而无线传输介质主要有微波、红外线等。双绞线又分为屏蔽双绞线(STP)和非屏蔽双绞线(UTP)。

(3)网络互联设备

在局域网中除了网卡和传输介质以外,网络传输设备是局域网中必不可少的硬件设备,在局域网中经常使用的网络传输设备有交换机、集线器、路由器以及网关。而在日常的小型网络中,往往没有使用这么多设备,因为一般的家用路由器就集合了集线器、路由器、网关等设备的功能。

除了上面说的 3 种设备以外常常还能看到诸如服务器、打印机、扫描仪、传真等设备。

8.2.2　简单局域网组建

在网络高速发展的今天,不管是在家里还是在单位,互联网的接入已经是必不可少的需求。而对于绝大部分人来说,对互联网的接触仅仅局限于使用,而对互联网的搭建和维护都不了解。但在当今时代,互联网架设和维护是每个普通用户都应该掌握的基础技能之一。

在架设网络之前,需要先了解简单网络的基本结构和常用的设备,如图 8.8 所示。

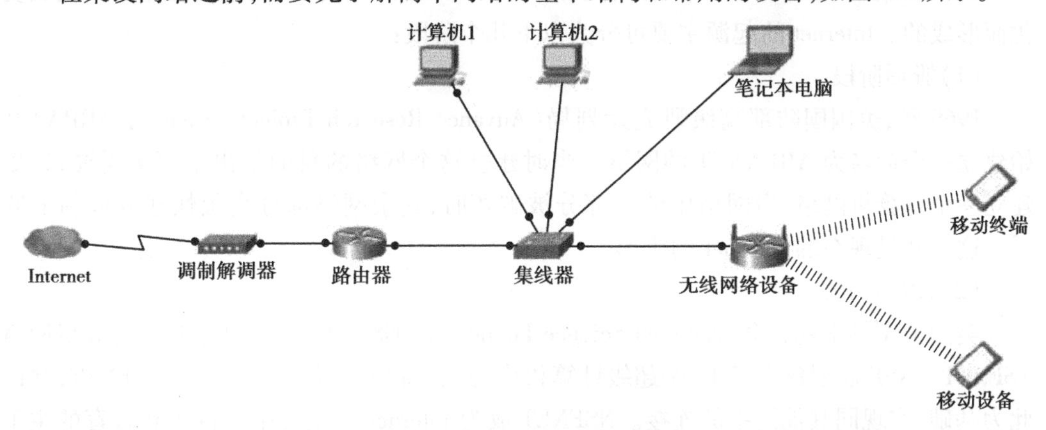

图 8.8　简单局域网的构成

从图 8.8 中能看出一个简单的局域网包含的设备:网络线缆、调制解调器、路由器、集线器、计算机、无线网络设备、移动终端等。在这些设备中调制解调器和路由器以及网络线缆是每个网络中必不可少的设备。在一个网络环境中,设备的连接顺序是有相应的技术要求的,通常情况下设备及线缆的连接情况如下:

(1)普通 ADSL 宽带

IPS(网络运营商)提供接入网络的线缆连接至调制解调器,再由调制解调器连接到路

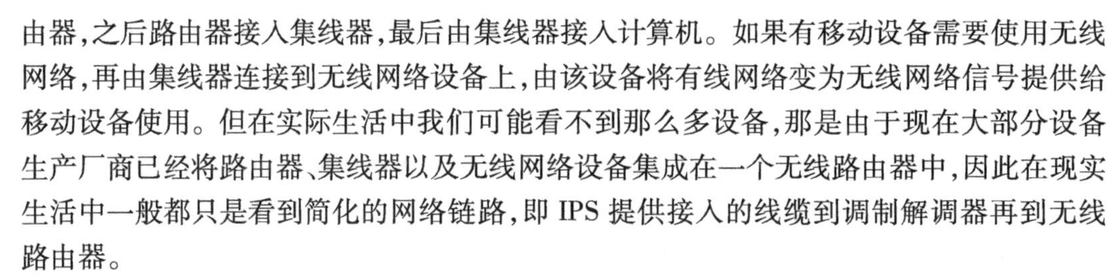
由器,之后路由器接入集线器,最后由集线器接入计算机。如果有移动设备需要使用无线网络,再由集线器连接到无线网络设备上,由该设备将有线网络变为无线网络信号提供给移动设备使用。但在实际生活中我们可能看不到那么多设备,那是由于现在大部分设备生产厂商已经将路由器、集线器以及无线网络设备集成在一个无线路由器中,因此在现实生活中一般都只是看到简化的网络链路,即 IPS 提供接入的线缆到调制解调器再到无线路由器。

(2)光纤 ADSL 宽带

与普通的 ADSL 宽带的链路几乎一致,只是在链路中将普通调制解调器换成专用的光纤调制解调器(简称光猫)。

(3)双绞线

在网络中通常会使用到双绞线(也就是日常人们常说的网线),常见的双绞线由 8 根不同颜色的线芯缠绕在一起组成,线芯的排列顺序主要遵循 T568B 标准,即橙白相间色、橙色、绿白相间色、蓝色、蓝白相间色、绿色、棕白相间色、棕色。

8.3 Internet 基础

8.3.1 Internet 的起源和发展

Internet 是在美国早期的军用计算机网 ARPANET(阿帕网)的基础上经过不断发展变化而形成的。Internet 的起源主要可分为以下几个阶段:

(1)雏形阶段

1969 年,美国国防部高级研究计划局(Advance Research Projects Agency, ARPA)开始建立一个命名为 ARPANET 的网络。当时建立这个网络的目的是出于军事需要,计划建立一个计算机网络,当网络中的一部分被破坏时,其余网络部分会很快建立起新的联系。这也就是现在的 Internet 的雏形。

(2)发展阶段

美国国家科学基金会(National Science Foundation,NSF)在 1985 开始建立计算机网络 NSFNET。NSF 规划建立了 15 个超级计算机中心,支持用于科研和教育的 NSFNET,并以此为基础,实现同其他网络的连接。NSFNET 成为 Internet 上主要用于科研和教育的主干部分,代替了 ARPANET 的骨干地位。

1989 年,MILNET(由 ARPANET 分离出来)实现和 NSFNET 连接后,就开始采用 Internet 这个名称。自此以后,其他部门的计算机网络相继并入 Internet,ARPANET 宣告解散。

(3)商业化阶段

20 世纪 90 年代初,商业机构开始进入 Internet,使 Internet 开始了商业化的新进程,成为 Internet 大发展的强大推动力。1995 年,NSFNET 停止运作,Internet 已彻底商业化。

8.3.2 IP 地址及域名解析

1)IP 地址

IP 是 Internet Protocol 的缩写。IP 也就是为计算机网络相互连接进行通信而设计的协议。在互联网中,它是能使连接到网上的所有计算机实现相互通信的一套规则,规定了计算机在互联网上进行通信时应当遵守的规则。

IP 地址用二进制来表示,每个 IP 地址长 32 bit,比特换算成字节,就是 4 个字节,但是二进制是计算机的数据处理模式,不符合人们的日常使用习惯。因此 IP 地址经常被写成十进制的形式,中间使用符号“.”分开不同的字节,也就是人们常说的点分十进制。

地址格式为:

IP 地址=网络地址+主机地址或 IP 地址=网络地址+子网地址+主机地址

IP 地址根据网络 ID 的不同分为 5 种类型:

A 类地址、B 类地址、C 类地址、D 类地址和 E 类地址。

(1)A 类 IP 地址

一个 A 类 IP 地址由 1 字节的网络地址和 3 字节主机地址组成,网络地址的最高位必须是“0”,地址范围为 1.0.0.0~126.0.0.0。可用的 A 类网络有 126 个,每个网络能容纳 1 亿多个主机。A 类地址的表示范围为 0.0.0.0~126.255.255.255,默认网络掩码为 255.0.0.0,A 类网络用第一组数字代表网络本身的地址,后面三组数字作为代表连接于网络上的主机地址。A 类地址适合于网络较少而节点较多的情况,网络数为 128 个,每一个网络的节点数为 1 600 个。

(2)B 类 IP 地址

一个 B 类 IP 地址由两个字节的网络地址和两个字节的主机地址组成,网络地址的最高位必须是“10”,地址范围为 128.0.0.0~191.255.255.255。可用的 B 类网络有 16 382 个,每个网络能容纳 6 万多个主机。B 类地址的表示范围为 128.0.0.0~223.255.255.255,默认网络掩码为 255.0.0.0。B 类地址分配给一般的中型网络。B 类网络用第一、二组数字表示网络的地址,后面两组数字代表网络上的主机地址。B 类地址适合于网络数和节点数适中的情况,网络数为 16 000 个,每一网络的节点数为 64 000 个。

(3)C 类 IP 地址

一个 C 类 IP 地址由 3 字节的网络地址和 1 字节的主机地址组成,网络地址的最高位必须是“110”。范围为 192.0.0.0~223.255.255.255。C 类网络可达 209 万余个,每个网络能容纳 254 个主机。C 类地址的表示范围为 192.0.0.0.~223.255.255.255,默认网络掩码为 255.255.255.0。C 类地址分配给小型网络,如一般的局域网和校园网,它可连接的主机数量是最少的,将所属的用户分为若干的网段进行管理。C 类网络用前三组数字代表网络的地址,最后一组数字代表网络上的主机地址。C 类地址适合于网络数较多而节点较少的情况,网络数为两百万个,每个网络的节点数为 256 个。

(4)D类IP地址

D类IP地址的第一个字节必须以“1110”开始,它是一个专门保留的地址。它并不指向特定的网络,目前这一类地址被用在多点广播(Multicast)中。多点广播地址用来一次寻址一组计算机,它标识共享同一协议的一组计算机。

(5)E类IP地址

E类IP地址以“11110”开始,为将来使用保留。全为零(“0.0.0.0”)的IP地址对应于当前主机。全为“1”的IP地址(“255.255.255.255”)是当前子网的广播地址。

2)域名解析

网络是基于TCP/IP协议进行通信和连接的,每一台主机都有一个唯一的标识——固定的IP地址,以区别于网络上成千上万个用户和计算机。网络在区分所有与之相连的网络和主机时,均采用了一种唯一、通用的地址格式,即每一个与网络相连接的计算机和服务器都被指派了一个独一无二的地址。为了保证网络上每台计算机IP地址的唯一性,用户必须向特定机构申请注册,分配IP地址。网络中的地址系统有两套:IP地址系统和域名地址系统。这两套地址系统其实是一一对应的关系。IP地址是数字标识,使用时难以记忆和书写,因此在IP地址的基础上又发展出一种符号化的地址方案,来代替数字型的IP地址。每一个符号化的地址都与特定的IP地址对应,这样网络上的资源访问起来就容易得多了。这个与网络上的数字型IP地址相对应的字符型地址,就被称为域名。

域名由两个或两个以上的词构成,中间由点号分隔开。最右边的词称为顶级域名。下面是几个常见的顶级域名及其用法。

①.COM:用于商业机构,是最常见的顶级域名。

②.TOP:用于所有公司、组织、个人。

③.NET:最初是用于网络组织,如因特网服务商和维修商。

④.ORG:用于各种组织包括非营利组织。

中国在国际互联网络信息中心(InterNIC)正式注册并运行的顶级域名是CN,这也是中国的一级域名。在一级域名之下,中国的二级域名又分为类别域名和行政区域名两类。

类别域名共7个,包括用于科研机构的ac;用于工商金融企业的com和top;用于教育机构的edu;用于政府部门的gov;用于互联网络信息中心和运行中心的net;用于非营利组织的org。而行政区域名有34个,分别对应于中国各省、自治区、直辖市和特别行政区。

8.3.3 Internet提供的服务

目前,Internet上提供的服务已经融入人们生活的方方面面,随着Internet的不断发展,它为人们提供的服务也将会不断增加。

(1)万维网

万维网是环球信息网的缩写(也写作“Web”“WWW”“W3”,英文全称为“World Wide Web”),中文名字为“万维网”。Web分为Web客户端和Web服务器程序。用户可以通过Web客户端(常用浏览器)访问浏览Web服务器上的页面。Web是一个由许多互相连接的超文本组成的系统,通过互联网访问。在这个系统中,每个有用的事物,称为一样“资源”,并且由一个全局“统一资源标识符”(URI)标识,这些资源通过超文本传输协议(Hypertext Transfer Protocol)传送给用户,而用户通过点击链接来获得资源。

(2)电子邮件

电子邮件是一种用电子手段提供信息交换的通信方式,是互联网应用最广的服务。通过网络的电子邮件系统,用户可以以非常低廉的价格(不管发送到哪里,都只需负担网费)、非常快速的方式(几秒钟之内可以发送到世界上任何指定的目的地),与世界上任何一个角落的网络用户联系。

电子邮件可以是文字、图像、声音等多种形式。同时,用户可以得到大量免费的新闻、专题邮件,并实现轻松的信息搜索。电子邮件的存在极大地方便了人与人之间的沟通与交流,促进了社会的发展。

(3)文件传输协议

文件传输协议(File Transfer Protocol,FTP)用于在 Internet 上控制文件的双向传输。

同时,它也是一个应用程序(Application)。基于不同的操作系统有不同的 FTP 应用程序,而所有这些应用程序都遵守同一种协议来传输文件。在 FTP 的使用过程中,用户经常遇到两个概念:“下载”(Download)和“上传”(Upload)。“下载”文件就是从远程主机复制文件至自己的计算机上;“上传”文件就是将文件从自己的计算机中复制至远程主机上。用 Internet 语言来说,用户可通过客户机程序向(从)远程主机上传(下载)文件。

(4)即时通信

即时通信(Instant Message,IM)是指能够即时发送和接收互联网消息等的业务。在我国使用该种服务的用户量非常大,常用的该类软件有微信、QQ、陌陌、LINE、YY、飞信、易信等。

(5)电子公告牌

电子公告牌系统(Bulletin Board System,BBS)常称为网络论坛。通过在计算机上运行服务软件,允许用户使用终端程序通过 Internet 来进行连接,执行下载数据或程序、上传数据、阅读新闻与其他用户交换消息等功能。

(6)电子商务

电子商务是以信息网络技术为手段,以商品交换为中心的商务活动,也可理解为在互联网、企业内部网上以电子交易的方式进行交易活动和相关服务活动,是传统商业活动各环节的电子化、网络化、信息化。

电子商务通常是指在全球各地广泛的商业贸易活动中,在互联网开放的网络环境下,基于浏览器/服务器应用方式,买卖双方不谋面地进行各种商贸活动,实现消费者的网上购物、商户之间的网上交易和在线电子支付以及各种综合服务活动的一种新型的商业运营模式。各国政府、学者、企业界人士根据自己所处的地位和对电子商务参与的角度和程度的不同,给出了许多不同的定义。电子商务目前 ABC、B2B、B2C、C2C、B2M、M2C、B2A(即 B2G)、C2A(即 C2G)、O2O 等模式。

(7)网络影音

网络影音是指通过网络平台传播并欣赏音频、视频、动画等。网络影音将音乐作品、电视剧、电影以及动画通过互联网和移动网络等各种形式传播,形成了数字化的影音产品制作、传播和消费模式。

(8)其他功能

除了以上所说的服务以外,Internet 还提供了网络新闻组、网络会议、远程登录、博客、微博等服务。

8.3.4 Internet 的接入

目前,用户上网有很多方案可供选择,不同的 Internet 连接方式是随着技术的不断发展,以及不同用户群的需求而产生的。一般来说,个人(家庭)用户和企业用户的上网方式存在一定的区别。而接入 Internet 的方式主要有以下几种:

(1)电话线拨号接入

以前家庭用户接入互联网采用窄带接入方式,即通过电话线,利用当地运营商提供的接入号码,拨号接入互联网,传输速率不超过 56 kbit/s。特点是使用方便,只需有效的电话线及自带调制解调器(Modem)的计算机就可完成接入。

该方式只能满足低速率要求的网络应用(如网页浏览、即时通信、E-mail 等),主要适合于临时性接入或无其他宽带接入方法时使用。缺点是传输速率低,无法实现一些高速率要求的网络服务,目前已被淘汰。

(2)ISDN

ISDN(Integrated Services Digital Network,综合业务数字网)是一个数字电话网络国际标准,是一种典型的电路交换网络系统。

ISDN 俗称"一线通",是一种在数字电话网 IDN 的基础上发展起来的通信网络,ISDN 能够支持多种业务,包括电话业务和非电话业务。它采用数字传输和数字交换技术,将电话、传真、数据、图像等多种业务综合在一个统一的数字网络中进行传输和处理。用户利用一条 ISDN 用户线路,可以在上网的同时拨打电话、收发传真,就像两条电话线一样。ISDN 基本速率接口由两条 64 kbit/s 的信息通路和一条 16 kbit/s 的信令通路组成,简称"2B+D",当有电话拨入时,它会自动释放一个 B 信道来进行电话接听。它主要适用于普通家庭用户使用。缺点是传输速率仍然较低,无法实现一些高速率要求的网络服务。

(3)ADSL

ADSL(Asymmetric Digital Subscriber Line,非对称数字用户环路)。在通过本地环路提供数字服务的技术中,最有效的类型之一是数字用户线(Digital Subscriber Line,DSL)技术,这也是目前运用最广泛的网络接入方式。ADSL 可直接利用现有的电话线路,通过 ADSL Modem 进行数字信息传输。理论速率可达到 8 Mbit/s 的下行和 1 Mbit/s 的上行,传输距离可达 4~5 km。ADSL2+速率可达 24 Mbit/s 下行和 1 Mbit/s 上行。另外,最新的

VDSL2 技术可以达到上下行各 100 Mbit/s 的速率。其特点是传输速率稳定、带宽独享、语音通话和数据传输互不干扰等。它适用于个人用户,能满足的宽带业务包括 IPTV、视频点播(VOD)、远程教学、可视电话、多媒体检索等。

ADSL 技术的主要特点:可以充分利用现有的电话线网络,通过在线路两端加装 ADSL 设备便可为用户提供宽带服务;它可以与普通电话线共存于一条电话线上,接听、拨打电话的同时能进行 ADSL 传输,而又互不影响;进行数据传输时不通过电话交换机,这样上网时就不需要缴付额外的电话费,可节省费用;ADSL 的数据传输速率可根据线路的使用情况自动调整,它以"尽力而为"的方式进行数据传输。

(4)HFC

HFC(Hybrid Fiber-Coaxial)网即混合光纤同轴网络,是以光纤为骨干网络,同轴电缆为分支网络的高带宽网络,传输速率可达 20 Mbit/s 以上。这是一种基于有线电视网络铜线的接入方式。它具有专线上网的连接优点,允许用户通过有线电视网实现高速接入 Internet。它适用于拥有有线电视网的家庭、个人或中小团体。其特点是传输速率较高,接入方式方便(通过有线电缆传输数据,不需要布线),可实现各类视频服务、高速下载等。缺点是基于有线电视网络的架构是属于网络资源分享型,当用户激增时,传输速率就会下降且不稳定,扩展性不够。

(5)光纤宽带

光纤宽带就是把要传送的数据由电信号转换为光信号进行通信。在光纤的两端分别都装有"光猫"进行信号转换。

通过光纤接入小区节点或楼道,再由网线连接到各个共享点上(一般不超过100 m),提供一定区域的高速互联接入。其特点是传输速率高,抗干扰能力强,适用于家庭、个人或各类企事业团体,可以实现各类高速率的互联网应用(视频服务、高速数据传输、远程交互等)。缺点是布线成本较高。

(6)无线网络

无线网络(Wireless Network)指的是任何形式的无线电计算机网络,普遍和电信网络结合在一起,不需电缆即可在节点之间相互连接。无线电信网络一般被应用在使用电磁波的遥控信息传输系统,像是无线电波作为载波和物理层的网络。

无线网络是一种有线接入的延伸技术,使用无线射频(RF)技术越空收发数据,减少使用电线连接,因此无线网络系统既可达到建设计算机网络系统的目的,又可让设备自由安排和搬动。在公共开放的场所或者企业内部,无线网络一般会作为已存在有线网络的一个补充方式,装有无线网卡的计算机通过无线手段可方便接入互联网。

(7)电力线通信

电力线通信(Power Line Communication,PLC)技术是指利用电力线传输数据和媒体信号的一种通信方式,也称电力线载波(Power Line Carrier)。把载有信息的高频加载于电流,然后用电线传输到接收信息的适配器,再把高频从电流中分离出来并传送到计算机或电话。

8.4 浏览器的使用

8.4.1 浏览器简介

浏览器是指可以显示网页服务器或者文件系统的 HTML 文件(标准通用标记语言的一个应用)内容,并让用户与这些文件交互的一种软件。它用来显示在万维网或局域网等内的文字、图像及其他信息。这些文字或图像,可以是连接其他网址的超链接,用户可迅速浏览各种信息。大部分网页为 HTML 格式。

浏览器的种类非常多,主流的浏览器就有几十种。常见的浏览器有 IE 浏览器、360 浏览器、QQ 浏览器、百度浏览器、猎豹浏览器、傲游浏览器、谷歌浏览器、火狐浏览器、搜狗浏览器等。

8.4.2 IE 浏览器

1)IE 浏览器的简介

Internet Explorer 是微软公司推出的一款网页浏览器。原称 Microsoft Internet Explorer(6 版本以前)和 Windows Internet Explorer(7、8、9、10、11 版本),简称 IE。在 IE7 以前,中文直译为“网络探路者”,但在 IE7 以后官方便直接将其命名为“IE 浏览器”。

2015 年 3 月微软确认将放弃 IE 品牌。2016 年 1 月 12 日,微软公司宣布于这一天停止对 IE8、9、10 等版本的技术支持,用户将不会再收到任何来自微软官方的 IE 安全更新。作为替代方案,微软建议用户升级到 IE11 或者改用 Microsoft Edge 浏览器。

2)IE 浏览器的使用

(1)启动浏览器

启动浏览器的常见方法有 3 种:

①双击 Windows 桌面上 IE 图标,启动 IE 浏览器。

②单击“开始”菜单中的“Internet Explorer”选项启动 IE 浏览器。

③在“快速启动栏”中单击 IE 图标,启动 IE 浏览器。

(2)使用 IE 浏览器浏览 Web 网页

打开浏览器,在地址栏中输入需要访问的网址,如现在需访问腾讯网站,则在地址栏中输入网络名称后在键盘上按回车键或是用鼠标单击地址栏后面的“转到”就可以进入腾讯网站的页面。

(3)收藏夹

收藏夹是在上网时方便用户将自己喜欢、常访问的网站收藏到其中,想访问时可以快速地打开。

将网页添加到收藏夹的方法如下:

①在地址栏中输入网址,按回车键进入主页。

②单击 IE 浏览器中的“收藏夹”菜单,选择“添加到收藏夹”命令。

③弹出收藏设置提示窗口,设置收藏网页的名称。

④单击“创建到”按钮,设置书签所在的分类目录,单击“确定”按钮。

(4)主页设定

浏览器的发展越来越快,每一个浏览器在下载之后,都是以自己主打的首页为默认主页,同时在下载某些软件时,经常会捆绑浏览器一起下载,并自动篡改了用户的主页设置。

设置用户自定义主页的操作步骤如下:

①打开 IE 浏览器,选择工具栏上方的“工具”→“Internet 选项”。

②打开“Internet 选项”对话框,选择“常规”选项卡,在“主页”栏里面输入需要设为首页的地址,单击“应用”按钮即可。

如果打开的网页就是需要设为的主页,可以打开“Internet 选项”对话框,单击“使用当前页面”按钮,再单击“应用”按钮即可。

在 IE 浏览器的工具栏中还有许多非常实用的按钮:

- “上一页”及“下一页”按钮:“上一页”按钮用于返回到前一显示页面,“下一页”按钮则用于转到下一显示页面。
- “打开起始页面”按钮:用于返回默认的起始页。
- “停止”按钮:终止浏览器对某一链接的访问或是对某一页面的加载。

8.5 常用搜索引擎

搜索引擎(Search Engine)是指根据一定的策略,运用特定的计算机程序从互联网上搜集信息,在对信息进行组织和处理后,为用户提供检索服务,将检索到的相关信息展示给用户的系统。

搜索引擎包括全文索引、目录索引、元搜索引擎、垂直搜索引擎、集合式搜索引擎、门户搜索引擎等类型。常用的有:

百度:www.baidu.com

搜狗:www.sogou.com

360:www.360.com

有道:www.youdao.com

8.6 电子邮件

电子邮件(Electric Mail,E-mail)又称电子邮箱、电子邮政。它是一种用电子手段提供信息交换的通信方式,是互联网应用最广的服务。电子邮件地址的格式由 3 部分组成。第一部分“用户名”代表用户信箱的账号,对于同一个邮件接收服务器来说,这个账号必须是唯一的;第二部分“@”是分隔符;第三部分是用户信箱的邮件接收服务器域名,用以标志其所在的位置。

电子邮件的格式:用户名+@ +域名。

8.6.1 申请电子邮件

在使用电子邮件之前,需要先申请一个电子邮箱账号。提供电子邮件服务的网站有很多,有付费的,也有免费的。常见的免费电子邮箱有 QQ 邮箱、126 邮箱、163 邮箱等。

打开一个电子邮件服务网站,单击页面中"去注册"按钮进行账号注册。在注册页面按照要求填写相应信息,并提交账号申请。

8.6.2 电子邮件的使用

根据自己申请的邮箱服务商,打开其网站邮箱登录页面,在页面内输入申请成功的账号及密码单击"登录"按钮,进入电子邮箱主界面。

①收信:用于查看电子邮箱中接收到的电子邮件,查看电子邮件的内容以及回复接收到的电子邮件。

②写信:用于新建电子邮件,编辑新的电子邮件并发送给对方。

③收件箱:存放接收到的邮件,可以随时查看已接收的邮件。

④草稿箱:存放未编辑完成的电子邮件。

⑤已发送:存放已经发送出去的电子邮件。

8.7 个人网络信息安全

在现代社会中,网络已经变得和衣服鞋子一样"贴身",可以毫不夸张地说,现在大部分人的生活已经离不开网络,吃、穿、住、用、行都与网络密不可分。例如,大部分人由于工作压力大、时间紧,常常需要通过网络订购外卖,通过购物网站购买衣服与生活用品,甚至是出门都要使用网络提前预约车辆。网络给人们的生活带来了极大的便利,但是由于许多人对网络信息安全不重视导致在给人们提供便利的同时也带来了很多麻烦。保护个人信息安全的方法如下:

(1)将个人信息与互联网隔离

当某设备中有重要资料时,最安全的办法就是将该设备与其他上网的设备切断连接。这样,可以有效避免被入侵,而造成信息的丢失或被更改。

(2)传输使用加密技术

在计算机通信中,采用密码技术将信息隐蔽起来,再将隐蔽后的信息传输出去,使信息在传输过程中即使被窃取或截获,窃取者也不能了解信息的内容。具体过程是发送方使用加密密钥,通过加密设备或算法,将信息加密后发送出去;接收方在收到密文后,使用解密密钥将密文解密,恢复为明文。

(3)不要轻易在网络上留下个人信息

现在,一些网站要求用户通过登记来获得某些"会员"服务,还有一些网站通过赠送

礼品等方式鼓励用户留下个人资料。用户对此应该十分注意,要养成保密的习惯,仅仅因为表单或应用程序要求填写私人信息并不意味着用户应该自动泄露这些信息。有时可以化被动为主动,用一些虚假信息来应付对个人信息的过分要求。当被要求输入数据时,可以简单地改动姓名、邮政编号、身份证号的几个字母或数字,这就会使输入的信息与真实身份无法关联,从而抵制数据挖掘和特征测验技术。对唯一标识身份的个人信息应该更加小心翼翼,不要轻易泄露。这些信息应该只限于在线银行业务、护照重新申请或者跟可信的公司和机构打交道的事务中使用。即使一定要留下个人资料,在填写时也应先确定网站上是否具有保护网民隐私安全的政策和措施。

(4)安装防火墙或杀毒软件

可以说防火墙和杀毒软件是用户抵御病毒或是信息泄露的最后一道防线。所以当用户安装了防火墙或是杀毒软件后,应立即将软件和病毒库升级到最新版。

(5)反制 Cookie 和清除上网痕迹

建立 Cookie 信息的网站可以凭借浏览器来读取网民的个人信息,跟踪并收集上网用户的上网习惯,对个人隐私造成威胁和侵害。用户可以通过一些控制软件来反制 Cookie 软件。另外,由于一些网站会传送一些不必要的信息到网络用户的计算机中,因此,网络用户也可以通过每次上网后清除暂存在内存里的资料,从而保护自己的个人隐私。

(6)保持良好的上网习惯

不访问来历不明的网站,不访问包含暴力、色情信息的网站。对于网站意外弹出的下载文件或安装插件等请求应拒绝。

参考文献

[1] 王亚平.信息处理技术员[M].北京:清华大学出版社,2015.
[2] 马海军,冯冠,倪宝童.计算机网络标准教程(2010 版)[M].北京:清华大学出版,2010.
[3] 李建华.计算机文化基础[M].北京:高等教育出版社,2012.
[4] 肖凤婷,王云沼.计算机应用基础[M].北京:机械工业出版社,2012.
[5] 张洪明.大学计算机基础习题与考试辅导[M].昆明:云南大学出版社,2015.
[6] 翁梅,田茁.计算机应用基础[M].北京:高等教育出版社,2013.
[7] 周南岳.计算机应用基础教学参考书[M].北京:高等教育出版社,2009.
[8] 吉燕.全国计算机等级考试二级教程——MS Office 高级应用[M].北京:高等教育出版社,2016.